中等职业教育国家规划教材

全国中等职业教育教材审定委员会审定

金属工艺学

第2版

基础课专业教学指导委员会组编

主　编　尹传华

副主编　孙德英

参　编　杨　昆　宋秀孚　刘　莎

　　　　孙敏芝　林海岚

主　审　张士军

机械工业出版社

本书是中等职业教育国家规划教材，是在第1版的基础上，根据近几年各校在教学过程中发现的问题和技术的发展、更新，以及国家对职业教育、教学改革新的要求，结合部分使用本书师生的意见及企业人员的意见修订而成的。全书共九章，包括三大部分的内容，即常用工程材料及性能测定、钢的改性处理、热加工与冷加工。本着少而精、浅而易懂、应用性强、贴近时代的原则，本书较全面地叙述了金属材料的力学性能及其测定方法，常用工程材料的种类、性能和应用；在钢的改性处理中介绍了常规改性处理的基本知识和热处理新技术、新工艺及其应用；介绍了铸、锻、焊等成形工艺的基本知识及新工艺、新技术，钳工基本知识、金属切削机床与切削加工工艺等，以及特种加工与数控加工及其新技术、新工艺的应用等。书中材料的牌号、名词术语都采用最新标准编写。

本教材供中等职业技术学校非机械类各专业学生使用，也可供工程技术人员参考。

图书在版编目（CIP）数据

金属工艺学/尹传华主编.—2版.—北京：机械工业出版社，2010.2（2024.8重印）
中等职业教育国家规划教材
ISBN 978-7-111-29672-0

Ⅰ.金…　Ⅱ.尹…　Ⅲ.金属加工-工艺学-专业学校-教材　Ⅳ.TG

中国版本图书馆CIP数据核字（2010）第018314号

机械工业出版社（北京市百万庄大街22号　邮政编码100037）
策划编辑：崔占军　责任编辑：张云鹏　版式设计：霍永明
责任校对：魏俊云　责任印制：张　博
北京建宏印刷有限公司印刷
2024年8月第2版 · 第12次印刷
184mm×260mm · 10.5印张 · 256千字
标准书号：ISBN 978-7-111-29672-0
定价：35.00元

电话服务
客服电话：010-88361066
010-88379833
010-68326294

网络服务
机　工　官　网：www.cmpbook.com
机　工　官　博：weibo.com/cmp1952
金　书　网：www.golden-book.com
机工教育服务网：www.cmpedu.com

中等职业教育国家规划教材出版说明

为了贯彻《中共中央国务院关于深化教育改革全面推进素质教育的决定》精神，落实《面向21世纪教育振兴行动计划》中提出的职业教育课程改革和教材建设规划，根据《中等职业教育国家规划教材申报、立项及管理意见》（教职成［2001］1号）的精神，教育部组织力量对实现中等职业教育培养目标和保证基本教学规格起保障作用的德育课程、文化基础课程、专业技术基础课程和80个重点建设专业主干课程的教材进行了规划和编写，从2001年秋季开学起，国家规划教材将陆续提供给各类中等职业学校选用。

国家规划教材是根据教育部最新颁布的德育课程、文化基础课程、专业技术基础课程和80个重点建设专业主干课程的教学大纲编写而成的，并经全国中等职业教育教材审定委员会审定通过。新教材全面贯彻素质教育思想，从社会发展对高素质劳动者和中初级专门人才需要的实际出发，注重对学生的创新精神和实践能力的培养。新教材在理论体系、组织结构和阐述方法等方面均做了一些新的尝试。新教材实行一纲多本，努力为教材选用提供比较和选择，满足不同学制、不同专业和不同办学条件的教学需要。

希望各地、各部门积极推广和选用国家规划教材，并在使用过程中，注意总结经验，及时提出修改意见和建议，使之不断完善和提高。

教育部职业教育与成人教育司

2001.5

第2版前言

本书是根据“教育部关于制定《2004～2007年职业教育教材开发编写计划》的通知（教职成司［2004］13号）”等的文件精神，结合近几年各校在教学过程中发现的问题和技术的发展、更新，以及国家对职业教育、教学改革的要求，并吸取了部分使用本书师生的意见及企业人员的意见修订而成的。

本书包括金属材料的力学性能、常用工程材料、钢的热处理、铸造、锻压、焊接、钳工基础知识、金属切削机床与切削加工、现代制造技术九章。本书通俗易懂，图文并茂，在强调理论和实践结合的原则下，更加突出中等职业教育的特色，使课堂教学和实践教学及自学有机结合，更好地完成培养目标。

本书由大连职业技术学院尹传华任主编，大连职业技术学院实训中心孙德英任副主编。此外，南京铁道职业技术学院杨昆，北京机械工业学校宋秀孚、刘莎，浙江物资学校孙敏芝，厦门高等技工学校林海岚参与编写。本书编写过程中得到大连职业技术学院张士军教授的大力支持和帮助，在此深表谢意。

由于编者水平有限，书中难免有缺点和欠妥之处，希望广大读者批评指正。

编　者

第1版前言

本书是根据教育部职成教司函［2000］43号通知颁布的中等职业教育国家规划教材选题立项要求及相应的教学大纲编写的，可作为中等职业学校除机械制造专业以外所有专业、三至四年学制、60学时左右“金属工艺学”课程的教材。

本书包括金属材料的力学性能、常用工程材料、钢的热处理、铸造、锻压、焊接、钳工基础知识、金属切削机床与切削加工、特种加工与数控技术等九章。该书通俗易懂、图文并茂，在强调理论和实践结合的原则下，更加突出职业教育中技能培养的要求，即理论、实验、实习教学三者有机地揉和在一起，使本教材既可作为课堂理论讲授之用，也可在实习现场作为实习教材使用。

作为21世纪首批国家规划非机类《金属工艺学》教材之一，具有思路新、写法新、结构新三大突出特点，内容贴近时代，实用性强。更值得强调的是，本教材的编审人员除具有坚实的理论知识外，还具有多年的生产实践经验和较强的动手能力。在着力培养学生创新精神和实践能力的同时，力求使金工教育“面向现代化，面向世界，面向未来”。

本书编写的人员有：张家界航空学校侯德政，南京铁路运输学校杨昆，北京机械工业学校宋秀孚、刘莎，浙江物资学校孙敏芝，厦门高等技工学校林海岚。由大连工业学校尹传华任主编，大连工业学校田鸣任主审。在编写过程中，得到金工学科组（尤其是组长罗会昌老师）及有关人员的大力支持和帮助，在此深表谢意。

由于职业教育发展形势的需要，编写时间短促，编者水平有限，书中难免有不少的缺点和欠妥之处，希望广大教师和读者批评指正。

编　者

2001年3月

目　录

绪 论

“金属工艺学”是研究常用金属材料性能和加工工艺的一门综合性技术基础课。在经济全球化、信息社会化、产业知识化的大趋势下，推动本课程的改革也势在必行。掌握本课程的知识是各专业学生的必备素质。学生通过该课程的学习，可获得金属材料的力学性能、常用工程材料、金属热加工和热处理的基本知识，为学习后续课程及形成综合职业能力打下必要的基础。

“金属工艺学”和所有其他学科一样，是在生产实践中逐步发展起来的。我国人民在金属工艺方面早就有了卓越的成就。我国是世界上最早应用铸造技术的国家。在春秋时期，我国已用铸铁制作农具，比欧洲国家早1800多年；河南安阳出土的青铜祭器大方鼎，是3000多年前商朝冶铸的，重达875kg，其上雕有精美细致的花纹。我国也是世界上应用焊接技术最早的国家，在河南辉县战国墓中出土的铜器上，其本体、耳、足都是用锡钎焊和银钎焊连接的，比欧洲国家应用钎焊技术早2000多年。我国也是世界上较早应用锻造技术的国家，河北藁城出土的商朝铁刃铜钺，说明在3000多年前我国就掌握了锻造技术。明朝宋应星所著《天工开物》一书，内载有冶铁、锻铁、铸铁、淬火等各种金属加工方法，是世界上有关金属工艺最早的科学著作之一。

近200年来，金属工艺技术在世界上得到迅速发展。英国人为制造蒸汽机而研制的气缸镗床的问世，标志着人类用机器代替手工操作时代的开始。而后相继出现了各种机床和刀具，推动了工业社会的发展。

中华人民共和国成立以后，我国的金属工艺技术，不论在理论上还是技术上，都得到了迅速发展。建立了汽车、拖拉机、精密机床、电子仪表、石油、化工、飞机、船舶、重型机械等许多现代化的生产基地，为农业、工业、国防、交通和科研提供了大量的设备和装备，特别是人造地球卫星、洲际弹道导弹的制造和发展，20世纪末发射成功的“神舟二号”宇宙飞船及纳米材料科研领域取得的一系列有国际影响的创新性研究成果等，尤其是“神舟六号”载人飞船的成功发射等，都标志着我国科技水平的提高。但与世界发达国家相比，我国在生产水平、管理水平和科学技术等方面仍有很大的差距。因此，我们更要以经济建设为中心，坚持改革开放，发奋图强，为赶上和超过世界先进水平而贡献我们全部的智慧和力量。

“金属工艺学”课程具有实践性和技术性强的特点，在职业技术院校开设该课程，更应使其具有较强的职业、专业特色，在强调处理好理论和实践关系一般原则的同时，大力突出技能的培养和实际动手能力的锻炼更为重要。本教材在充分考虑到一般职业院校的学生在学习本课程之前，均缺少机器生产的实际知识和技能，对机械制造的生产过程了解不多，故在编写过程中，力求做到使理论讲授与实习操作同步进行。根据这一特点，开设本课程时应做到：在教学内容上不论在理论讲授或实践操作中，都应以毛坯和零件的成形和改性等作为主要内容突出出来，较好地理解掌握各种成形工艺与改性工艺的内在联系、本质区别、主要特点，培养学生分析问题、解决问题的能力。

通过本课程的学习，应达到以下一些基本要求：

1）了解金属材料的一般性能、应用范围和选择原则，能独立操作有关材料的性能测定。

2）初步掌握各种毛坯的生产方法与毛坯的选择；相关工艺设计基础知识和技能。

3）初步掌握各种零件的结构工艺性和常用金属材料的性能特点，正确选用材料，并施以合适的热处理，以满足不同使用条件的要求。

本课程的实践性和应用性较强，在学习中要密切联系实际，运用在实习教学中所获得的感性知识和一定的操作技能，加深对教学内容的理解。在学习中，还要注意与其他课程的联系，课后要及时复习，认真完成作业，并在后续课程、课程设计、毕业设计等教学环节中巩固提高，才能达到本课程教学的目的要求。

第一章　金属材料的力学性能

【本章要点】 力学性能是判定材料性质的主要指标，它是通过各种实验测定的。本书对其测定原理只作一般了解，重点放在各主要力学性能指标的表示方法和实际应用上，同时通过实验还应初步掌握布氏硬度、洛氏硬度的测定方法。

机械设备、工程结构、工具等在使用过程中一般都要承受各种外力的作用，从而使它们发生变形甚至遭到破坏。为了保证其正常使用，要求采用的金属材料必须具备一定的力学性能。金属材料的力学性能是指金属材料在外力作用下表现出来的特性，如强度、硬度、塑性、冲击韧度、疲劳强度等。金属材料的力学性能是材料选用、零件设计的重要依据。

金属材料承受外力作用的形式有拉伸、压缩、弯曲、扭转、剪切、冲击及各种外力组合等。材料承受的外力通常称为载荷（也称为负荷）。根据其性质不同，载荷可分为静载荷、动载荷两类。静载荷是指外力的大小和方向不变或变动极缓慢的载荷，如拉伸、压缩、扭转、剪切等。动载荷包括冲击载荷和交变载荷。冲击载荷是指突然增加的载荷，交变载荷则是指大小和方向作周期变化的载荷。

金属材料在工作中的受力情况是相当复杂的，要用一个能体现各种工作条件的力学性能指标来反映其力学性能的优劣是不可能的。人们经过长期的实践，通过许多试验方法，建立了一系列指标来反映金属材料的力学性能。常用的试验方法有拉伸试验、硬度试验、冲击试验和疲劳试验等。

力学性能与金属材料的选用有密切关系，它是选材的先决条件。只有选用力学性能指标满足使用要求的材料，才能保证其制造的机械零件、工程结构件安全可靠，经久耐用。所以力学性能通常是选材的主要依据，同时也是选择代用材料的依据。采用强度高、性能好的材料对减轻零件或构件的自重、节约材料以及提高设备和工程结构的使用寿命都有重要的意义。

第一节　强度与塑性

一、强度

1. 强度的概念

金属材料在静载荷作用下，抵抗塑性变形和断裂的能力称为强度。

金属材料在外部静载荷作用下，内部会同时产生一种抗力（也称内应力），它的数值大小与外力相等。金属材料单位面积上所受的内应力简称为应力，通常用符号 σ 表示。其计算式为

$$\sigma = \frac{F}{A}$$

式中　F——试样所受的载荷（N）；

A——试样的横截面积（m^2）。

在国际单位制中，应力的单位为帕斯卡，简称帕，符号为 Pa，$1Pa = 1N/m^2$（牛顿/米^2）。工程上常用兆帕（MPa）作为应力单位，$1\ MPa = 1N/mm^2$。

2. 强度的分类

根据材料承受载荷的不同，其强度可分为拉伸、压缩、弯曲、扭转、剪切及各种组合强度等。

3. 拉伸试验与拉伸曲线分析

拉伸试验是最基本、应用最广泛的一种力学性能试验方法，国家标准 GB/T 228—2002 对此试验作了具体规定。

（1）拉伸试样

1）试样的形状。试样的形状有圆形、板形和管形等几种，大多使用圆形。拉伸试验过程中用以测量试样伸长的两标记之间的长度，称为标距。试样标距以 l_0 表示，试样直径以 d_0 表示。

2）试样的标距长度。试样有长试样和短试样两种。长试样的标距长度有 100mm 和 200mm 两类；短试样的标距长度有 50mm 和 80mm 两类。其中长试样标距为 100mm，短试样标距为 50mm 的两种应用最多。

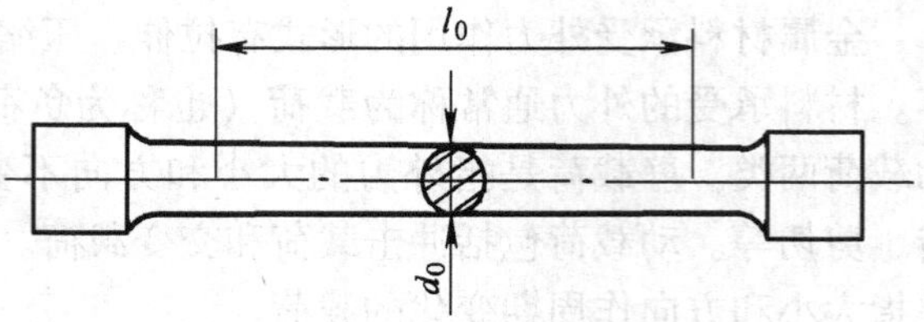

图 1-1　标准拉伸试样

把一定尺寸和形状的金属试样，如图 1-1 所示，装夹在试验机上，然后对试样逐渐施加载荷（试验力），直至把试样拉断为止。

（2）拉伸试验与拉伸曲线　根据试样在拉伸过程中承受试验力的大小和产生变形量之间的关系，可测出该金属的拉伸曲线，并由此测定该金属的强度及塑性。

图 1-2 为低碳钢的拉伸曲线。由图可见，低碳钢试样在拉伸过程中，可分为弹性变形、塑性变形直至断裂三个阶段。

1）弹性变形阶段。当试验力不超过 F_p 时，拉伸曲线 Op 为一直线，即试样的伸长量与试验力成正比地增加，完全符合胡克定律，试样处于弹性变形阶段。试验力在 $F_p \sim F_e$ 之间，试样的伸长量与试验力已不再成正比关系，拉伸曲线不成直线，但试样仍处于弹性变形阶段。

2）弹塑性变形阶段。试验力在 F_e 后，试样开始有塑性变形产生，当试验力达到 F_s 时，拉伸曲线上出现了水平的或锯齿形的线段，这种现象称为“屈服”。

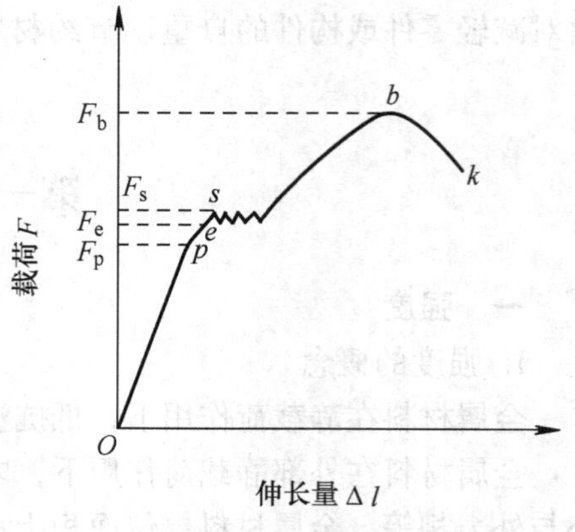

图 1-2　低碳钢的拉伸曲线

3）断裂。当试验力继续增加到某一最大值 F_b 时，试样的局部截面积缩小，产生所谓“缩颈”现象。由于试样局部截面逐渐减小，故试验力也逐渐降低，当达到拉伸曲线上 k 点时，试样断裂。

材料的断裂有两种形式，即脆性断裂和韧性断裂。断裂前没有明显塑性变形的断裂，称为脆性断裂（如铸铁等）；经过大量塑性变形之后才发生断裂的则称为韧性断裂（如低碳钢等）。

4. 衡量强度的指标

衡量强度的指标主要有两个，即屈服强度和抗拉强度。

（1）屈服点与屈服强度

1）屈服点（σ_s）。σ_s 是材料开始产生明显塑性变形时的最低应力值，即

$$\sigma_s = \frac{F_s}{A_0} \tag{1-1}$$

式中 σ_s——屈服点（MPa）；

F_s——试样发生屈服时的试验力（N）；

A_0——试样的原始横截面积（mm^2）。

2）屈服强度（$\sigma_{0.2}$）。工业上使用的某些金属材料（如高碳钢和某些经热处理后的钢等），在拉伸试验中没有明显的屈服现象发生，故无法确定其屈服点 σ_s。按 GB/T 228—2002 规定，屈服强度为试样标距部分产生 0.2% 残余伸长时的应力值，即

$$\sigma_{0.2} = \frac{F_{0.2}}{A_0} \tag{1-2}$$

式中 $\sigma_{0.2}$——屈服强度（MPa）；

$F_{0.2}$——试样标距产生 0.2% 残余伸长时的载荷（N）；

A_0——试样的原始横截面积（mm^2）。

通常机械零件的失效形式不仅是断裂，而是在发生明显塑性变形时，零件即丧失其应有的功能。因此，屈服点或屈服强度就成为零件设计时的主要依据，同时也是评定金属材料强度的重要指标之一。

（2）抗拉强度 抗拉强度 σ_b 是指材料在断裂前所能承受的最大应力值，即

$$\sigma_b = \frac{F_b}{A_0} \tag{1-3}$$

式中 σ_b——抗拉强度（MPa）；

F_b——试样在断裂前所能承受的最大试验力（N）；

A_0——试样的原始横截面积（mm^2）。

脆性材料在拉伸过程中，一般不产生缩颈现象。因此，抗拉强度 σ_b 就是材料的断裂强度，它是表示材料抵抗断裂的能力。抗拉强度是零件设计时的重要依据，同时也是评定金属材料强度的重要指标之一。

二、塑性

1. 塑性的概念

塑性是指金属材料在静载荷作用下可产生永久变形而不破坏的能力。

2. 衡量塑性的指标

衡量塑性的指标有两个，即断后伸长率（δ）和断面收缩率（ψ）。

（1）伸长率（δ） 伸长率是指试样拉断后标距增长量与原始标距之比，即

$$\delta = \frac{l_1 - l_0}{l_0} \times 100\% \tag{1-4}$$

式中 l_1——试样断裂后的标距（mm）；

l_0——试样原始标距（mm）。

材料的伸长率是随标距的增加而减小的，所以同一材料的短试样要比长试样所测得的伸长率大20%左右，对局部集中变形特别明显的材料，甚至可大到50%。因此，用长、短两种试样求得的伸长率应分别以 δ_{10}（或 δ）和 δ_5 表示。

（2）断面收缩率（ψ） 断面收缩率是指试样拉断处横截面积的缩减量与原始横截面积之比，即

$$\psi = \frac{A_0 - A_1}{A_0} \times 100\% \tag{1-5}$$

式中 A_1——试样断裂处的最小横截面积（mm^2）；

A_0——试样的原始横截面积（mm^2）。

3. 塑性指标的意义

塑性是工程技术上选用材料的重要依据。选材时除有强度要求外，还要求材料具有一定的塑性。

（1）生产的需要 塑性是材料进行压力加工的前提条件和决定变形加工量的重要依据。金属材料具有良好的塑性，适合于各种压力加工，如冷冲压、轧制、挤压、拉拔、锻造等。

（2）安全的需要 金属材料具有一定的塑性，即使在使用过程中超载，也不至于立即发生断裂，可增加用其制成的机械、车辆和构件的安全性。

第二节 硬 度

硬度是衡量金属材料软硬程度的指标。生产中测量硬度的方法很多，最常用的是压入法。它是用一定几何形状的压头，在一定载荷作用下，压入金属材料表面，根据压入程度来测量其硬度值的大小。常用的方法有布氏硬度试验法和洛氏硬度试验法等，都是在相应的专用实验仪器上进行金属材料硬度测定。

一、布氏硬度

1. 试验原理

布氏硬度试验法是用一直径为 D 的淬火钢球或硬质合金球，在规定试验力 F 的作用下压入被测试金属表面，如图1-3所示，停留一定时间后卸除试验力，测量被测试金属表面上所形成的压痕直径 d，由此计算压痕的球缺面积 $A_凹$，然后再求出压痕的单位面积所承受的平均压力（$F/A_凹$），以此作为被测试金属的布氏硬度值。

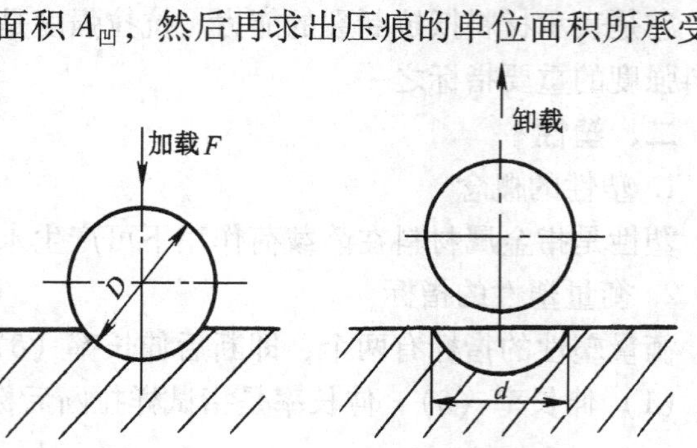

图1-3 布氏硬度试验原理图

2. 表示方法

用符号HBW表示（使用硬质合金球压头），即

$$HBW = \frac{F}{A_凹} = 0.102\frac{2F}{\pi D\left(D - \sqrt{D^2 - d^2}\right)} \tag{1-6}$$

式中 F——试验力（N）；

$A_{凹}$——压痕面积（mm^2）。

3. 试验的具体要求和应用范围

在进行布氏硬度试验时，应根据被测试金属材料的种类和试样厚度，选用不同大小的球体直径 D、施加试验力 F 和保持时间。按 GB/T 231—2002 规定，球体直径有 10mm、5mm、2.5mm、2mm 和 1mm 计 5 种；试验力与球体直径平方的比值（$0.102F/D^2$）有 30、15、10、5、2.5、1.25 和 1 共 7 种。可根据金属材料的种类和布氏硬度范围，按表 1-1 选定 F/D^2 值。试验力的保持时间为：钢铁材料 10～15s，非铁金属及其合金 30s，布氏硬度值小于 35 时为 60s。

表 1-1　布氏硬度试验规范

材料种类	布氏硬度使用范围 HBW	球直径 D/mm	$0.102F/D^2$	试验力 F/N	试验力保持时间 /s	注
钢、铸件	≥140	10 5 2.5	30	29420 7355 1839	10	压痕中心距试样边缘距离不应小于压痕平均直径的 2.5 倍 两相邻压痕中心距离不应小于压痕平均直径的 4 倍 试样厚度至少应为压痕深度的 10 倍。试验后，试样支撑面应无可见变形痕迹
	<140	10 5 2.5	10	9807 2452 613	10～15	
非铁金属材料	≥130	10 5 2.5	30	29420 7355 1839	30	
	35～130	10 5 2.5	10	9807 2452 613	30	
	<35	10 5 2.5	2.5	2452 613 153	60	

由式（1-6）可见，钢球直径 D 和试验力 F 选定后，硬度值只与压痕直径 d 有关。d 越大，布氏硬度值越小；反之，d 越小，硬度值越大。所以在试验时硬度值不需计算，只要用读数显微镜测得压痕直径 d，就可以直接查表得到硬度值（见附表）。

测量压痕直径时，使用读数显微镜测出试样压痕上相互垂直的两条直径 d_1、d_2，并求出平均直径 $d_{平均}$后，查表得到硬度值，一般只标出其大小而不注明单位，即

$$d_{平均} = \frac{1}{2}(d_1 + d_2)$$

布氏硬度试验法的压痕面积较大，可反映出较大范围内被测金属的平均硬度，故试验结果较精确。但不宜对成品或薄片金属进行测定，同时受压头（钢球）本身强度和硬度所限，只能用于测量 <650HBW 范围内的材料。

二、洛氏硬度

1. 试验原理

与布氏硬度试验不同，洛氏硬度试验是以压头压入被测材料表面的压痕深度来表示材料的硬度。鉴于布氏硬度测量存在的缺点，洛氏硬度的压头分为硬质和软质两种，即锥顶角为120°的金刚石和直径为1.588mm的淬火钢球。其具体试验方法是：用锥顶角为120°的金刚石圆锥体或直径为1.588mm的淬火钢球为压头，先施加初试验力（98.07N）压住试样以使压头与试样表面紧密接触后，再施加主试验力压入试样表面，如图1-4所示。压痕深度越深，表明材料硬度越低；反之，压痕深度越浅，材料的硬度越高。

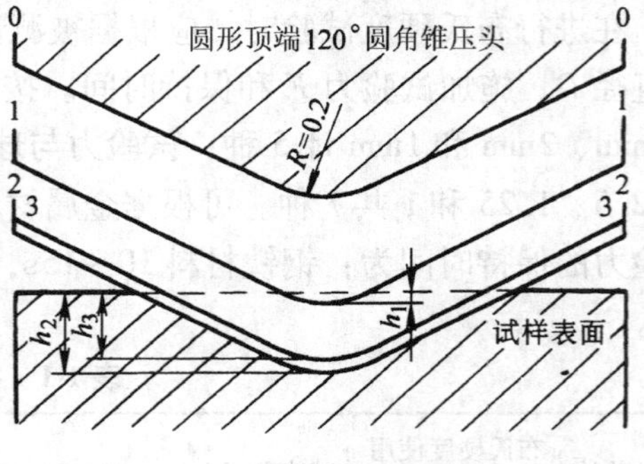

图1-4　洛氏硬度试验原理

2. 表示方法

为了能使用同一硬度计测量从极软到极硬材料的硬度，可采用不同的压头和载荷，组成了几种不同的硬度标尺，其中最常用的是A、B、C三种标尺，用符号HRA、HRB、HRC表示，应用最广泛的是HRC。

洛氏硬度用符号HR表示。在试验操作时，从洛氏硬度试验机的刻度盘上直接读出硬度值。洛氏硬度试验规程国家标准有统一规定。

3. 试验的具体要求和应用范围

常用洛氏硬度标尺的试验条件和应用范围见表1-2。

表1-2　常用洛氏硬度标尺的试验条件和应用范围

标尺	硬度符号	所用压头	总试验力/N	测量范围	应　用　范　围
A	HRA	金刚石圆锥体	588.4	20～88	碳化物、硬质合金、淬火工具钢、浅层表面硬化钢等
B	HRB	ϕ1.588mm钢球	980.7	20～100	软钢、铜合金、铝合金、可锻铸铁等
C	HRC	金刚石圆锥体	1471	20～70	淬火钢、调质钢、深层表面硬化钢等

洛氏硬度试验操作简便、迅速，压痕小，适合于大批量成品件的检验；对于表面质量要求不很高的工件，可直接测量表面硬度而不影响其使用；也可测量较薄材料的硬度。所以洛氏硬度试验应用广泛，但所测量的硬度值精确性较差。

4. 布氏硬度与洛氏硬度的关系

由于各种硬度试验的评定不同，因此相互间没有理论的换算关系。但根据试验结果，可以获得下列粗略的换算公式：

当硬度在200～600HBW范围内，$\text{HRC}\approx\frac{1}{10}\text{HBW}$。

目前测量硬度的方法除以上介绍的之外，常用的还有维氏硬度（HV）、肖氏硬度测量法等。维氏硬度的测试原理与布氏硬度测试原理大致相同。但它是用一个相对面夹角为136°的金刚石正四棱锥体压头，在规定的试验力F作用下压入被测金属表面，保持一定时间后卸除试验力的方法。

5. 维氏硬度与里氏硬度

(1) 维氏硬度　维氏硬度是用136°的四棱锥体金刚石压入试样表面，经规定保持时间后卸除试验力，用测量的压痕对角线长度来计算硬度的一种压痕硬度试验。其试验原理与布氏硬度相同，但弥补了布氏硬度压头变形的问题。

维氏硬度用HV表示，测试范围为5～1000HV时，其表示方法与布氏硬度相同。由于其硬度值需测量对角线长度后计算或查表得到，而且对试样表面质量要求较高，故生产率低，不适合大批量工件的检验，应用受限制。

(2) 里氏硬度　里氏硬度是近二三十年才引入的硬度测量技术。用规定质量的冲击体在弹力作用下以一定速度冲击试样表面，用冲头距试样表面1mm处的回弹速度与冲击速度的比值计算硬度值。

里氏硬度用HL表示，其硬度直接通过里氏硬度计进行测定。符号前表示硬度值，符号后表示冲击装置类型。如600HL. D，表示用D型冲击装置测定的里氏硬度值为600。里氏硬度适用于大型金属件的检验。

里氏硬度计应用便捷的是HL. N-11系列的一种手持式硬度测试仪器，它具有易携带（质量不足1kg）、测试精度高（相对误差±0.8%）、测量范围宽（可实现里氏、洛氏、维氏等硬度之间的相互转换及硬度与强度间的相互转换）以及操作简便、适用于测试所有金属等特点，得到各行业的广泛应用。

第三节　冲击韧性与疲劳强度

一、冲击韧性

工程上将极短时间（瞬时）作用于工件上的载荷称为冲击载荷，将材料承受冲击载荷而不破坏的能力称为冲击韧性。对材料冲击韧性的评定也是通过试验方法来进行的，以标准试样在冲击载荷作用下发生断裂所消耗的能量的数值来作为衡量材料冲击韧性的指标，以A_K表示，称为冲击吸收功，单位为J。在单位截面上的冲击吸收功称为冲击韧度，以a_K表示。冲击韧度主要取决于塑性、硬度，尤其是温度对冲击韧度的影响具有更重要的意义。

工程上把冲击韧度低的材料称为脆性材料，冲击韧度高的材料称为韧性材料。脆性材料在断裂前无明显的塑性变形，断口较平整，有金属光泽；韧性材料在断裂前有明显的塑性变形，断口呈流线状，无金属光泽。

冲击韧性也是评价材料力学性能的重要指标之一，目前用冲击试验来检验冶炼、热处理及各种热加工产品的冲击韧性。

二、疲劳强度

工程上把使材料内部应力呈周期性变化的载荷称为交变载荷。材料在多次交变载荷作用下发生断裂被称为疲劳破坏，在达到疲劳破坏前的最大应力称为该材料的疲劳强度。由于材料的疲劳强度远低于其屈服强度，所以对于工程构件而言，疲劳破坏极具危险性，会造成严重的后果。最典型的疲劳破坏实例是汽车上的钢板弹簧。在工程上约有80%～90%的零件是由于疲劳破坏而导致失效的。

疲劳强度用σ_{-1}表示。为防止疲劳断裂的产生，必须设法提高零件的疲劳强度。疲劳强度除与选用的材料的本性有关外，还与零件的结构设计、表面粗糙度及表面强化处理有关。

思考与练习

1. 金属材料的强度、硬度、塑性、冲击韧性、疲劳强度各用什么指标衡量？这些指标的物理意义是什么？

2. 已知两种材料的伸长率分别为 $\delta_{10}=25\%$，$\delta_5=25\%$，试问这两种材料的塑性是否一样？为什么？

3. 标准规定，15 钢的力学性能应不低于下列数值：$\sigma_b=275\text{MPa}$，$\sigma_s=225\text{MPa}$，$\delta_5=27\%$，$\psi=55\%$。现购进的钢材制成 $d_0=10\text{mm}$ 的圆形短试样做拉伸试验，测得下列数据：$F_b=34500\text{N}$，$F_s=21100\text{N}$，$l_1=65\text{mm}$，$d_1=6\text{mm}$。试问这批钢材的力学性能是否合格？

4. 在生产实践中，为什么硬度试验比拉伸试验得到更广泛的应用？

第二章　常用工程材料

【本章要点】 常用工程材料的牌号、成分、性能、用途及热处理，重点是要抓住其各自的特点，加深理解，记住牌号，学会选用。

人类的生产和社会活动与材料是密切相关的，对材料的掌握、使用状况不仅是社会文明的标志，也是衡量一个民族和国家科学技术水平的标准。据统计，目前人类所使用的材料已达40余万种，每年还在以约5%的速率不断涌现一些新型材料，而随着现代科技的发展，这个增长速率还有成倍增长的趋势。材料可以有许多不同的分类方法，如按化学组成、按质量、按组织和性能、按用途等，在工程中所使用的材料通常是采用按其化学组成来进行分类的。

第一节　工程材料的分类

一、钢铁材料分类

- 钢铁材料
  - 铸铁—灰铸铁、蠕墨铸铁、可锻铸铁、球墨铸铁、合金铸铁
  - 工业用钢
    - 非合金钢（碳素钢）
      - 碳素结构钢
      - 碳素工具钢
    - 低合金钢—低合金高强度钢
    - 合金钢
      - 合金结构钢
      - 合金工具钢
      - 特殊性能钢

二、非铁金属及其合金分类

- 非铁金属及其合金
  - 铝及铝合金
  - 铜及铜合金
  - 滑动轴承合金等

三、非金属材料分类

- 非金属材料
  - 塑料
    - 按用途分：普通塑料、工程塑料
    - 按树脂的热性能分：热塑性塑料、热固性塑料
  - 橡胶
    - 按原材料的来源分：天然橡胶、合成橡胶
    - 按用途分：通用橡胶、特种橡胶
  - 陶瓷材料
    - 传统陶瓷：硅酸盐材料（玻璃、水泥、耐火材料）
    - 特种陶瓷：新型陶瓷（除 SiO_2 之外的其他氧化物、碳化物、氮化物材料）
  - 复合材料
    - 纤维增强复合材料
    - 颗粒增强复合材料
    - 层叠复合材料

实际工程上所使用的材料种类繁多，但是由于金属材料来源比较充足，并具有许多良好的使用性能和工艺性能，所以在目前仍是应用最广泛的材料。

第二节　钢

一、铁碳合金

碳的质量分数 w_C 在 0.0218% ~2.11% 范围内的铁碳合金称为钢，在 2.11% ~6.69% 范围内的铁碳合金称为铸铁。

1. 铁碳合金的基本组织

钢铁材料的性能与其内部组织结构有关。从宏观看，金属是由很多不同方向的微粒堆砌而成，构成这些金属的微粒，称为晶粒（小晶体)。晶粒与晶粒之间的交界称为晶界。从微观看，铁和碳的原子在固态下都按一定次序向各方向重复排列。为了便于分析晶体中原子排列的规律，常用通过各原子中心的一些假想连线把它们在空间的排列形式描绘出来，各连线的交点称为结点，在各结点上的小圆圈表示各原子的位置。把这种表示晶体中原子排列形式的空间格子称为晶格，组成晶格的最基本的独立的单元，称为晶胞，如图 2-1a 所示。

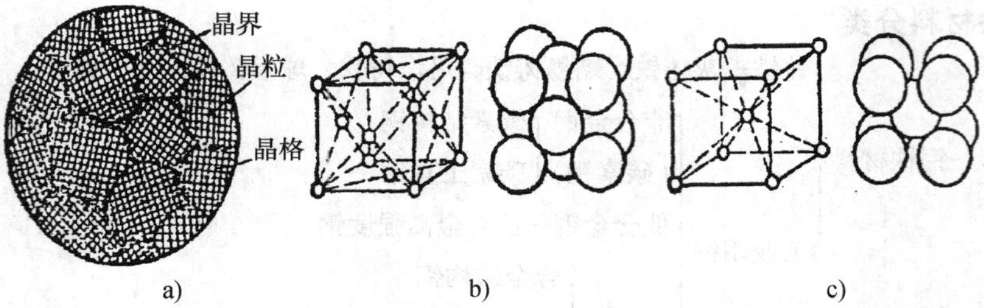

图 2-1　金属的晶体结构

a）晶格、晶粒、晶界　b）面心立方晶格、晶胞　c）体心立方晶格、晶胞

固态下的纯铁，当温度在 912 ~1394℃时，原子排列成面心立方晶格，如图 2-1b 所示，把具有这种晶格的铁称为 γ-Fe；当温度为 912℃以下时，原子排列成体心立方晶格，如图 2-1c 所示，把具有这种晶格的铁称为 α-Fe。

铁碳合金中铁和碳的结合方式有碳溶入 γ-Fe（或溶入 α-Fe）形成的固溶体、碳和铁化合形成化合物、固溶体与化合物混合形成机械混合物。

铁碳合金受化学成分和温度等因素变化的影响，可形成铁素体、奥氏体、渗碳体、珠光体和莱氏体等不同组织。

（1）铁素体　碳溶入 α-Fe 中所形成的固溶体称为铁素体，又称为纯铁体、α 固溶体，通常以符号“F”表示。

碳在 α-Fe 中的溶解度很小，在 727℃时，溶解度最大（w_C =0.0218%）。铁素体的性能与纯铁相似，即具有较好的塑性和韧性，δ =30% ~50%，a_K =160 ~200J/cm^2；强度、硬度较低，σ_b =180 ~280MPa，硬度为 50 ~80HBW。铁素体在 770℃以下具有磁性，在 770℃以上则失去磁性。

（2）奥氏体　碳溶解在面心立方晶格的 γ-Fe 中所形成的固溶体称为奥氏体，以符号 A 表示。

碳在 γ-Fe 中的溶解度较大，1148℃时在 γ-Fe 中的溶解度最大（$w_C = 2.11\%$）。随温度下降，溶解量逐渐减少，在 727℃时，溶碳量为 $w_C = 0.77\%$。

奥氏体具有良好的塑性，$\delta = 40\% \sim 50\%$，硬度 170～220HBW，具有较低的变形抗力。一般奥氏体在高温下存在，不具磁性。它是绝大多数钢种在高温下进行压力加工时所需要的组织。

（3）渗碳体　铁与碳的化合物 Fe_3C 称为渗碳体。渗碳体中碳含量较高 $w_C = 6.69\%$，其熔点为 1227℃，硬度很高约为 800～1000HV，强度很低，$\sigma_b = 35MPa$，塑性、韧性指标几乎为零，因此脆性很大。Fe_3C 钢和铸铁中与其他相共存时，可呈片状、颗粒状和网状等形式存在，故其数量、形状、大小及分布状况对钢的性能有很大影响，是钢中的主要强化相，可提高钢的强度、硬度和耐磨性。另外，Fe_3C 在一定的条件下会发生分解，形成自由状的碳即石墨，反应式为

$$Fe_3C \rightarrow 3Fe + G \text{（石墨）}$$

Fe_3C 的这一分解，在铸铁中具有重要的实际意义。

（4）珠光体　当碳的质量分数为 0.77% 的奥氏体冷却到稍低于 727℃时，在固态下就会同时析出铁素体与渗碳体。这种由铁素体和渗碳体组成的机械混合物，由于在金相显微镜下观察，其呈现有贝母般的光泽，故称为珠光体，用符号“P”表示。

珠光体的性能取决于组成相的数量、大小和分布，一般片状珠光体的抗拉强度 $\sigma_b = 600 \sim 800MPa$，塑性 $\delta = 20\% \sim 25\%$，硬度 170～230HBW，是钢中主要组织之一。

（5）莱氏体　碳的质量分数为 4.3% 的液体铁碳合金冷却到 1148℃时，将从液体中同时结晶出奥氏体和渗碳体的机械混合物，称为高温莱氏体，用 Ld 表示。这种高温莱氏体中的奥氏体在一定的温度下（727℃）将转变成为珠光体。由珠光体与渗碳体组成的机械混合物称为低温莱氏体，用 Ld′表示。因莱氏体中含有大量的硬而脆的渗碳体，所以硬度很高，而塑性极差。常温下具有莱氏体组织的铁碳合金，称为白口铸铁。

2. 铁碳合金状态图

状态图是研究铁碳合金成分、温度、组织三者之间关系的图形，它是研究钢和铸铁组织和性能的基础，是选择钢铁材料的依据，对制订铸、锻、焊、热处理等热加工工艺有着重要的指导意义。

（1）简化的铁碳合金状态图　到目前为止，几乎所有的状态图都是在实验室测得的。常用热分析法、硬度法、磁性法等实验方法相互配合而得到。

实际生产中使用的铁碳合金，w_C 一般不超过 5%。因为，当 $w_C > 5\%$ 之后，组织中含有大量又硬又脆的渗碳体，无实用价值；但 $w_C < 5\%$ 时，又不能形成一个均匀的稳定相，而只有当 w_C 达到 6.69% 时，才能形成稳定的化合物相——渗碳体。所以对铁碳合金状态图只研究 w_C 在 0～6.69% 以内的 Fe—Fe_3C 部分。图 2-2 所示为简化的

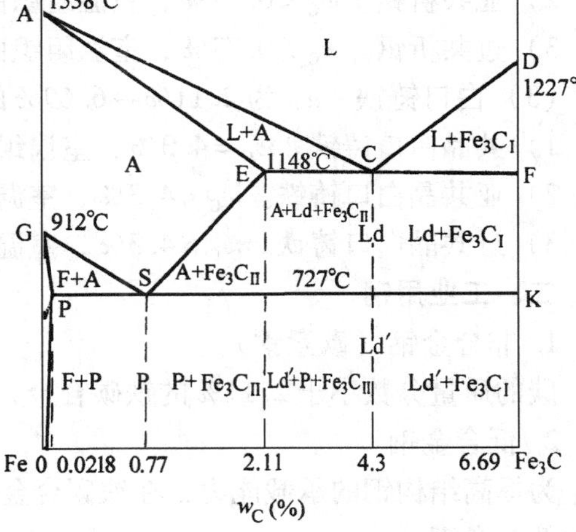

图 2-2　Fe—Fe_3C 合金状态图

$Fe—Fe_3C$ 状态图。

（2）铁碳合金状态图的特性点、特性线及其意义　铁碳合金状态图中的特性点、线及其意义见表 2-1、表 2-2。

表 2-1　$Fe—Fe_3C$ 合金状态图的特性点及含义

特　性　点	含　　　　义
A	工业纯铁的熔点 1538℃
D	渗碳体的熔点 1227℃
E	钢、铁的分界点，又是奥氏体（1148℃）溶碳量的最大点，w_C 为 2.11%
C	共晶点，$L_C \rightleftharpoons A_E + Fe_3C$
G	同素异晶转变点。即工业纯铁在 912℃时，存在反应 $\gamma\text{-}Fe \rightleftharpoons \alpha\text{-}Fe$
S	共析点，$A_S \rightleftharpoons F_P + Fe_3C$

表 2-2　$Fe—Fe_3C$ 合金状态图的特性线

特性线	含　　　　义
AC、CD	液相线。当液态合金冷却到此线上，将分别结晶出奥氏体与渗碳体
AECF	固相线。当液态合金冷却到此线上将全部结晶为固体
ECF	共晶线。在此线上将发生共晶转变，即由一个具有一定成分的液相，在恒温（1148℃）同时生成两个不同成分的固相 $L_{4.3} \Leftrightarrow (A_{2.11} + Fe_3C_{6.69})$LD 的转变，称为共晶转变
GS	合金在冷却时，奥氏体转变为铁素体的开始线；加热时，铁素体转变为奥氏体的终了线
ES	碳在奥氏体中的溶解度曲线。液态合金由高温冷却时，当冷却到该曲线上将析出过饱和的二次渗碳体，温度越低奥氏体的溶碳量越少，析出的渗碳体就越多
PSK	共析线。在此线上将发生共析转变，即由一个具有一定成分的固相，在恒温（727℃）同时析出两个不同成分的固相 $A \Leftrightarrow (F_{0.0218} + Fe_3C_{6.69})$P 的转变，称为共析转变

3. 铁碳合金的分类

根据铁碳合金状态图可知，不同成分的铁碳合金，具有不同的组织，从而具有不同的性能。铁碳合金大体可分为：

（1）工业纯铁　$w_C = 0 \sim 0.0218\%$ 的铁碳合金。

（2）钢　w_C 为 $0.0218\% \sim 2.11\%$ 的铁碳合金。根据含碳量的不同，钢又分为：

1）共析钢。$w_C = 0.77\%$，室温组织全部是珠光体。

2）亚共析钢。$w_C < 0.77\%$，室温组织由铁素体与珠光体组成。

3）过共析钢。$w_C > 0.77\%$，室温组织由珠光体与渗碳体组成。

（3）白口铸铁　w_C 为 $2.11\% \sim 6.69\%$ 的铁碳合金。根据含碳量的不同，铸铁又分为：

1）共晶白口铸铁。$w_C = 4.3\%$，室温组织全部是低温莱氏体。

2）亚共晶白口铸铁。$w_C < 4.3\%$，室温组织由珠光体与低温莱氏体组成。

3）过共晶白口铸铁。$w_C > 4.3\%$，室温组织由板条状渗碳体与低温莱氏体组成。

二、工业用钢

1. 非合金钢（碳素钢）

碳的质量分数小于 2.11% 的铁碳合金，称为非合金钢。

2. 低合金钢

为提高结构钢的承载能力，在铁碳合金中加入少量合金元素而形成的低合金高强度钢，称为低合金钢。

3. 合金钢

为了满足某种性能要求，炼钢时特意加入一定数量的合金元素如 Si、Mn、Cr、Ni、W、Mo、V、Ti 等，这种钢称为合金钢。

4. 分类

对种类品种繁多的钢进行科学地分类，不仅关系到钢产品生产、使用、外贸、科研、统计等工作，对我们现在学习和将来合理选用钢材也具有重要的意义。

我国有关钢分类的最新国家标准是 1991 年颁布实施的 GB/T 13304—1991《钢分类》。由于涉及领域不同，各种使用者所站的角度也不相同，所以，钢的分类方法很多，我们将其中常用的部分总结如下：

- 钢
  - 非合金钢（碳素钢）
    - 普通质量非合金钢：碳素结构钢、碳素钢筋钢、铁道用一般碳素钢、一般钢板桩型钢等
    - 优质非合金钢：机械结构用优质碳素钢、工程结构用碳素钢、冲压薄板用低碳结构钢、镀层板带用碳素钢、锅炉和压力容器用碳素钢、造船用碳素钢、铁道用碳素钢、焊条用碳素钢、标准件用钢、冷锻铆螺用钢、非合金易切削钢、电工用非合金钢、优质铸造碳素钢等
    - 特殊质量非合金钢：保证淬透性非合金钢、保证厚度方向性能非合金钢、铁道用特殊非合金钢、航空兵器等用非合金结构钢、核能用非合金钢、特殊焊条用非合金钢、碳素弹簧钢、特殊盘条钢丝、特殊易切削钢、碳素工具钢、电工纯铁、原料纯铁等
  - 低合金钢
    - 普通质量低合金钢：一般低合金高强度结构钢、低合金钢筋钢、铁道用一般低合金钢、矿用一般低合金钢等
    - 优质低合金钢：通用低合金高强度结构钢、锅炉和压力容器用低合金钢、造船用低合金钢、汽车用低合金钢、桥梁用低合金钢、自行车用低合金钢、低合金耐候钢、铁道用低合金钢、矿用优质低合金钢、输油管线用低合金钢等
    - 特殊质量低合金钢：核能用低合金钢、保证厚度方向性能低合金钢、铁道用特殊低合金钢、低温压力容器用钢、舰船及兵器等专用低合金钢等
  - 合金钢
    - 优质合金钢：一般工程结构用合金钢、合金钢筋钢、电工用硅钢，铁道用合金钢，地质与石油钻探用合金钢、耐磨钢、硅锰弹簧钢等
    - 特种质量合金钢：压力容器用合金钢、经热处理的合金结构钢、经热处理的地质石油钻探用合金钢管、合金结构钢（调质、渗碳钢渗氮钢、冷塑性成形用钢）、合金弹簧钢、不锈钢、耐热钢、合金工具钢（量具刃具用钢、耐冲击工具用钢、热作模具钢、冷作模具钢、塑料模具钢）、高速工具钢、轴承钢、高电阻电热钢、无磁钢、永磁钢、软磁钢等

低合金高强度结构钢是在碳素结构钢的基础上加入总的质量分数小于3%的合金元素而形成的我国特有的钢种，见 GB/T 1591—1994 规定。

三、工业用钢的编号方法

为便于对钢铁及合金产品有关生产、使用、统计、管理、信息交流等，国家对钢铁及合金编号作了统一标准。

1. 非合金钢

非合金钢（碳素钢）的编号方法见表 2-3。

表 2-3　非合金钢(碳素钢)的编号方法(GB/T 699—1999)

分类	编号方法	
	举例	说明
碳素结构钢	Q235AF	"Q"为"屈"字的汉语拼音字首,后面的数字为屈服点(MPa);A、B、C、D 表示质量等级,从左到右,质量依次提高;F、b、Z、TZ 依次表示沸腾钢、半镇静钢、镇静钢、特殊镇静钢。Q235AF 表示屈服点为 235MPa、质量为 A 级的沸腾钢
优质碳素结构钢	45 (w_C = 0.45%, w_{Mn} = 0.25% ~0.5%) 40Mn (w_C = 0.4%, w_{Mn} = 0.7% ~1.0%)	两位数字表示钢的平均碳的质量分数,以万分之几计。该钢分为两种:一种是普通含锰量的优质碳素结构钢;一种是较高含锰量的优质碳素结构钢,如 45、40Mn 等。在 GB 17616—1988 中将具体的钢铁及合金牌号进行了统一数字代号体系,如非合金钢统一数字代号为 U×××××,如 20Mn、40 钢的统一代号分别为 U21202、U20402
碳素工具钢	T8 (w_C = 0.8%) T12A GCr15 (w_{Cr} = 1.5%	用"碳"的汉语拼音字母大写的字头表示碳素工具钢,一位数字表示该钢的平均碳的质量分数以千分之几来计,钢号后加"A"表示高级优质碳素工具钢;滚动轴承钢用"滚"的字头表示,它的铬的质量分数以千分之几来计,其余同工具钢。此钢应用广泛,既可作结构钢使用也可作工具钢使用。统一数字代号为 T×××××
铸造碳钢	ZG200—400 表示 σ_s = 200MPa σ_b = 400MPa	"ZG"代表铸钢。其后面第一组数字表示屈服点,第二组数字表示抗拉强度。如 ZG200—400 表示屈服点为 200MPa,抗拉强度为 400MPa 的铸造碳钢。统一数字代号为 C2××××

2. 低合金钢

用屈服点"屈"的汉语拼音字母的字头 Q、屈服点的数值及质量等级（A、B、C、D、E）三个部分按顺序排列，如 Q295（A、B）、Q345（A、B、C、D、E）、Q390（A、B、C、D、E）、Q420（A、B、C、D、E）、Q460（C、D、E）。具体化学成分、力学性能见 GB/T 1591—1994。低合金一般结构钢统一数字代号为 L0××××，专用结构钢统一代号为 L1××××等，详见 GB/T 17616—1998。

3. 合金钢

合金钢的编号方法见表 2-4，具体牌号、成分、性能和用途可参阅国家有关标准。

表 2-4　合金钢的编号方法（GB/T 3077—1999）

分　类	编号方法（原则：数字 + 化学元素 + 数字）	
	举　例	说　明
合金结构钢	60Si2Mn $w_C = 0.60\%$， $w_{Si} = 2\%$， $w_{Mn} < 1.5\%$	前面用两位数字表示钢的平均碳的质量分数，以万分之几来计；化学元素用汉字（或化学元素符号）表示；后面的数字表示该元素的平均质量分数，以百分之几来计。当该元素的平均质量分数小于 1.5% 时，编号中只标明元素，一般不标明含量；当质量分数大于 1.5%、2.5%、3.5%…则相应以 2、3、4…表示。合金类型与统一数字代号为 A×××××
合金工具钢	9Mn2V $w_C = 0.90\%$ W18Cr4V （$w_C = 0.7\% \sim 0.8\%$） W6Mo5Cr4V3 （$w_C = 1.1\% \sim 1.2\%$）	与合金结构钢编号方法的区别在于，用一位数字表示钢的平均碳的质量分数，以千分之几来计；当平均碳的质量分数大于或等于 1% 时，钢号前无数字。高速钢例外，它的平均碳的质量分数小于 1% 时也不标出。统一数字代号为 T5××××。合金元素质量分数的表示方法与合金结构钢相同。统一数字代号为 T3××××
特殊性能钢	0Cr18Ni9 （$w_C \leqslant 0.08\%$） 00Cr18Ni9 （$w_C \leqslant 0.03\%$） 1Cr13 （$w_C = 0.1\%$）	与工具钢的编号方法相同，但特殊性能钢的平均碳的质量分数较低。当其平均碳的质量分数小于或等于 0.08% 或 0.03% 时，在钢号的前面分别冠上"0"、"00"。例如，00Cr18Ni9 表示平均碳的质量分数为 0.03% 铬的质量分数为 18%、镍的质量分数为 9% 的奥氏体耐热钢。合金元素质量分数的表示方法与合金结构钢相同

四、非合金钢的牌号、成分、性能、用途

1. 碳素结构钢

碳素结构钢的牌号、化学成分和性能见表 2-5。

表 2-5　碳素结构钢的牌号、成分和性能（GB/T 13304—1991 引用 GB 700—1988）

牌号	等级	化学成分 w(%)					脱氧方法	抗拉强度 σ_b/MPa	伸长率 σ_5(%)
		C	Mn	Si	S	P			
				不大于					
Q195	—	0.06～0.12	0.25～0.50	0.30	0.050	0.045	F、b、z	315～390	32～33
Q215	A	0.09～0.15	0.25～0.55	0.30	0.050	0.045	F、b、z	335～410	26～31
	B				0.045				
Q235	A	0.14～0.22	0.30～0.65①	0.30	0.050	0.045	F、b、z	375～400	21～26
	B	0.12～0.20	0.30～0.70②		0.045				
	C	≤0.18	0.35～0.80		0.040	0.040	Z		
	D	0.17			0.035	0.035	TZ		
Q255	A	0.18～0.28	0.40～0.70	0.30	0.050	0.045	Z	410～510	19～24
	B				0.045				
Q275	—	0.28～0.38	0.50～0.80	0.35	0.50	0.045	Z	490～610	15～20

注：在牌号组成表示方法中，"Z""TZ"代号予以省略。

①、②　Q235A、B 级沸腾钢锰的质量分数上限为 0.060%。

2. 优质碳素结构钢

优质碳素结构钢的牌号、化学成分和性能见表2-6。

表2-6　优质碳素结构钢的牌号、成分和性能（GB/T 699—1999）

牌号	化学成分 w(%)			力学性能					钢材交货状态硬度 HBW	
	C	Si	Mn	σ_b/MPa	σ_s/MPa	δ_5(%)	ψ(%)	A_K/J	不大于	
				不小于					未热处理	退火钢
08F	0.05~0.11	≤0.03	0.25~0.50	295	175	35	60		131	
10F	0.07~0.14	≤0.07	0.25~0.50	315	185	33	55		137	
15F	0.12~0.19	≤0.07	0.25~0.50	355	205	29	55		143	
08	0.05~0.12	0.17~0.37	0.36~0.65	325	195	33	60		131	
10	0.07~0.14	0.17~0.37	0.35~0.65	335	205	315	55		137	
15	0.12~0.19	0.17~0.37	0.35~0.65	375	225	27	55		143	
20	0.17~0.24	0.17~0.37	0.35~0.65	410	245	25	55		156	
25	0.22~0.30	0.17~0.37	0.50~0.80	450	275	23	50	71	170	
30	0.27~0.35	0.17~0.37	0.50~0.80	490	295	21	50	63	179	
35	0.32~0.40	0.17~0.37	0.50~0.80	530	315	20	45	55	197	
40	0.37~0.45	0.17~0.37	0.50~0.80	570	335	19	45	47	217	187
45	0.42~0.50	0.17~0.37	0.50~0.80	600	335	16	40	39	229	197
50	0.47~0.55	0.17~0.37	0.50~0.80	630	375	14	40	31	241	207
55	0.52~0.60	0.17~0.37	0.50~0.80	645	380	13	35		255	217
60	0.57~0.65	0.17~0.37	0.50~0.80	675	400	12	35		255	229
65	0.62~0.70	0.17~0.37	0.50~0.80	695	410	10	30		255	229
70	0.67~0.75	0.17~0.37	0.50~0.80	715	420	9	30		269	229
75	0.72~0.80	0.17~0.37	0.50~0.80	1030	830	7	30		285	241
80	0.77~0.85	0.17~0.37	0.50~0.80	1030	930	6	30		285	241
85	0.82~0.90	0.17~0.37	0.50~0.80	1130	980	6	30		302	255

注：S、P不大于0.035%；力学性能仅适用于截面尺寸不大于80mm的钢材。

3. 优质碳素结构钢的用途

15、20、25钢属于渗碳钢。此类钢强度、硬度较低，但塑性和韧性较高，焊接性及冷冲压性好，可以制造各种受力不大．要求高韧性的零件及冷冲压件和焊接件。例如，经渗碳、淬火和低温回火处理，表面硬度可以有很大程度地提高，耐磨性好，并且心部仍具有一定的强度和韧性，可用来制作一些要求表面耐磨并能承受冲击载荷的零件。

30、35、40、45、50、55钢属于调质钢，经淬火加高温回火，具有良好的综合力学性能。主要用于要求强度、塑性和韧性较高的机械零件，如轴、连杆、螺栓等结构零件。其中最有代表性的是45钢。

60、65、70属于弹簧钢，经淬火加中温回火可获得高的非比例伸长应力 $\sigma_{p0.01}$，俗称弹性极限，主要用于制造弹簧、弹簧夹头等弹性零件。

4. 碳素工具钢

碳素工具钢的牌号、化学成分、性能和用途见表2-7。

表2-7　碳素工具钢的牌号、化学成分、性能和用途(GB 1298—1986)

牌号	化学成分 w(%)			硬度		用途举例
	C	Mn	Si	退火后 HBW 不高于	淬火后① HRC 不小于	
T7 T7A	0.65～0.74	0.20～0.40	0.15～0.35	187	62	用作承受冲击,韧性较好,硬度适当的工具如凿子、锤子、螺钉旋具、镰刀、扁铲、木工工具等
T8 T8A	0.75～0.84	0.20～0.40	0.15～0.35	187	62	用作承受冲击,要求较高硬度的工具如锉刀、锯条、剪刀、压缩空气工具等
T8Mn T8MnA	0.80～0.90	0.40～0.60	0.15～0.35	187	62	用途与T8、T8A基本相同,但淬透性较大,可制断面较大的工具
T9 T9A	0.85～0.94	0.15～0.35	0.15～0.35	192	62	韧性中等、硬度高的工具,如冲头、木工工具、凿岩工具等
T10 T10A	0.95～1.04	0.15～0.35	0.15～0.35	197	62	不受剧烈冲击,高硬度耐磨的工具,如车刀、刨刀、冲头、丝锥、钻头、手锯条等
T11 T11A	1.05～1.40	0.15～0.35	0.15～0.35	207	62	
T12 T12A	1.15～1.24	0.15～0.35	0.15～0.35	207	62	不受冲击,要求硬度高耐磨的工具,如锉刀、刮刀、精车刀、丝锥、量具等
T13 T13A	1.25～1.35	0.15～0.35	0.15～0.35	217	62	同上,要求更耐磨的工具,如刮刀、剃刀等

① 淬火后硬度不是指用途举例中各种工具的硬度，而是指碳素工具钢在淬火后的最低硬度。

五、钢中常存杂质元素及合金元素对钢性能的影响

钢中由原料、燃料和脱氧剂带入的难以除尽的元素称为杂质。为改善钢的性能而人为加入的元素称为合金元素。

1. 杂质元素对钢性能的影响

钢中常存的杂质元素有硅、锰、硫、磷等。

(1) 硅 (Si) 的影响　硅在钢中是有益元素，可以溶入铁素体而强化铁素体，但硅的质量分数 $w_{Si}<0.4\%$ 时其作用并不明显，钢中硅的质量分数 w_{Si} 一般控制在0.5%以下。

(2) 锰 (Mn) 的影响　锰在钢中也是一种有益元素，锰与硫的亲和力大于铁与硫的亲和力，所以可以降低硫在钢中的有害作用。锰与硫间反应式如下：

$$Mn + S \rightarrow MnS$$

形成的MnS熔点为1600℃使钢在高温下具有良好的压力加工性能。

(3) 硫 (S) 的影响　硫在钢中是一种有害元素，硫与铁之间有以下反应：

$$S + Fe \rightarrow FeS$$

而FeS的熔点为1190℃，又可以和Fe形成低熔点的共晶体（985℃）分布在钢的晶界上。当此钢加热到1200℃时，晶界熔化，再进行压力加工则沿着晶界开裂，这种现象称为热脆现象。

(4) 磷 (P) 的影响　磷在钢中也是一种有害元素。磷可以溶入铁素体，在室温下溶入铁素体中的磷的质量分数可达1%。磷的溶入显著地降低了铁素体的塑性和韧性，即增加了

铁素体的脆性，尤其在低温下磷的作用更明显，这种现象称为冷脆现象。

为降低磷对钢材塑性和韧性的影响，尤其对于在低温条件下工作的钢材，应严格控制其磷的含量，而炮弹钢正是利用提高磷含量而产生的脆性，来提高炮弹的杀伤能力。

2. 合金元素对钢性能的影响简介

（1）合金元素与铁的作用　一部分元素如 Mn、Ni、Co、N、B 等可以溶入铁素体形成合金铁素体而使钢的性能得到强化。

（2）合金元素与碳的作用　一部分元素与碳形成合金碳化物成为钢中重要的强化相，如 W、Mo、V、Ti、Nb、Zn、Cr、Mn、Fe 等。合金元素在钢中的作用是非常复杂的，如对铁碳合金状态图的影响、对热处理组织转变的影响等。

六、各类牌号合金钢的用途简介

1. 合金结构钢

合金结构钢按用途不同可分工程结构用钢和机械制造用钢两大类。工程结构用钢主要用于制造强度要求较高的工程构件，如桥梁、船舶、车辆等。在普通碳素结构钢的基础上加入少量合金元素形成的钢称为低合金结构钢，简称低合金钢。机械制造用钢主要用于制造各类机械零件，按用途和热处理工艺特点，可分为渗碳钢、渗氮钢、调质钢、弹簧钢、轴承钢等。

（1）低合金结构钢　低碳低合金，常用元素 Mn、Si 等。其强度高（尤其是屈服强度）、具有较高的韧性、良好的焊接及冷变形能力，在大气和海水中的耐蚀性也比普通碳素结构钢好。

Q345（16Mn）可减轻结构件的质量、并且经久耐用、可靠。在同样的承载条件下，Q345 至少可使结构件的质量减轻 20%，是应用最广泛的一种低合金结构钢。低合金结构钢还有 Q295、Q390、Q420、Q460 等。

（2）合金渗碳钢　合金渗碳钢适于制造在高速、重载、强烈冲击及剧烈磨损条件下工作的机械零件。15Cr、20Cr、20MnV 等用于制造活塞销、凸轮、机车小零件、机床齿轮、齿轮轴、蜗杆等。20CrMnTi、20Mn2B、20MnV 等工艺性能优良，用于制造汽车、拖拉机的齿轮、凸轮、大齿轮、轴。12Cr2Ni3、20MnVB、20CrMnMo 等用于大型渗碳齿轮、轴、飞机发动机齿轮及作高级渗碳件。

（3）合金氮化钢　38Cr2MoAlA（38CrMoAlA）钢件经氮化处理后在表层获得高硬度，由于渗氮温度低钢件很少变形，故氮化后可直接装机使用。

（4）合金调质钢　合金调质钢具有较高的强度与良好的塑性、韧性。40Cr、40MnB、40CrV、30CrMnSi 等用于重要的调质零件，如齿轮、连杆螺栓、机车连杆、汽车、拖拉机、机床、柴油机的轴齿轮、高速高载荷砂轮轴、联轴器等。40CrNiMoA、37CrNi3、25Cr2Ni4WA 用于受冲击载荷的高强度零件，如锻压机床的传动偏心轴、压力机曲轴，高强度、高韧性的重要零件，如活塞销、凸轮轴、拉杆等。

（5）合金弹簧钢　弹簧是一种利用弹性变形，在各种机械和仪表中起承重、减振、缓冲、吸收和测量等重要零件，其材料通常为合金弹簧钢。

1）55Si2Mn 用于直径为 20～25mm 的弹簧，工作温度低于 230℃。

2）60Si2MnA 用于直径为 25～30mm 的弹簧，工作温度低于 230℃。

3）50CrVA 用于直径为 30～50mm 的弹簧，工作温度低于 210℃。

4）55SiMnMoV 用于直径小于 75mm 的弹簧，重型汽车、越野汽车大截面板簧。

5）60Si2CrVA 用于直径小于 50mm 的弹簧，工作温度低于 250℃。

（6）滚动轴承钢　滚动轴承钢具有高且均匀的硬度、耐磨性、耐压强度以及疲劳极限，碳的质量分数较高在 0.95% ~1.15% 之间，同时对 P、S 及非金属夹杂物含量、纤维组织中碳化物的分布状况要求严格控制。

1）GCr9 用于制造直径小于 ϕ20mm 的滚球、滚柱及滚针。

2）GCr15 用于壁厚小于 20mm、外径小于 ϕ250mm 的套圈；直径为 ϕ25 ~ ϕ50mm 的钢球；直径小于 ϕ22mm 的滚子。

3）GCr15SiMn 用于壁厚大于 12mm、外径大于 ϕ250mm 的套圈；直径大于 ϕ50mm 的钢球；直径大于 ϕ22mm 的滚子。

4）GSiMnMoV（RE）代替 GCr15SiMn 钢制造汽车、拖拉机、轧钢机上的大型轴承。

2. 合金工具钢

（1）合金刃具钢　合金刃具钢由一般刃具钢和高速钢组成。

1）低合金刃具钢。在工作中承受很大的切削力、摩擦热、切削热的作用，要求具备高硬度（>60HRC）、高耐磨性、高热硬性，此外还必须具有足够的强度与韧性，以防脆断或崩刃。

①9Mn2V 用于制造冷加工模具、各种变形量小的量规、样板、丝锥、板牙、铰刀、磨床主轴、车床丝杠等。

②9SiMn 常用于制造板牙、丝锥、铰刀、搓丝板、冷冲模、冷轧辊等。

③CrWMn 用于制造淬火后变形小的长铰刀、丝锥、拉力、丝杠、冷冲模具等。

2）高速钢。高速钢特点是高碳高合金，碳的质量分数在 0.7% ~1.5% 之间，合金元素总量 >10%，一般包括 W、Cr、V 等能够形成碳化物的合金元素。具有高硬度、高耐磨性和高强度，热硬性较高。高速钢有钨系、钨钼系、超硬系。

①钨系。W18Cr4V 用于制造一般高速切削车刀、刨刀、钻头、铣刀、滚刀、拉刀、铰刀、丝锥、板牙等。

②钨钼系。W6Mo5Cr4V2 用于制造耐磨性与韧性配合很好的高速切削刀具，如丝锥、钻头等。W6Mo5Cr4V3 用于制造耐磨性与热硬性较高、耐磨性与韧性配合较好、形状较为复杂的刀具，如拉刀、铣刀等。

③超硬系。W6Mo5Cr4V2Co8 用于制造形状简单、截面较大的刀具，如直径为 ϕ15mm 以上的钻头等。W6Mo5Cr4V2Al 加工一般材料时，刀具使用寿命是 W18Cr4V 的 2 倍，用于加工耐热合金等难切削材料时，其使用寿命接近钴高速钢。

（2）合金量具钢　测量和检验工件尺寸的工具，其工作部位要求具有高硬度、高耐磨性，还要求热处理变形小，使用过程中尺寸变化极其微小。

常用的量具钢有 CrMn、CrWMn、GCr15 等，进行淬火及低温回火处理，以获得高硬度（60 ~64HRC）、高耐磨性。高精度的量具要在淬火后冷处理以减少残余奥氏体，回火后进行人工时效处理以达到稳定组织和尺寸、消除应力。

（3）合金模具钢

1）冷作模具钢。冷作模具钢主要用于制作各种使金属成型的模具，包括冷冲模、冷挤压模、拉丝模、冷镦模等。

对于尺寸大或耐磨性要求很高、要求淬火变形小的模具，须采用高碳高铬合金模具钢，如 Cr12、Cr12MoV 钢。高碳中铬合金模具钢，如 Cr6WV 和 Cr5MoV，是在钢中加入 Mo（或

W)、V，其作用与高碳高铬钢相同。

2）热作模具钢　热作模具包括热锻模、热挤压模、压铸模三类，均为高温成型模具。热作模具钢的化学成分与合金调质钢相似，一般碳的质量分数≤0.5%，个别可达0.6%～0.7%，并含有Cr、Mn、Ni、Si等合金元素，属于亚共析钢。常用的热作模具钢有：

①中型和小型锻模用钢，如5CrMnMo和5SiMnMoV。

②形状复杂、负荷较重的大锻模用钢，如5CrNiMo。

③锻模、高速锤锻模用钢，如4Cr5W2SiV。

④热挤压模、压铸模用钢，如3Cr2W8V。

3. 特殊性能钢

（1）不锈钢　不锈钢是指在大气或其他介质中不易锈蚀的钢，有铁素体型不锈钢（1Cr17、1Cr17Mo、1Cr25Ti）、奥氏体型不锈钢（铬的质量分数18%，镍的质量分数≥8%，简称18—8型）、马氏体型不锈钢（Cr13型）和奥氏体-铁素体型不锈钢等。

（2）耐热钢　在高温（600℃～1200℃）条件下具有良好的耐氧化能力或较高的强度的钢称为耐热钢。一般分为抗氧化钢（1Cr13Si3、3Cr18Mn12Si2N、1Cr13SiAl）和热强钢（15CrMo、1Cr11MoV、4Cr9Si2、4Cr14Ni4W2Mo）。

（3）耐磨钢　虽然表面淬火和化学热处理可以提高钢件的耐磨性，但所得高硬度耐磨层较薄且脆性大，无法满足某些在强烈冲击和严重磨损条件下工作的零件（如拖拉机、推土机、坦克的履带板）的要求，此时应采用专门的耐磨钢。

ZGMn13是常用的耐磨钢，其碳的质量分数为1.0%～1.3%，锰的质量分数为11%～14%。高含锰量使钢件热处理后可获得单相奥氏体组织，此时的塑性和韧性很高，硬度不高（170～220HBW），但当钢件受到强烈冲击、强大压力与剧烈摩擦作用时，其表面因塑性变形产生显著的加工硬化，硬度提高至50HRC以上，从而获得高耐磨性。由于此钢极易加工硬化，这使得切削加工困难，因此多采用铸造方法成型。

七、钢材

1. 钢材的分类

（1）按加工方法分类

钢材
- 轧　　材：型材、板材、管材
- 冷拉拔材：尺寸精度要求高、表面质量好的型材，直径较小的管材，不用热轧方法生产的钢丝
- 锻　　材：圆钢、方钢、扁钢、车轴坯、锻件坯等

（2）按材质分类

钢材
- 普通钢材（包括非合金钢（碳素钢）和低合金结构钢）
- 优质钢材（包括特级钢材）

（3）按用途分类

钢材
- 一般用途钢材：用于制造一般工程建筑结构、容器、普通机械零件等
- 特定用途钢材：指各种专用钢材，如桥梁、压力容器、船舶、汽车工业、钢轨、窗框等专用钢材，它们在性能上可以更好地满足特定用途的需要，并节约材料

2. 钢材的具体类别、品种、用途

钢材的类别、品种和用途见表2-8。

表 2-8　钢材的类别、品种和用途

类别	品种	说明	用途
型材	重轨	每米质量大于 30kg 的钢轨	用于铺设铁路干线和专用线。随着铁路运输运量、行车密度和速度的提高，以及列车编组的扩大，今后的钢轨将继续向重轨化、长轨化、均质化、高强度、高耐磨性方向发展
	轻轨	每米质量等于或小于 30kg 的钢轨	主要用于铺设矿山、森林、工厂内的轻便铁路。其材质为中碳的碳素结构钢和低合金钢如 50Q、55Q、45SiMnP、50SiMnP 等（Q 表示轻轨钢，是“轻”的汉语拼音的字头，数字表示平均碳的质量分数）
	大型型钢	用普通钢制成，按尺寸大小分为大、中、小型	包括工字钢、圆钢、方钢、扁钢、不等边角钢、异型钢等。广泛用于建筑、工程结构、桥梁、起重设备、车辆、各种工业结构、工业厂房、农具、一般机械零件等
	中型型钢		
	小型型钢		
	优质型材	用优质钢制成的各种型材	按加工方法分为热轧(锻)型材、冷拉型材和银亮钢三大类。主要用于制造各种机械零件、工具、轴承、模具等，大多需经热处理后使用
	冷弯型钢	以钢带、钢板为原料，在常温下经冷弯成形制成的型材	是一种新兴的高经济型钢，具有断面形状合理、质量轻、强度高、产品质量好、表面粗糙度值低、外观好、尺寸精度高等优点。广泛应用于建筑、铁路车辆、船舶、汽车、农机、轻工、集装箱、家具等方面
	线材	热轧制成的直径为 $\phi5\sim\phi9$mm 的圆钢和螺纹钢（我国目前已扩大到 22mm），线材大多成盘供应，又称为盘条或盘圆，少数以直条供应	品种有普通低碳钢热轧圆盘条、电焊盘条、爆破线用盘条、优质盘条等。盘条的用途很广，用量很大，广泛用作建筑钢筋，也可作为拉制各种钢丝和焊丝的原料及制造各种标准件、冷镦件、小五金等
	其他钢材	包括重轨配件、车轮、轮箍、锻件坯、车轴坯等	
板材	中厚板材	厚度大于 4mm 的钢板	专门用途的厚钢板主要用于桥梁、锅炉、压力容器、船舶、汽车大梁、石油化工、塔架等
	薄钢板	厚度等于或小于 4mm 的钢板	机械设备罩壳、通风管道、家用电器外壳、日常生活用品、汽车拉延件、化工搪瓷、工业搪瓷，还有各种镀涂薄钢板。广泛用于建筑、包装及日常生活用品等
	钢带	也称带钢，实际上是长而窄的薄钢板	广泛用于制造弹簧、工具、自行车、电气仪表、刀片、锯条、垫圈、日用五金，以及用作冷弯型钢、焊接钢管坯料等
	硅钢片	即电工硅钢薄钢板	制造电动机、电工仪表及其他电磁器件的重要磁性材料等
管材	无缝钢管	管壁无缝的钢管	枪、炮管，高压管道，石油钻杆，汽车传动轴等
	焊接钢管	又称焊缝管	普通机械零件，工程构件，低压气体、液体输送管道等
金属制品	金属制品	包括钢丝、钢丝绳、钢绞线等。钢丝绳按用途分为：电梯用、航空用、起重用、矿井提升用、渔业用等；钢绞线可看成单股钢丝绳	用盘条为原料经拉拔等深度加工制成的产品。主要用于制造各种机械零件、工具、轴承滚动体、铆钉及焊条芯、弹簧。钢丝绳广泛应用于提升起重、拖拉牵引、张拉固定等方面。钢绞线主要用于建筑物的吊架、通信电缆、架空电力线以及固体物件栓系等

第三节 铸　　铁

铸铁是碳的质量分数大于2.11%（通常 w_C 为2.8%～3.5%）的铁碳合金。在机械产品中，铸铁件通常占机器设备总重量的一半以上。

一、铸铁的分类

1. 按碳存在的形式分类

（1）白口铸铁　碳全部以 Fe_3C 形式存在，只有微量碳溶于铁素体中，因断口呈银白色而得此名。白口铸铁组织中存有大量的莱氏体，难以机械加工，故极少用于制造机械零部件。

（2）灰口铸铁　碳大部分或全部以石墨形式存在，只有微量碳溶于铁素体中，因断口呈灰色而得此名。它是机械工业生产中应用最广的铸铁。

（3）麻口铸铁　其组织为白口和灰口之间的过渡组织，由于断口处有黑白相间的麻点而得此名。由于麻口铸铁既存有石墨又有莱氏体，难以机械加工，所以很少直接用来制造机械零部件。

2. 按石墨的形态分类

铸铁中石墨的形成过程称为石墨化。铸铁中的碳大部分以石墨的形态存在时，才得以广泛使用。根据铸铁中石墨的形态不同，铸铁又可分为：

（1）普通灰铸铁　简称灰铸铁，石墨形态为片状。

（2）球墨铸铁　石墨形态为球状。

（3）可锻铸铁　石墨形态为团絮状。

（4）蠕墨铸铁　石墨形态为蠕虫状。

二、灰铸铁

灰铸铁通常是指具有片状石墨的铸铁，它在机械制造业中占有重要地位，其产量占有各类铸铁总产量的80%以上。

1. 灰铸铁的组织

灰铸铁的显微组织是由金属基体与片状石墨所组成，如图2-3所示，相当于在钢的基体上嵌入了大量的石墨片。按照基体显微组织的不同，灰铸铁可分为三类：

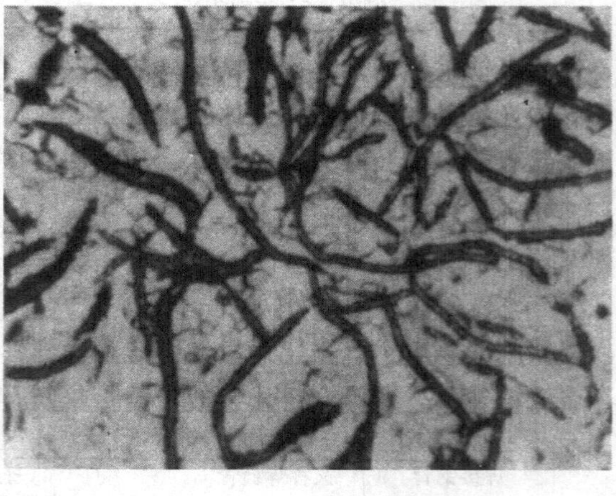

图2-3　铁素体基体灰铸铁的显微组织

（1）珠光体灰铸铁　在珠光体基体上分布着细小而均匀的石墨片，由于珠光体的力学性能较高且均匀细小的石墨片对基体的割裂作用较轻，故比其他基体铸铁的强度、硬度高，可用来制造较为重要的工程零部件。

（2）珠光体-铁素体灰铸铁　在珠光体和铁素体的混合基体上分布着较为粗大的石墨片，虽然其强度低于珠光体基体的灰铸铁，但其铸造性、切削加工性和减振性能比珠光体基体铸铁要好，强度仍可以满足一般机器零件的要求，所以得到广泛应用。

（3）铁素体灰铸铁　在铁素体基体上分布着较为粗大且多的石墨片，此基体铸铁的强度、硬度最低，因为基体性能所起的作用远远不及石墨对基体的割裂作用大，且塑性和韧性也较低，所以很少应用。

2. 灰铸铁的性能

（1）力学性能　由于灰铸铁是以钢为基体，其间分布的石墨就相当于钢基体上的孔洞和裂纹，粗大的片状石墨严重地割裂了基体，破坏了基体的连续性，并且石墨片的尖角处会导致应力集中，所以灰铸铁的抗拉强度、疲劳强度较低，通常 σ_b 约为 120～250MPa，塑性和韧性接近于零。但在压应力作用下，石墨对基体力学性能影响不大，所以灰铸铁具有良好的抗压性能。

（2）工艺性能　灰铸铁不能锻造和冲压，焊接时易产生裂纹，且焊接区会出现白口组织，使焊后难以切削加工。由于石墨的密度较小，碳以石墨的形式结晶或析出明显地降低了铸件的收缩程度，所以灰铸铁的铸造性能很好，可铸造型腔复杂的毛坯件。此外，由于石墨的存在，切削时呈碎屑，无需切削液，所以切削加工性好。

（3）减振性　由于石墨对机械振动起缓冲作用，阻止了振动能量的传播，因此灰铸铁具有良好的减振性，其减振能力为钢的 5～10 倍，是制造机床床身、机座的好材料。

（4）耐磨性　石墨是很好的润滑剂，当其剥落在表面上时，可起润滑作用；剥落后留下的孔洞能储存润滑油，保持了油膜的连续性。所以，灰铸铁常用于制造导轨、衬套、活塞环等。

（5）缺口敏感性　石墨分布在灰铸铁的基体上形成了大量的缺口，故铸铁件上的缺口（如键槽、刀痕、夹渣、微裂纹等）对其影响甚小，其缺口敏感性低，零件工作的可靠性就高。

3. 灰铸铁的热处理

片状石墨对灰铸铁基体的破坏程度是影响灰铸铁力学性能的决定因素，而热处理不能改变石墨的形态及其分布情况。所以，灰铸铁热处理的目的主要是为了消除内应力及改善其切削加工性能。

提高灰铸铁力学性能的有效方法是在浇注前向铁水中加入少量的变质剂（如硅铁或硅钙合金）进行变质处理，然后浇注，用此方法制成的铸铁又称为孕育铸铁。

孕育铸铁中的石墨细小均匀，白口倾向小，所以强度、硬度比普通灰铸铁高。但孕育铸铁的石墨仍为片状，塑性、韧性仍很低，所以仍属灰铸铁。

4. 灰铸铁的牌号及用途

（1）灰铸铁的牌号　灰铸铁的牌号以“灰铁”的汉语拼音字首“HT”后加三位数字来表示。数字表示其单铸试棒最低抗拉强度 σ_b 值。例如，HT200 表示单个铸出灰铁件试棒测出最低抗拉强度值为 200MPa。

（2）各种牌号灰铸铁的用途

1）铁素体基体灰铸铁牌号为 HT100，适用于制造载荷很小的不重要件或薄件，例如防护罩、支架、重锤、小手柄等。

2）铁素体-珠光体基体灰铸铁牌号为 HT150，用于承受中等载荷的零件，如机座、箱体、床身、阀体、法兰、泵体等。

3）珠光体基体灰铸铁牌号为 HT200、HT250，用于承受较大载荷和要求一定的气密性或耐蚀性等较重要零件，如气缸、机床床身、飞轮、活塞、齿轮箱、中等压力阀体、联轴器等。

4）孕育铸铁牌号为 HT300、HT350，用于承受高载荷、耐磨和高气密性等重要零件，如重型机床的床身、机座、活塞环、机架等。

（3）灰铸铁牌号的选择　在实际生产中选择灰铸铁牌号时要考虑铸件的壁厚，因为灰铸铁的性能与其壁厚有关。例如，某灰铸铁件壁厚 30～50mm，要求抗拉强度 200MPa，此时应选择 HT250 而不是 HT200，详见表 2-9。

表 2-9　灰铸铁的类别、牌号、性能及用途

类别	牌号	铸件壁厚/mm	力学性能		用途举例
			σ_b/MPa（不小于）	HBW	
铁素体灰铸铁	HT100	2.5～10	130	110～166	适用于载荷小、对摩擦和磨损无特殊要求的不重要零件，如防护罩、盖、油盘、手轮、支架、底板、重锤、小手柄等
		10～20	100	93～140	
		20～30	90	87～131	
		30～50	80	82～122	
	HT150	2.5～10	175	137～205	承受中等载荷的零件，如机座、支架、箱体、刀架、床身、轴承座、工作台、带轮、法兰、泵体、阀体、管路、飞轮、电动机座等
		10～20	145	119～179	
		20～30	130	110～166	
		30～50	120	105～157	
珠光体灰铸铁	HT200	2.5～10	220	157～236	承受较大载荷和要求一定的气密性或耐蚀性等较重要零件，如气缸、齿轮、机座、飞轮、床身、气缸体、气缸套、活塞、齿轮箱、刹车轮、联轴器盘、中等压力阀体等
		10～20	195	148～222	
		20～30	170	134～200	
		30～50	160	129～192	
	HT250	4.0～1.0	270	175～262	
		10～20	240	164～247	
		20～30	220	157～236	
		30～50	200	150～225	
孕育铸铁	HT300	10～20	290	182～272	承受高载荷、耐磨和高气密性重要零件，如重型机床、剪床、压力机、自动车床的床身、机座、机架、高压液压件、活塞环，受力较大的齿轮、凸轮、衬套，大型发动机的曲轴、气缸体、缸套、气缸盖等
		20～30	250	168～251	
		30～50	230	161～241	
	HT350	10～20	340	199～298	
		20～30	290	182～272	
		30～50	260	171～257	

注：当一定牌号铁液浇注壁厚均匀而形状简单的铸件时，壁厚变化所造成抗拉强度的变化，可以从本表查出参考性数据；当铸件壁厚不均匀或有型芯时，此表仅能近似地给出不同壁厚处抗拉强度值，铸件设计应根据关键部位实测值进行。

三、球墨铸铁

球墨铸铁是浇注前向铁液中加入球化剂（如金属镁、稀土镁合金）进行球化处理而获得呈球状形态石墨的一种铸铁。

1. 球墨铸铁的组织

球墨铸铁件的显微组织是在钢的基础上分布着球状形态的石墨，如图 2-4 所示。其基体组织常见的有铁素体、珠光体、铁素体-珠光体、贝氏体基体。其中铁素体基体的球墨铸铁塑性、韧性好；珠光体基体的球墨铸铁强度、硬度高。

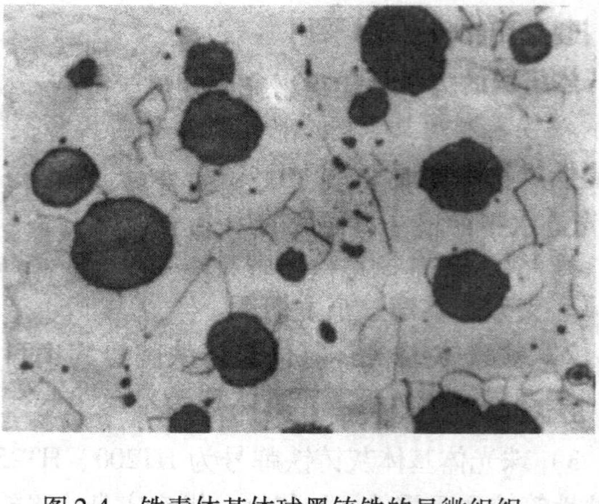

图 2-4　铁素体基体球墨铸铁的显微组织

2. 球墨铸铁的性能

(1) 力学性能　由于球墨铸铁中的石墨呈球形，其表面积远小于片状石墨，大大地减少了石墨对基体的破坏作用和引起应力集中的倾向，所以球墨铸铁的力学性能远远地超过灰铸铁，可与钢媲美。例如，以珠光体为基体的球墨铸铁抗拉强度一般为400～600MPa，其屈强比大于0.7，而碳钢一般仅为0.6左右。因此，珠光体基体的球墨铸铁的抗拉强度、屈服强度、疲劳强度等力学性能指标高于正火状态的45钢，在生产中可用球墨铸铁代替铸钢和锻钢，制造某些受力情况复杂、力学性能要求较高的零件，如曲轴、连杆、凸轮轴、齿轮等。

(2) 工艺性能　球墨铸铁中的石墨球形状越圆整，直径越小，分布越均匀，球墨铸铁件的力学性能就越好。球墨铸铁不仅具有远远高于普通灰口铸铁的力学性能，而且同样具有普通灰铸铁的良好性能，即有良好的铸造工艺性、耐磨性、切削加工性，以及优良的热处理工艺性能。

3. 球墨铸铁的热处理

由于球状石墨对基体的割裂倾向很小，球墨铸铁基体的利用率可达到80%～90%，所以球墨铸铁可利用热处理工艺来改善基体的组织，从而提高铸件的力学性能。可以说对钢能进行的热处理对球墨铸铁都适用。

球墨铸铁件经退火处理可获得铁素体基体，以提高球墨铸铁件的塑性和韧性；经正火处理可获得珠光体基体，以提高球墨铸铁件的强度的硬度；经调质处理可获得回火索氏体基体，以提高球墨铸铁件的力学性能综合指标；经等温淬火处理可获得下贝氏体基体，以提高球墨铸铁件的耐磨性等。

4. 球墨铸铁的牌号

球墨铸铁的牌号是以“球铁”两字的汉语拼音字首“QT”后加两组数字来表示。第一组数字表示其单铸试棒最低抗拉强度 σ_b 值，第二组数字表示其断后伸长率 δ 的最小值。例如，QT450—10 表示 $\sigma_b \geqslant 450$MPa，$\delta \geqslant 10\%$ 的球墨铸铁件。常用球墨铸铁类别、牌号、力学性能及用途见国标 GB/T 1348—1988《球墨铸铁件》。

四、可锻铸铁

白口铸铁件经过高温下长时间的石墨化退火或氧化脱碳处理后，获得团絮状形态石墨的铸铁称为可锻铸铁。

1. 可锻铸铁的组织

室温下可锻铸铁件的显微组织是在钢的基体上分布着团絮状形态的石墨，如图2-5所示。其基体组织常见的有铁素体、珠光体，铁素体基体的可锻铸铁又称为黑心可锻铸铁。

2. 可锻铸铁的性能

由于可锻铸铁中的石墨呈团絮状，大大地减轻了对基体的割裂作用，且化学成分呈低碳低硅的特点，所以可锻铸铁件具有较高的强度（σ_b一般在300～400MPa，最高可达700MPa）和韧性（$a_K \leqslant 30$J/cm^2）、塑性。在球墨铸铁问世前，它是力学性能最高的铸铁。但可

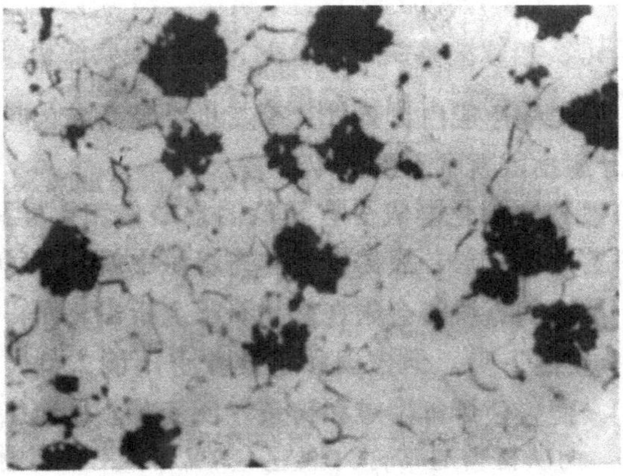

图2-5　黑心可锻铸铁显微组织

锻铸铁并不能真正用于锻造。因此常用于制造形状复杂、承受冲击载荷的薄壁小件。但可锻铸铁的生产周期长，工艺较为复杂，成本较高，目前较少使用。

3. 可锻铸铁的牌号及用途

（1）可锻铸铁的牌号　可铸铸铁分为黑心可锻铸铁、珠光体可锻铸铁，黑心可锻铸铁的牌号以“可铁黑”三字的汉语拼音字首“KTH”与两组数字来表示，两组数字分别表示试样的抗拉强度和断后伸长率的最小值，例如，KTH350—10 表示 $\sigma_b \geqslant 350MPa$，$\delta \geqslant 10\%$ 的黑心可锻铸铁；珠光体可锻铸铁的牌号以“可铁珠”三字的汉语拼音字首“KTZ”来表示，例如，KTZ550—04 表示 $\sigma_b \geqslant 550MPa$，$\delta \geqslant 4\%$ 的黑心可锻铸铁。常用可锻铸铁件的牌号、力学性能及用途见国标 GB/T 9440—1988《可锻铸铁件》。

（2）可锻铸铁的用途　黑心可锻铸铁，用于水暖管件（三通、弯头、中低压阀门）、汽车、拖拉机前后轮毂、转向节壳、制动器等。

珠光体可锻铸铁，用于曲轴、凸轮轴、轴套、连杆、齿轮、万向接头、扳手等。

五、蠕墨铸铁

蠕墨铸铁是浇注前向铁液中加入蠕化剂（如稀土镁钛、稀土镁钙、镁钛合金），再加孕育剂进行蠕化处理而获得呈蠕虫状形态石墨的一种铸铁。这种形态的石墨是片状与球状石墨之间的一种过渡，如图 2-6 所示。

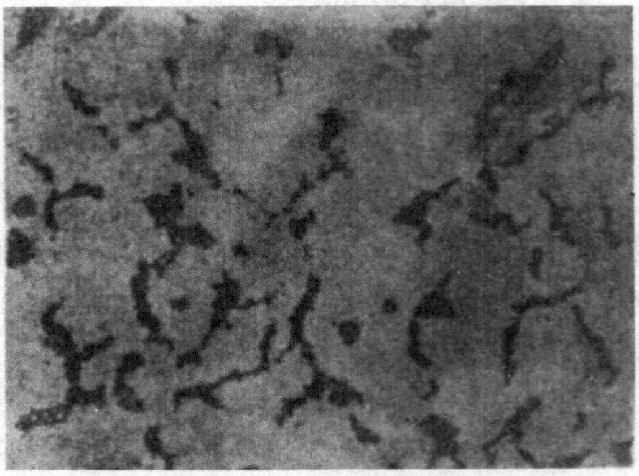

图 2-6　蠕墨铸铁的显微组织

1. 蠕墨铸铁的性能

蠕墨铸铁的力学性能介于基体相同的灰口铸铁和球墨铸铁之间，其抗拉强度比灰铸铁高，有一定的塑性和韧性，但其强度和韧性不如球墨铸铁，原因是其石墨呈短片状，片端钝而圆。蠕墨铸铁的导热性、耐氧化性、耐磨性较其他铸铁高。

蠕墨铸铁的缺口敏感性比灰铸铁小，因而厚大铸铁件上的力学性能比较均匀。蠕墨铸铁的铸造性能基本与灰铸铁相同，其产生缩孔、缩松倾向比球墨铸铁小，铸造工艺性能好。

2. 蠕墨铸铁的用途及牌号

因蠕墨铸铁的导热性、耐热性好及力学性能较高，故常用制造承受热疲劳的零件，这是灰铸铁和球墨铸铁所不及的，如大型柴油机气缸盖等，用蠕墨铸铁代替孕育铸铁可提高强度又可节约材料。由于蠕墨铸铁的铸造工艺性能好，可用于制造形状复杂的大型铸件，如重型机床、大型柴油机的机体。

我国的蠕墨铸铁牌号以“蠕铁”二字的汉语拼音字首“RuT”与一组数字来表示，数字表示试样抗拉强度的最小值，例如，RuT300 表示 $\sigma_b \geqslant 300MPa$。

第四节　非铁金属及其合金

钢铁材料通常称为黑色金属，非铁金属材料则称为有色金属。由于非铁金属特有的性能，在现代工业技术中成为不可缺少的金属材料。

一、铝及其合金

1. 纯铝

纯铝是一种质轻的银色金属材料，其熔点为660℃，密度为2.7g/cm^3，具有优良的物理性能、化学性能，尤其是导电性和导热性仅次于银、铜和金。铝的耐蚀性好，是因为在空气中铝表面生成一层致密的 Al_2O_3 薄膜，防止铝表面的进一步氧化。

铝的塑性好（纯铝 $\delta=50\%$，$\psi=80\%$），但强度很低，适于变形加工。加入其他合金元素形成铝合金，可提高强度指标。

工业纯铝不宜用作结构材料，多用于制作电线、电缆等。

2. 铝合金

铝加入硅、铜、镁、锰等元素形成铝合金，一般具有类似的共晶状态图，如图2-7所示。根据状态图可把铝合金分为以下两大类：

（1）变形铝合金　D 点左边的合金，加热时形成单相固溶体组织，适于变形加工，称为变形铝合金；F 点左边的变形铝合金，不能采用热处理的方法强化，称为不能热处理强化的变形铝合金；F ~ D 点间的变形铝合金，可采用热处理的方法强化称为可热处理强化的变形铝合金。

（2）铸造铝合金　D 点右边的铝合金，结晶时发生共晶反应，在常温下具有共晶组织，流动性好，适于铸造成形，称为铸造铝合金。

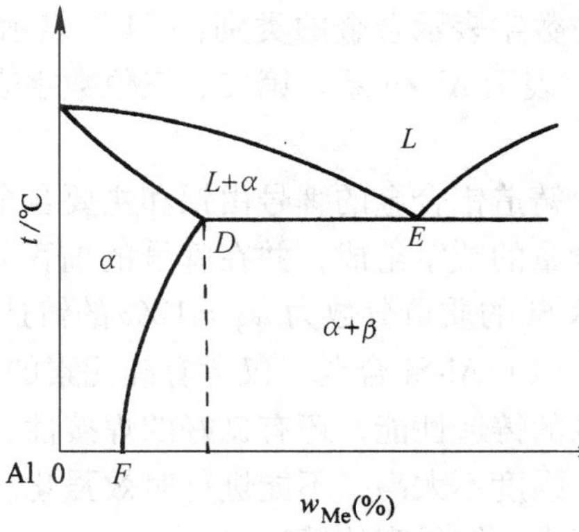

图2-7　铝合金相图

3. 铝合金的热处理

（1）固溶处理　用形成固溶体的方法来提高金属的强度，称固溶强化。将可热处理强化的变形铝合金加热到单相α区，保温获得均匀一致的α固溶体后，在水中急冷可获得过饱和状态的α固溶体。这样的热处理工艺，称为铝合金的固溶处理。

（2）时效处理　常温下经固溶处理的铝合金中α固溶体处于不稳定的过饱和状态，有析出强化相过渡到稳定状态的倾向。该合金在室温下放置一定的时间，会出现强度、硬度升高的现象，此现象称为自然时效强化。

对固溶处理的铝合金工件，若采用加热条件下进行的时效处理，称为人工时效处理。人工时效处理的效果不及自然时效。

4. 常用变形铝合金

（1）防锈铝　防锈铝是Al-Mn、Al-Mg系合金。防锈铝具有良好的耐蚀性和强度、焊接性，防锈铝主要用于制造铆钉、容器等在腐蚀性介质中工作的构件。其牌号用“5×××”四位数字表示，5表示以镁为主要合金元素的铝合金，第二位的A表示原始合金，最后二位数字仅用来识别同一组中不同合金或铝纯度，如5A05（旧牌号为LF5）。各种防锈铝均为不可热处理强化的铝合金。

（2）硬铝　硬铝是Al-Cu-Mg系合金。硬铝是可热处理强化的铝合金，经固溶-时效能获得相当高的强度，硬铝主要用于制作发动机叶片等较高强度要求的零件。其牌号用“2×××”四位数字表示，2表示以铜为主要合金元素的铝合金，如2A11（旧牌号为LY11）。

（3）超硬铝　超硬铝是在硬铝合金的基础上加入合金元素锌，可获得强度更高的铝合金。其牌号用“7×××”四位数字表示，7表示以锌为主要合金元素的铝合金，如7A04（旧牌号LC4）。

（4）锻铝　锻铝是Al-Cu-Mg-Si系、Al-Cu-Mg-Ni-Fe系合金。锻铝具有良好的锻造性能、热塑性和力学性能，主要用于锻制形状复杂的模锻件或冲压件。其牌号用“6×××”四位数字表示，6表示以镁和硅为主要合金元素的铝合金，如6A02（旧牌号为LD2）。

常用的变形铝合金代号、成分、力学性能及用途查阅GB/T 3190—1996《铝及铝合金》。

5. 铸造铝合金

铸造铝合金主要是用来制作铸件的铝合金，具有良好的铸造性能，并存有适量的共晶组织。铸造铝合金分为四类，即Al-Si系、Al-Cu系、Al-Mg系、Al-Zn系。

铸造铝合金代号是用“铸”和“铝”二字的汉语拼音字首“ZL”与三位数字表示。第一位数字表示合金的类别：“1”表示Al-Si系；“2”表示Al-Cu系；“3”表示Al-Mg系；“4”表示Al-Zn系。第二、三位数字表示合金的顺序号。例如，ZL102表示2号铸造铝硅合金。

铸造铝合金的牌号由铝和主要合金元素的化学符号，以及表示主要合金元素名义质量百分含量的数字组成，并在牌号的前面冠以“铸”字的汉语拼音字首“Z”。例如，ZAlSi12，表示Si的质量分数为$w_{Si}=12\%$的铸造铝合金。

（1）Ai-Si合金　仅含有硅元素的铝硅合金（如ZL102）通常称为硅铝明。硅明铝具有优良的铸造性能，还有良好的焊接性、耐蚀性、耐热性及密度小等优点。但铸件的致密度较小，强度不太高，不能进行时效强化。主要用于制造形状复杂的，但强度要求不高的铸件，如仪表、轴承壳体等。

（2）Al-Cu合金　Al-Cu合金（如ZL201）具有较高的耐热性及强度，适用于制造在高温（300℃以下）条件下工作的零件。因铸造性能不好，且耐蚀性较差，大部分已被其他铝合金代替。

（3）Al-Mg合金　Al-Mg合金（如ZL301）具有较高的强度和耐蚀性，但铸造性能和耐热性较差，适用于制造承受冲击载荷、在腐蚀介质中工作的零件，如泵体、船舰配件等。

（4）Al-Zn合金　Al-Zn合金（如ZL401）具有较高的强度，铸造性能好，但耐蚀性差，适用于制造汽车、飞机上形状复杂的零件。

工业上所用的铸造铝合金，除ZL102、ZL302外，均能进行固溶处理和时效强化。

常用的铸造铝合金代号、成分、力学性能及用途查阅国标GB/T 1173—1995《铸造铝合金》。

二、铜及其合金

1. 纯铜

纯铜表面形成氧化膜后呈紫色，故又称为紫铜。铜的塑性好（$\delta=50\%$，$\psi=70\%$），纯铜的熔点为1083℃，密度为8.9g/cm^3。铜的强度低（$\sigma_b=240MPa$），经冷塑性变形之后明显提高（$\sigma_b=400\sim500MPa$），而塑性明显下降（$\delta=50\%$）。铜的化学稳定性好，在大气、水中有优良的耐蚀性。

纯铜的性能特点是优良的导电性、导热性，仅次于银，居金属材料第二位。

工业用加工纯铜牌号以铜的汉语拼音字头T加一组数字，数字表示铜的纯度，数字越大，纯度越低。纯铜很少用于制造机械零件，常作为导电、导热、耐蚀材料使用，如电线、蒸发器等。

2. 加工黄铜

以锌为主要添加元素的铜合金称为黄铜，适于形变加工的黄铜称为加工黄铜，仅含锌元素的加工黄铜，称为普通加工黄铜。

普通加工黄铜的代号用“黄”字汉语拼音字首“H”与一组数字表示。数字表示合金中铜的平均质量分数（%），如 H70 表示 $w_{Cu}=70\%$ 的黄铜。常用普通加工黄铜的代号、成分、力学性能及用途查阅 GB/T 5232—1985《加工黄铜》。

3. 加工青铜

青铜是指黄铜、白铜（铜镍合金）以外的其他铜合金。锡青铜是以锡为主要合金元素的铜合金，常说的加工青铜一般为单相锡青铜，其有着良好的塑性，可用于变形加工，因此在仪表、化工行业中广泛使用。

铝青铜是以铝为主要合金元素的铜合金。它有着高的强度、耐蚀性和耐磨性，可用于制造齿轮、轴套、蜗轮等零件。

铍青铜是以铍为主要合金元素的铜合金。它有着高的弹性极限和疲劳强度，可用于制造各种精密仪器、仪表的重要弹性元件。

加工青铜的代号用“青”字汉语拼音字首“Q”加第一个主添加元素符号及除基本元素铜以外的成分数字组表示，例如，QSn4—3、QAl7、QBe2。常用加工青铜的代号、成分、力学性能及用途查阅国标 GB/T 5233—1985《加工青铜》。

4. 铸造铜合金

适于铸造成形的铜合金称为铸造铜合金。铸造铜合金的牌号由铜和主要合金元素的化学符号及表示主要合金元素平均质量分数（%）的数字组成，并在牌号的前面冠以“铸”字的汉语拼音字首“Z”。例如，ZCuZn38 表示 $w_{Zn}=38\%$ 的铸造黄铜，ZCuSn10Zn2 表示 $w_{Sn}=10\%$、$w_{Zn}=2\%$ 的铸造锡青铜。常用于制造滑动轴承。常用的铸造铜合金代号、成分、力学性能及用途查阅 GB/T 1176—1987《铸造铜合金》。

三、铸造轴承合金

铸造轴承合金是指用于制造滑动轴承、轴瓦及其内衬的合金。铸造轴承合金的组织特点是在软基体上分布着硬质点，或硬基体上分布着软质点。铸造轴承合金应具有良好的磨合性、抗震性、耐磨性，足够的强度和硬度及塑性、韧性。

铸造轴承合金的牌号由其基体金属元素、主要添加合金元素的化学符号及其质量分数（%）的组成。牌号前第一字母“Z”表示属于铸造合金。例如，ZSnSb11Cu6 表示 $w_{Sb}=11\%$，$w_{Cu}=6\%$，余量为 Sn 的铸造轴承合金，该合金组织为软基体上分布硬质点。而铅青铜 ZCuPb30 组织为硬基体上分布软质点。

铸造轴承合金广泛用于制造发动机、柴油机、汽车的轴承。常用的铸造轴承合金代号、成分、力学性能及用途查阅国标 GB/T 1174—1992《铸造轴承合金》。

第五节　非金属材料

现代工业技术中，非金属材料已经成为广泛使用的工程材料，常用的非金属材料有塑料、橡胶、陶瓷等。

一、塑料

塑料是由树脂和其他添加剂组成。

1. 塑料的主要组成

（1）树脂　树脂是塑料的主要成分，其对塑料性能起决定性作用。树脂又分为天然树脂和合成树脂。天然树脂是由植物或动物分泌的有机物质，如松香、虫胶、沥青等。用人工合成方法制成的树脂称合成树脂，如聚乙烯、尼龙、酚醛树脂、聚氯乙烯等。

（2）添加剂　根据塑料的不同用途和性能要求，可选择适当的添加剂加入到一定的树脂中，以得到相应性能的塑料。常用的添加剂如下：

1）填料。填料在塑料中的作用有两种，一是减少树脂含量，降低成本，起增量的作用；二是不仅降低塑料成本而且使塑料性能得到明显改善，既起增量作用又起改性作用。常用的填料有木粉、滑石粉、玻璃纤维、石棉纤维、碳纤维、棉布等。

2）增塑剂。增塑剂主要的作用是增加塑料的可塑性、柔韧性、流动性。一般在树脂中均加入适量增塑剂。常用的增塑剂有甲酸酯类等。

3）稳定剂。稳定剂在塑料中的作用是抑制防止塑料在光、热或其他条件下性能发生有害变化而加入的物质。常用的有硬脂酸钡等。

4）润滑剂。润滑剂主要的作用是防止塑料在成型过程中发生粘模，提高制品表面学亮度并改善其流动性。常用的有硬酯酸、石蜡等。

5）着色剂。加入目的是起装饰美观作用，同时提高塑料的耐热、耐光性。常用的为颜料和染料。

添加剂还有发泡剂、固化剂、耐氧化剂、抗静电剂、阻燃剂等多种。各种塑料根据需要选用其中一种或几种添加剂加入。

2. 塑料的分类

塑料品种繁多，分类方法也较多，现介绍两种常用分类方法。

（1）按塑料中合成树脂的分子结构及热性能分类

1）热塑性塑料　在一定温度范围内能反复加热软化和冷却硬化成型的塑料称为热塑性塑料。这类塑料在成型过程中只有物理变化而无化学变化，如聚乙烯、聚苯乙烯、ABS、聚酰胺等。

2）热固性塑料　在一定温度和压力等条件下，冷却而固化，固化后成为不熔的塑料称为热固性塑料。这类塑料成型过程中既有化学变化又有物理变化，如酚醛塑料、环氧塑料等。

（2）按塑料的用途及性能分类

1）通用塑料。通用塑料是指用途广、产量大、价格低的常用塑料。常见的有聚乙烯、聚氯乙烯、聚丙烯、酚醛塑料等。

2）工程塑料。工程塑料是指可以代替金属作为结构材料的塑料。通用塑料经改性和增强，可制成工程塑料，如聚碳酸酯、ABS、聚酰胺等。

3）增强塑料。增强塑料是指加入相应的填料而获得一定特殊性能的塑料。这些特殊性能包括耐热性、电绝缘性、耐蚀性等，如氟塑料、玻璃钢等。

3. 塑料的使用性能

塑料的使用性能包括力学性能、热性能、电性能和化学性能等。

（1）力学性能　塑料的抗拉强度比金属材料低。热塑性塑料的抗拉强度为50～100MPa，热固性塑料一般为30～60MPa。塑料虽硬度低，但耐摩擦、磨损性能高于金属。有些塑料还具有自润滑性能，如聚四氟乙烯、尼龙等。因此可用来制造轴承、密封圈等耐磨零件。

（2）热性能　与金属相比，塑料易燃烧、耐热和导热性差、热膨胀系数大等。

（3）电学性能　大多数塑料具有优异的电学性能（低电导率、低介电损耗、高击穿强度等）。例如，聚乙烯、聚苯乙烯、聚四氟乙烯、酚醛塑料的电绝缘性很好。因此广泛应用于发电机、变压器和各种电器开关等设备。

（4）化学性能　塑料都有较好的化学稳定性，对酸、碱等都有良好耐蚀能力。

4. 常用塑料

（1）聚乙烯（PE）　聚乙烯按聚合方法可分为高压、中压、低压聚乙烯；按密度分为低密度、中密度和高密度聚乙烯。

1）低密度聚乙烯又称高压聚乙烯，因而质地柔软，主要是制造薄膜。

2）高密度聚乙烯又称低压聚乙烯，其使用温度、硬度、力学性能和耐化学性能较好，可做结构材料，如载荷小的齿轮、轴承，管材，电线、电缆绝缘层等。

3）中密度聚乙烯也称中压聚乙烯。其性能与高密度聚乙烯相近，主要用作薄板。

（2）聚氯乙烯（PVC）　聚氯乙烯具有良好的耐蚀性和电绝缘性。硬聚氯乙烯强度较高，主要用于制造管接头、管材等型材。软聚氯乙烯强度低，伸长率大，用于制造薄膜、塑料带等。加入发泡剂，可制成泡沫塑料，做各种衬垫或包装用。糊状聚氯乙烯可制作人造革。

（3）聚苯乙烯（PS）　聚苯乙烯是透明、有光泽的热塑性塑料，易加工成型、耐化学腐蚀性好，但有强度不高、耐热性差、易燃等缺点。聚苯乙烯多用于日用、装璜和包装方面。可做仪表外壳、汽车灯罩、电工绝缘材料等。

（4）聚甲基丙烯酸甲酯（PMMA）　聚甲基丙烯酸甲酯俗称有机玻璃，是透明度很高的热塑性塑料，其透光率高于无机玻璃。它常用于制作透明件，如飞机、汽车、舰船的玻璃窗，电器仪表盘护罩外壳等。

（5）聚酰胺（PA）　聚酰胺又称尼龙或锦纶，具有良好的力学性能，是能承受载荷的热塑性塑料，主要用来制造多品种、小批量的如齿轮、蜗轮、轴套等机械零件。

（6）ABS塑料　ABS塑料又称“塑料合金”，是丙烯腈、丁二烯、苯乙烯三种单体聚合而成的高聚物。有着较好的综合性能。但其耐候性即抗老化性能较差。常用来制造齿轮、泵叶轮、轴承、管道、电动机外壳、仪表盘、汽车上的挡泥板、扶手、仪表板等。

（7）酚醛树脂（PF）　酚醛塑料是应用广泛的热固性塑料。其特点是刚性大、尺寸稳定、耐热性好，且有良好的绝缘性能及耐磨性。广泛用于制作各种绝缘结构零件，如灯头、开关、电话耳机、仪表盒盖等。

二、橡胶

1. 橡胶的组成和分类

橡胶是由生胶和配合剂组成的高分子材料。生胶有天然橡胶（从橡树的浆汁中制取的）和合成橡胶（通过化学合成方法制造的）。生胶决定着橡胶制品的基本性质。

配合剂是为提高和改善橡胶的各类性能而添加的，常用配合剂有硫化剂、防老剂、软化剂、填充剂、发泡剂、着色剂等。

橡胶有两种分类方法：按原料来源分为天然橡胶和合成橡胶；按应用分为通用橡胶和特种橡胶。

2. 橡胶的性能特点及用途

橡胶性能特点是有着较高的弹性，且具有很高的伸长率（100%～1000%），同时具有优良的伸缩性，此外还有良好的耐磨性、隔音性、绝缘性。所以，橡胶成为常用的弹性材料，密封材料，减振、防振和传动材料。可用来制造轮胎、密封件、减振件、运输胶带和管道等。

3. 常用橡胶

（1）天然橡胶　天然橡胶是从橡胶树的浆汁中制取，经凝固、干燥、加压等工序制成片状生胶，它具有很高的弹性，进行硫化处理可使之硬化，主要用于制造轮胎。

（2）合成橡胶　常用合成橡胶有以下四种。

1）丁苯橡胶。丁苯橡胶具有较好的耐磨性、耐热性、耐老化性且价格低。但生胶强度差、粘接性差、弹性低。主要用于制造内胎。

2）顺丁橡胶。顺丁橡胶具有较好的弹性、耐磨性。是制造轮胎的一种优良材料，比丁苯橡胶耐磨性高26%。

3）氯丁橡胶。氯丁橡胶具有耐油、耐酸、耐碱、耐热、耐氧化、耐燃烧和透气性好等性能，有着“万能橡胶”的美称。氯丁橡胶是橡胶工业的重要原料。

4）丁腈橡胶　丁腈橡胶的耐油性和耐水性较好，主要用途是做耐油和吸振零件。

三、陶瓷材料

陶瓷材料是无机非金属材料，与金属材料、高分子材料一起被称为三大固体材料。

1. 陶瓷材料的基本性能

（1）力学性能　陶瓷材料有很高的刚度、硬度、耐磨性。但是其强度较低，韧性很差。

（2）耐热性能　陶瓷材料熔点高，有很好的高温强度，是工程上常用的耐高温材料。

（3）绝缘性能　陶瓷材料有着较好的电绝缘性能，是传统的绝缘材料。

（4）耐蚀性能　陶瓷材料对酸、碱、盐有很强的耐蚀能力，在室温和高温下都不会氧化。

2. 常用的陶瓷材料

（1）普通陶瓷　普通陶瓷是以粘土等天然硅酸盐为原材料烧结而成的，如日用陶瓷、建筑陶瓷、电工陶瓷、化学陶瓷等。

（2）特种陶瓷　特种陶瓷是采用纯度较高的人工合成原材料烧结而成的，是具有独特性能的陶瓷。例如，氮化硼陶瓷因硬度高且自润滑性能好，可用于制造金属切削刀具。氧化铝陶瓷有着良好的耐蚀性能、介电性能，且耐高温，常用于制造热电偶绝缘套、发动机的火花塞等。

思考与练习

1. 指出下列各牌号钢的名称

Q235、16Mn、45、20CrNi3、60Si2Mn、Cr15、T12A、W18Gr4V、1Gr18Ni9。

2. 什么是沸腾钢？什么是镇静钢？
3. 普通碳素结构钢、优质碳素结构钢各是怎样进行编号的？
4. 什么是合金元素？合金钢中经常加入的合金元素有哪些？按其与碳的作用如何分类？
5. 合金钢中工具钢与特殊性能钢的编号方法相同，生产中如何区别工具钢与特殊性能钢？
6. 常用的工程材料有哪些？它们是如何分类的？
7. 生产中使用的钢材有哪些类别、品种？
8. 管材分为几种？主要应用在哪些场合？
9. 碳素铸钢是如何进行编号的？主要应用范围？
10. 合金钢与碳素钢相比主要优点是什么？
11. 为什么机床床身类零件常用灰铸铁制造？
12. 普通灰铸铁是否可用热处理来提高塑性和韧性？可锻铸铁和球墨铸铁如何？为什么？
13. 为什么说灰铸铁件可以看成一块充满孔洞和裂纹的钢？
14. 为什么常选用球墨铸铁来制造曲轴？
15. 为什么球墨铸铁的力学性能优于灰铸铁？
16. 指出下列铸铁的类别、用途及主要性能指标：
    HT300、QT600—3、KTH350—10、RuT300
17. 什么是铝合金的固溶处理？人工时效与自然时效有什么不同？
18. 铝合金因性能上的哪些特点而得以在工业上应用？
19. 铜合金在性能上有何特点？在工业上有什么应用？
20. 锡青铜属于什么合金？
21. 锡锑合金和铅青铜为什么宜作铸造轴承材料？
22. 塑料如何分类？常用塑料的品种有哪些？
23. 橡胶最突出的性能是什么？主要用于哪些方面？
24. 陶瓷的主要性能有哪些？

第三章　钢的热处理

【本章要点】　掌握各种热处理工艺的目的、工艺参数的确定，主要性能及用途等，并能根据具体零件的性能要求正确选用热处理方法。

金属材料的性能不仅与其化学成分有关，还取决于它的微观组织，相同化学成分的金属材料由于其微观组织形态不同在力学性能上会表现出很大的差异。可以通过多种方法改变金属材料的微观组织形态，如冶金合金化、冷变形和热处理等，其中热处理是金属加工过程是最常用的方法。大多数金属材料都可以通过热处理方法改变其微观组织形态，以达到预期的力学性能，其中钢铁就是最典型的金属材料。

第一节　概　述

一、热处理的概念

所谓钢的热处理就是对钢进行加热、保温和冷却以获得预期的组织结构和性能的工艺。钢的性能之所以能够通过热处理加以改变，是因为钢在固态下存在着组织、结构的变化。当把一组化学成分相同的钢材试样进行加热，直至达到其奥氏体温度区内保温，使其内部组织全部转化成奥氏体，然后再分别以不同的冷却速度将它们冷却时，所获得钢样在常温下的微观组织形态会有很大差异。例如，把两块 w_C 均为 0.8% 的钢放在一起，同时加热到 800°C 左右，并保温一定的时间，然后让其中一块随炉缓慢冷却到室温，另一块则迅速投入水中急冷，再分别测它们的硬度。结果发现随炉冷却的那块钢硬度大约为 15HRC，而在水中急冷的那块钢，硬度可达 62 ~ 64HRC。在显微镜下观测它们的微观组织，钢在水冷时得到的是又硬又脆的马氏体，在随炉冷却时则得到塑性较好的珠光体。人们在生产中便利用钢的这种热处理特性来改变钢的内部组织和晶体结构，从而获得所需的性能。

二、热处理的目的

热处理的目的，一方面是提高金属材料的力学性能，如提高金属的强度、硬度、耐磨性等；另一方面是改善材料的工艺性能，如切削加工性、加工成形性等，使钢材更易于进行各种冷、热加工。在金属加工过程中采取合适的热处理工艺手段，不仅能保证产品质量，而且也是降低生产成本、提高劳动生产率和经济效益的有效途径。

三、热处理的基本工艺过程

热处理工艺方法很多，但基本工艺过程都是由加热、保温和冷却这三个要素组成。加热温度、保温时间和冷却速度是热处理工艺的三个基本参数。

1. 加热

加热是热处理的第一道工序，目的是为了得到奥氏体组织。要获得奥氏体组织，首先要把钢加热到奥氏体区，如果热处理过程中加热温度过高，就会导致钢中的奥氏体晶粒长得十分粗大，冷却后钢的室温组织的晶粒也就相应比较粗大，综合力学性能较差；但是如果加热温度过低，可能钢中大多数组织还没有转变成奥氏体，继续进行的热处理工艺对这些未转变成奥氏体的组织几乎不起作用，就达不到所期望的热处理目的。一般情况下以加热到临界温度以上30～50℃较为适宜。临界温度是指钢发生奥氏体转变的开始温度。从铁碳合金状态图可知，钢在GS线、PSK线、ES线以上是奥氏体组织，这三条线分别是亚共析钢、共析钢和过共析钢发生奥氏体转变的临界温度线。为简便起见，我们分别用A_3、A_1和A_{cm}表示，如图3-1所示。但在实际加热过程中，钢的奥氏体转变温度要高于缓慢加热时的转变温度，我们分别用Ac_3、Ac_1和Ac_{cm}来表示亚共析钢、共析钢和过共析钢在实际加热时的奥氏体转变温度；而奥氏体在实际冷却时发生转变的温度又要低于缓慢冷却时的转变温度，我们分别用Ar_3、Ar_1和Ar_{cm}表示亚共析钢、共析钢和过共析钢在实际冷却时的临界转变温度。

2. 保温

保温是为了均化钢的成分和温度。保温时间太长也会导致奥氏体晶粒长大；但若太短，钢的温度还没有达到均匀化，甚至有部分室温组织还未转变成奥氏体，最终也会导致热处理后钢的性能达不到预期要求。

3. 冷却

决定热处理后钢性能的主要因素是冷却速度。热处理过程中的冷却方法通常有快速冷却、缓慢冷却和在空气中冷却等几种。

热处理的基本工艺过程如图3-2所示。

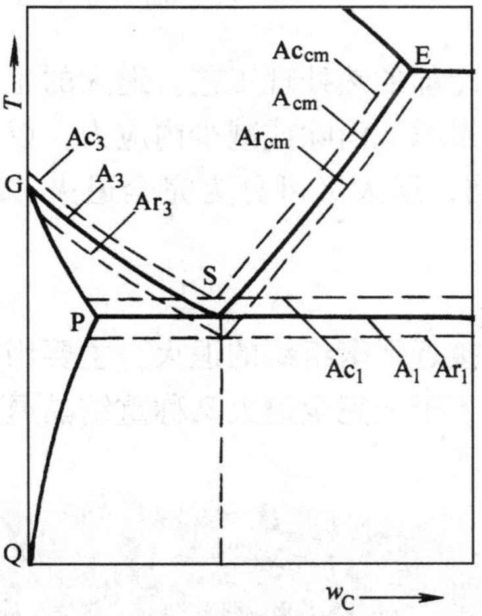

图3-1　钢的临界转变温度线

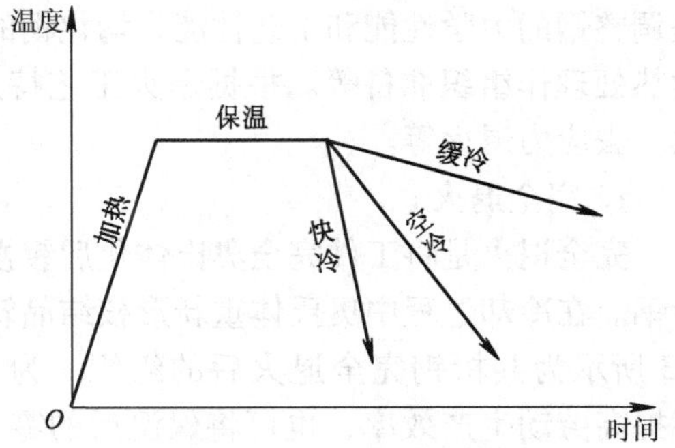

图3-2　热处理的基本工艺过程

四、热处理的分类与应用

根据加热温度和冷却速度的不同，钢的热处理分类如下：

- 热处理
  - 普通热处理
    - 退火
    - 正火
    - 淬火
    - 回火
  - 表面热处理
    - 表面淬火
    - 化学热处理
  - 其他热处理

另外，按热处理在钢材生产、加工过程中所起的作用，又可将其分为预先热处理和最终热处理两大类。预先热处理是为工件加工或最终热处理作准备，主要目的是改善材料的工艺性能，以便于压力加工、切削加工等。最终热处理的目的是为了改善零件的使用性能，使工件更好地满足要求。

钢的热处理工艺在实际应用中的例子举不胜举。早在春秋战国时期我国劳动人民就已经知道对钢淬火可使宝剑变得更锋利，到了公元17世纪人们已能将淬火、退火、渗碳等工艺熟练地应用于生产实践中。现在人们对热处理的认识越来越深刻，热处理的应用范围也越来越广泛，几乎所有的工具、轴承及重要的机器零件都要经过一定的热处理。如轴、连杆、刀具、弹簧等力学性能要求高的零件，往往需要经“淬火＋回火”的处理。锻件、铸件、焊接件等，一般要经退火或正火处理。有些零件，如齿轮、凸轮等，它们对材料表面性能和心部性能有不同的要求，人们通过对零件表面进行渗碳、渗氮、表面淬火等处理，来获取这种内外不同性能的特殊要求。在美国，对一些超高速的大型轴承等进行形变热处理，它除了能更好地改善零件的力学性能外，还可在节能等方面取得显著的效果。

第二节　钢的退火与正火

退火和正火是应用非常广泛的热处理方法，在生产中通常作为工件的预备热处理和一些性能要求不太高的零件的最终热处理。

一、钢的退火

退火是将钢加热至适当温度，保持一定时间后缓慢冷却的热处理工艺。退火的主要目的是调整钢的力学性能和工艺性能，均化钢的化学成分及组织，消除或减少内应力，以及为后续热处理作组织准备等。根据退火工艺特点和目的不同，退火又可分为完全退火、球化退火、去应力退火等。

1. 完全退火

完全退火是将工件完全奥氏体化后缓慢冷却，获得接近平衡组织的退火。主要用于亚共析钢。在冷却过程中奥氏体重新形核结晶转变为珠光体，于是完全退火又称重结晶退火。图3-3所示为共析钢完全退火后的组织。为了提高劳动生产效率，也可将保温后的零件缓冷到600℃左右出炉空冷，这样可大大降低热处理工艺的周期。

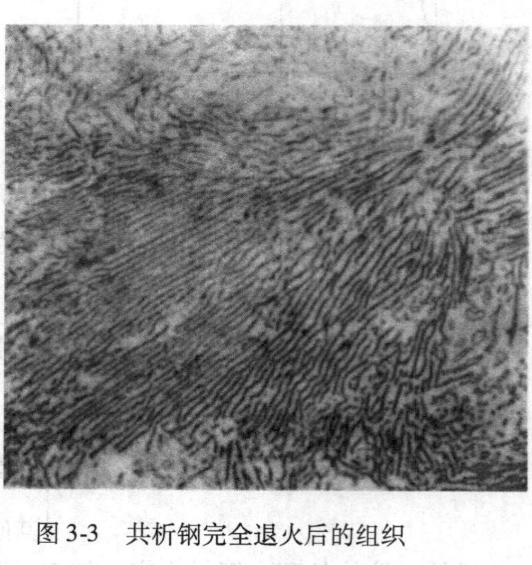

图3-3　共析钢完全退火后的组织

完全退火可以细化钢的晶粒，消除工件的残余应力，降低工件的硬度，提高塑性，被广泛用于铸件、锻件及热轧型材等的热处理。这些工件通常都有较大的内应力，晶粒一般也比较粗大，通过完全退火可显著改善钢的性能。但对于过共析钢一般不采用完全退火。因为过共析钢在缓慢冷却时容易形成网状的二次渗碳体。网状二次渗碳体对钢的基体有割裂作用，严重恶化钢的力学性能。

2. 球化退火

球化退火主要用于将共析钢或过共析钢中的层片状渗碳体和网状渗碳体变成球状，从而改善它们的切削加工性能。

球化退火一般是将工件加热至稍高于 Ac_1 的温度保温后随炉缓冷或冷到 Ar_1 以下某一温度，等温一定时间后空冷。由于只加热至 Ac_1 线以上，钢中的部分渗碳体没有全部溶入奥氏体，这部分组织就不会发生重新形核和结晶，故球化退火又称为不完全退火。

经球化退火后，钢的组织是铁素体与球状渗碳体的混合体。图 3-4 所示为共析钢球化退火后的组织，它的硬度较完全退火所得的组织要低，切削加工性能也比未经球化退火的钢要好。故共析钢和过共析钢在切削加工前一般要先经球化退火处理。

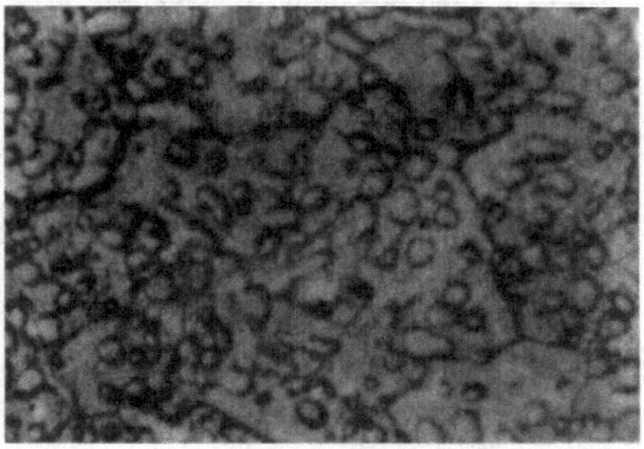
图 3-4　共析钢球化退火后的组织

3. 去应力退火

去应力退火又称低温退火。它只是将钢加热到 A_1 线以下某一温度（一般为 500 ~ 600℃），保温后随炉缓冷至 200 ~ 300℃ 后出炉空冷的热处理工艺。去应力退火主要为去除工件塑性变形加工、切削加工或焊接造成的内应力及铸件内存在的残余应力。这些工件中的残余应力及内应力如果不消除，零件在以后的加工过程中就可能会产生变形或开裂，最终导致零件报废。

钢的去应力退火与完全退火不同，它没有把钢加热到奥氏体区，所以整个热处理过程并不发生微观组织结构的变化。工件中的残余应力及内应力是通过钢在 500 ~ 600℃ 保温及缓慢冷却的过程中加以消除的。

由于冷加工过程中所产生的塑性变形，金属内部的部分晶粒会被挤碎，形成碎晶。这些碎晶分布在晶界上，造成晶界间滑移阻力加大，从宏观上来看，金属材料硬度有所上升，而塑性明显降低，这种现象被称做金属材料加工硬化现象。

当把这些材料加热到一定温度以上时，那些破碎的晶粒会形成晶核并逐渐长成新的晶粒，这一过程被称为再结晶现象，这个温度也就被称为材料的再结晶温度。将冷加工后的工件加热到材料的再结晶温度以上 100 ~ 200℃，保温后缓慢冷却，这一工艺过程被称做再结晶退火。再结晶退火是专门用来消除诸如冷拉、冷轧、冷冲压等冷加工过程中工件所出现的加工硬化现象。

二、钢的正火

正火是将钢件加热到 Ac_3（亚共析钢）或 Ac_{cm}（过共析钢）以上 30 ~ 50℃，保温后出炉，在空气中冷却的一种热处理工艺。正火与完全退火无本质上的区别，所不同的是正火的冷却速度比完全退火的稍快，因此，获得的珠光体层片也较细，钢的强度、硬度也要高些。45 钢退火和正火后的性能比较见表 3-1。

正火既适用于亚共析钢，也适用于过共析钢。对亚共析钢，正火主要是为了细化晶粒，提高钢的强度；对过共析钢，正火能消除钢的网状渗碳体，降低钢的硬度和脆性，为下一步热处理做好组织准备。此外，正火的生产效率较高、操作简便、生产成本低，故在可能的条件下应优先考虑用正火代替退火。目前市场上常用的低、中碳钢棒料，板材和型材都是正火态。对结构钢，在使用性能要求不高的情况下也可将正火作为钢材的最终热处理。几种常用的退火和正火热处理工艺规范如图 3-5 所示。

表 3-1　45 钢退火和正火后的性能比较

热处理	σ_b/MPa	σ_s/MPa	ψ(%)	HBW
正　火	≥610	≥350	≥40	≤226
退　火	≥540	≥310	≥40	≤197

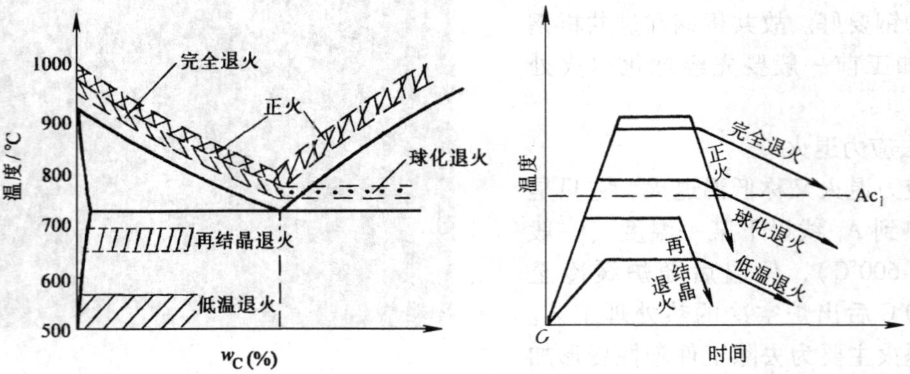

图 3-5　退火和正火热处理工艺规范

第三节　钢的淬火与回火

一、钢的淬火

钢经加热奥氏体化后以适当方式冷却获得马氏体或（和）贝氏体组织的热处理工艺称为淬火。

1. 淬火的目的

淬火是钢最重要的热处理工艺之一。材料不同或用途不同，钢的淬火目的也不相同。通常，淬火的目的有三种：一种是将钢快速冷却至 Ms 点以下（见图 3-6v_1 线）获得高硬度、高耐磨的马氏体组织，从而强化钢的性能；另一种是将钢快速冷却至稍高于 Ms 点的温度，然后在此温度等温，以获得较好的综合力学性能；第三种是对于那些含有大量锰、镍等元素的耐磨钢、不锈钢等特殊钢种，淬火的目的则是为了获得单一的奥氏体组织，以提高钢的耐腐蚀性或耐热性。

需要指出的是，并不是所有的钢淬火后都能获得高硬度和高耐磨性。当钢中含碳量较低时，淬火后得不到足够的马氏体，所以一些中、低碳钢即使经过淬火处理，硬度和耐磨性也不会太高，只有高碳钢经淬火处理后才能获得高硬度和高耐磨性。

2. 淬火温度

淬火温度是指零件淬火时的加热温度，是淬火的主要工艺参数之一。若淬火温度太高，则奥氏体晶粒长大，从而会恶化淬火工件的力学性能；若淬火温度太低，淬火后组织中将出现铁素体，造成淬火不足，淬火后钢的硬度低。对亚共析钢，淬火温度一般选在 Ac_3 以上

30～50℃为宜；过共析钢的淬火温度则选在 Ac_1 以上 30～50℃较为适宜。由于合金钢中含有大量碳化物，它们较难溶于奥氏体，所以要使合金钢奥氏体化就必须适当提高钢的加热温度，具体合金钢的加热温度应参照其各自的临界温度确定。表 3-2 为部分碳钢的临界转变温度。

表 3-2　部分碳钢的临界转变温度　（单位：℃）

钢　号		20	30	40	45	50	60	T7	T8	T10	T12
临界温度	Ac_1	735	732	724	724	725	727	730	730	730	730
	Ac_3 或 Ac_{cm}	855	813	790	780	760	766	770	—	800	820

3. 冷却速度

多数情况下对钢进行淬火是为了获得马氏体。但获得马氏体的必要条件是：冷却速度大于临界冷却速度 v_K，如图 3-6 所示。所谓临界冷却速度是指获得马氏体所必需的最小冷却速度。如果冷却速度小于 v_K，奥氏体在冷却时便会碰到 C 曲线（过冷奥氏体等温转变曲线），见图 3-6 中的 v_2 线，这时奥氏体将转变为其他组织，而不是马氏体组织。所以要获得马氏体，就必须避开 C 曲线。

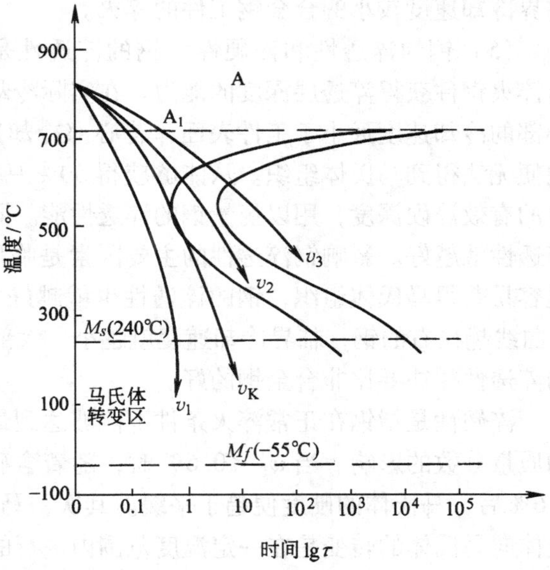

图 3-6　共析钢的奥氏体等温转变曲线

各种钢材因其化学成分不同，各自的临界冷却速度间有很大差异。各钢材在奥氏体转变 C 曲线图上的 C 曲线越靠近温度轴，其临界冷却速度就越大，能获得马氏体组织所需的冷却速度就越快，在淬火过程中获得马氏体组织就比较困难。

影响奥氏体转变 C 曲线的因素很多，这里主要介绍以下几个因素：

（1）碳的影响　在正常加热条件下，亚共析钢的 C 曲线随着含碳量的减小向左移；过共析钢的 C 曲线则是随着含碳量的增加向左移。从 C 曲线可知，C 曲线越往右，奥氏体向室温组织发生转变所需的时间就越长，也就是说在非合金钢中以共析钢的过冷奥氏体最稳定。

（2）合金元素的影响　除了钴以外，所有的合金元素溶入奥氏体后都增加奥氏体的稳定性，从而使 C 曲线向右移动。当钢中形成碳化物的合金元素含量较高时还会使 C 曲线的形状发生变化，甚至出现两组 C 曲线，如图 3-7 所示。由于 C 曲线越靠右，淬火时就越易获得马氏体，所以人们常常在钢中加入一些合金元素来提高钢的淬火性能。

（3）加热温度和保温时间的影响　随着加热温度的提高和保温时间的延长、奥氏体的稳定性增加，C 曲线也会向右移动。但是过多地提高加热温度和过长地延长加热时间都会使奥氏体晶粒生长得过于粗大，而导致淬火后所得到的马氏体组织晶粒也比较粗大，从而降低了钢材的综合力学性能。

（4）淬火介质　要想获得马氏体组织，钢的冷却速度必须大于临界冷却速度 v_K，否则就得不到马氏体组织，冷却速度太快则会使工件产生较大的内应力，造成工件变形或开裂。如在淬火过程中使钢的冷却速度尽可能接近其临界冷却速度 v_K，这样就能在获得马氏体的同时最大限度地减少工件的内应力。为了达到这一目的，选择合适的淬火介质是非常必要的。目前，常用的淬火介质有水、油、盐液、碱液等。水的冷却速度较快，适合于截面尺寸较小、临界冷却速度较大的非合金钢工件淬火；油的冷却速度相对较慢，适合用于截面尺寸较大、临界冷却速度较小的合金钢工件的淬火。

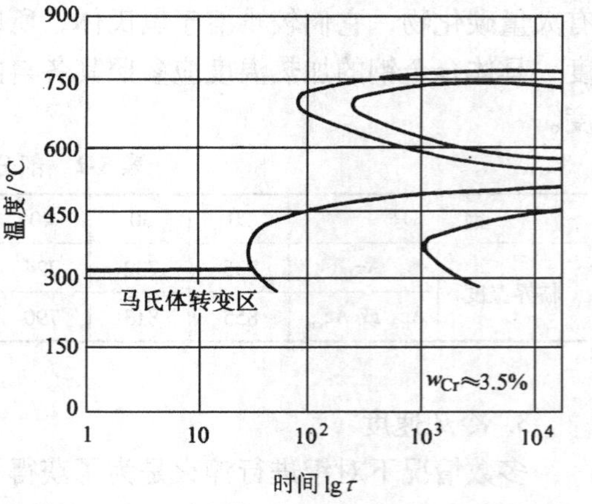

图 3-7　Cr 合金结构钢奥氏体等温转变曲线

（5）钢的淬透性和淬硬性　钢的淬透性是指淬火钢件获得淬透层深度的能力。在实际冷却过程中，由于材料的热传导速率问题，工件心部的冷却速度远小于工件表面，若心部冷却速度低于临界冷却速度 v_K，则零件的这个部位便无法得到马氏体组织。从能够获得 50% 马氏体量的区域到零件表面的厚度，定义为钢材的有效淬硬深度，用以衡量钢的淬透性能。同等条件下所获得的有效淬硬深度越大，钢的淬透性就越好。影响钢淬透性的主要因素是临界冷却速度的大小，临界冷却速度 v_K 越小就越容易获得马氏体组织，钢的淬透性也就越好。从奥氏体冷却转变曲线（见图 3-6）可知，C 曲线越往右的钢，临界冷却速度就越小。大部分合金元素能使 C 曲线往右移，所以合金钢的淬透性往往要比非合金钢的好。

淬硬性是指钢在正常淬火条件下能够达到最大硬度的能力。马氏体硬度的大小主要受碳的质量分数的影响。当 $w_C < 0.6\%$ 时，随着含碳量的增加，马氏体硬度迅速上升；当 $w_C > 0.6\%$ 后，马氏体的硬度便趋于平缓。其次，马氏体硬度还受残留奥氏体量的影响，因为奥氏体向马氏体的转变是在一定温度范围内进行的。随着温度的不断下降，马氏体的量逐渐增加，但即使冷到马氏体转变终了温度，也不是所有的奥氏体都能转变成马氏体，总有一部分奥氏体残留在钢中，这部分奥氏体称为残留奥氏体。残留奥氏体越多，淬火后钢的硬度相对也就越低。

必须指出，淬硬性与淬透性两者之间并没有必然的联系。淬透性好的钢，淬火后的硬度不一定高；同样，淬硬性好的钢，淬透性也不一定好。例如，含碳量高的非合金钢，淬硬性很大，但淬透性却不高。而多数合金结构钢的淬透性较好，但淬硬性则不一定高。

二、钢的回火

把淬火后的钢件重新加热到 Ac_1 以下某一温度，保温后，以一定的时间及一定的方式冷却获得所需要的组织和性能的热处理工艺称为回火。

对淬火后的工件进行回火处理主要有两个目的：一是由于淬火后的马氏体组织具有很大内应力，会导致工件变形甚至开裂，所以对淬火后的工件及时进行回火处理，可以降低或消除其因淬火所引起的内应力；其次，回火可以使那些不稳定的马氏体和残留奥氏体转变成比较稳定的回火组织，调整工件的硬度、强度、塑性和韧性，获得较好的综合力学性能。对于未淬火的工件而言，进行回火处理是毫无意义的。

根据回火温度和回火目的不同，我们可将回火分为三类：

1. 低温回火

低温回火是将淬火后的工件加热到150～250℃，保温后缓慢冷却的热处理工艺。低温回火的目的是要保持淬火时获得的高硬度和高耐磨性，同时降低淬火后工件的内应力和脆性。经“淬火+低温回火”处理后的零件具有高的硬度和高的耐磨性，且有一定的韧性。在实际生产中，各类工具、轴承、刀具、模具及经渗碳、渗氮、表面淬火等处理的零件，一般都采用“淬火+低温回火”的热处理工艺。

2. 中温回火

中温回火是将淬火后的钢件加热到350～500℃，保温后以一定速度冷却的热处理工艺过程。进行中温回火的主要目的是为了使工件具有良好的弹性。淬火工件经中温回火后，内应力大部分得到了消除，塑性、韧性得以提高，虽然硬度有所下降，但仍保留了较高的强度和良好的弹性。中温回火常用于弹簧、热冲模具、夹具及受冲击力作用的工具等。

3. 高温回火

高温回火是把淬火后的钢加热到500～600℃之间，保温后以一定速度冷却的工艺过程。在这个温度进行回火，目的是要获得良好的综合力学性能。当我们把淬火钢件加热到这一温度范围时，淬火时产生的内应力全部被消除，塑性、韧性有很大提高。这时钢的强度、硬度与塑性、韧性获得了最佳的配合。所以淬火钢件经高温回火后可获得最好的综合力学性能，被广泛用于重要的机械零件和构件的热处理，尤其用于轴、连杆等的处理。

“淬火+高温回火”的处理又被称为“调质处理”。并不是所有的钢都适合进行调质处理，只有 $w_C=0.25\%\sim0.50\%$ 的优质钢经调质处理后才能获得最满意的效果，其他含碳量的钢即使经过调质处理也不能获得良好的综合力学性能。专门用来进行调质处理的钢称为调质钢。

4. 钢的回火性能

化学成分不同的钢，在回火时表现出来的性能也不一样。钢的回火性能主要是指钢的回火稳定性和回火脆性。钢的回火稳定性是指钢在提高回火加热温度使其韧性提高的同时，硬度不明显下降的能力。一般情况下，钢经回火处理后虽然脆性减小、韧性有所提高，但硬度也会明显下降，且回火温度越高，硬度下降就越明显，这对提高钢的硬度和耐磨性显然是不利的。而有些钢在提高回火温度的同时硬度下降得比较缓慢，并且随着一些碳化物的析出，甚至还会出现硬度有所升高的现象，这对在高温下工作的受力零件来说非常重要。回火稳定性越好，零件在高温下工作时的强度、硬度就越不容易降低。一些含有W、Mo、V等元素的钢回火稳定性就比较好。刀具、模具等工件在工作时常常伴随着高温，所以我们常在制作刀具、模具的材料中加入W、V、Mo等元素来提钢的回火稳定性。

另一类回火性能是回火脆性。它是指钢在某个温度区回火或缓慢通过该温度区域时，钢的脆性增加的现象。几乎所有的钢在300℃左右回火时都不同程度地要产生回火脆性。这类回火脆性称第一类回火脆性。这类回火脆性一旦产生，可重新将钢加热到较高温度进行回火，所产生的回火脆性便可消除。若再次加热到该温度区进行回火，就不会再产生回火脆性，也就是说这类回火脆性是不可逆的。

有一些含Cr、Ni、Si、Mn等元素的合金钢在500～650℃温度范围内长时间保温，或以缓慢冷却的方式通过该温度区间时，工件也会发生脆化现象，这类回火脆性称第二类回火脆性。第二类回火脆性同样可通过重新加热并快速通过脆化温度区加以消除，但若再次在该温度区回火，这类回火脆性还会出现。尽管第一类回火脆性和第二类回火脆性都可以通过再次回火进行消除，在回火时还是要尽可能防止回火脆性的发生。一旦工件发生回火脆性现象，要及时给予消除，防止零件开裂、报废。实际操作过程中，要注意避开脆性转变区，不让零件在脆性转变区内长时间停留。

第四节 钢的表面热处理

表面热处理是专门用来改善金属表面性能的一种热处理工艺方法。有些零件在工作时既要受弯曲力和冲击力的作用，表面还要受很大的摩擦力作用，如传动齿轮、凸轮、发动机气门芯等。这些零件表面受到的摩擦力和应力比心部高，引起零件失效的主要原因常常是表面损坏，于是人们便设法通过某种途径来提高零件表面的强度、硬度、耐疲劳性、耐磨性及化学稳定性，同时还要保证零件心部仍有高的塑性和韧性。通过对钢表面进行热处理或其他表面处理，能达到既保持零件内部性能不变，又提高零件表面性能的目的。

钢的表面热处理主要有表面淬火和化学热处理两大类。

一、钢的表面淬火

钢的表面淬火是利用快速加热的方法使钢的表面奥氏体化，在热量来不及传到工件心部之前就进行快速冷却的热处理工艺。表面淬火是强化钢件表面的重要手段，它具有工艺简单、热处理变形小和生产效率高等优点，在生产中应用极为广泛。

表面淬火用的钢材以 $w_C=0.40\%\sim0.50\%$ 的优质非合金结构钢最为普遍。需表面淬火的零件在表面淬火前还要经过预先热处理（正火或调质），以改善钢的原始组织，保证钢内部的力学性能符合使用性能的要求，然后再对钢进行表面淬火和低温回火。工件经表面淬火后，其表面获得了硬度较高的马氏体，而心部仍保留了调质或正火状态下综合力学性能较好的特点。

根据加热方式的不同，表面淬火主要有感应加热表面淬火、火焰加热表面淬火、电解液加热表面淬火等。

1. 感应加热表面淬火

感应加热表面淬火是利用电磁感应原理使金属工件内部产生涡流，由于涡流产生的热量大部分集中在很薄的表层内，所以钢的表面被快速加热进入奥氏体区，这时对钢进行快速冷却就可实现表面淬火。

2. 火焰加热表面淬火

火焰加热表面淬火是以乙炔等可燃气体作为燃料，利用火焰喷射器对钢表面需淬火的部位进行加热，然后快速冷却的热处理工艺过程。火焰加热表面淬火的特点是简便、易操作、不受工作条件的限制；缺点是加热温度和加热层深度难以控制。

二、钢的化学热处理

钢的化学热处理是将工件置于某种化学介质中，并把它加热到一定的温度，使工件表层与化学介质发生化学反应使工件表面吸收化学原子，从而改变工件表层成分、组织与性能的一种工艺过程。与其他热处理相比，化学热处理不仅可以改变钢的组织，还能改变钢件表面的成分，使工件获得单一材料难以获得的特殊性能。一些在复杂交变力作用下工作的零件，如机床主轴、齿轮、凸轮轴、活塞销等，通过化学热处理可使这类零件具有高的疲劳强度、硬度和耐磨性。有些在高温下或在腐蚀介质中工作的零件，通过渗铝、渗硼等处理能够提高它们的化学稳定性，使它们的耐腐蚀能力增加，这样便可延长它们的使用寿命，提高其经济效益。这对提高产品质量、发挥材料潜力、节约贵重金属具有重要意义。

化学热处理的另一个优点是可不受工件形状的限制，各种复杂形状的工件一般都可获得与工件形状相似的化学渗层。所以化学热处理得到了广泛的应用，并且越来越受到国内外的重视。

化学热处理种类繁多，用途也略有不同。通常我们以渗入元素的种类对化学热处理进行命名，如渗碳、渗氮、碳氮共渗、渗铝、渗硼等。

1. 钢的渗碳

渗碳是将低碳钢或低碳合金钢零件放入高碳介质中，进行加热、保温，使碳原子渗入零件表层，获得高碳表层的热处理工艺，也是应用最广泛的一种化学热处理工艺。

渗碳的目的在于提高工件表面的硬度和耐磨性，同时保证心部有良好的韧性。为了保证零件良好的塑性和韧性，渗碳用钢一般选用 $w_C = 0.10\% \sim 0.25\%$ 的优质非合金结构钢和优质合金结构钢。根据渗碳用介质的状态不同，渗碳又可分为气体渗碳、固体渗碳和液体渗碳等。气体渗碳是将工件置于含有大量 CO 或烷烃等气体的密封炉内进行渗碳；固体渗碳是将工件装入渗碳炉箱内，周围填满固体渗碳剂（木碳和碳酸盐等），密封后送入加热炉进行渗碳；液体渗碳是把工件放入具有渗碳能力的液体中进行渗碳。而渗碳过程一般都是在加热状态下进行的，其目的是为了加快碳原子向工件表面渗透的速率。

除上述几种渗碳方法外，近十几年来又发展了新的渗碳工艺，如真空渗碳、离子渗碳等。

渗碳只改变了零件表面的化学成分，零件表面的强化还需要经适当的热处理。通常采用较多的工艺是“渗碳 + 淬火 + 低温回火”。经渗碳、淬火和低温回火后，由于工件表面的含碳量接近共析钢的含碳量，得到的是硬度和耐磨性很好的马氏体组织，而心部的含碳量低，塑性、韧性就好。图 3-8 是低碳钢经渗碳后的组织状态。从图中可以看到，钢从表面到内部

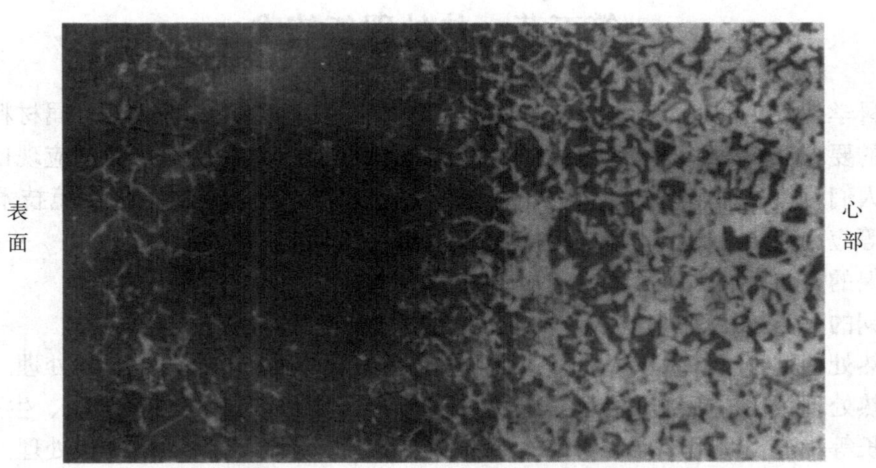

图 3-8　低碳钢经渗碳后的组织

的组织是不同的，左边为共析钢或过共析钢的成分与组织，中间为含碳量介于低碳钢与高碳钢之间的过渡层组织，右边为零件的原始组织。组织不同，零件表层与心部的性能也就不同。

2. 钢的渗氮

将氮渗入钢件表面的过程称为渗氮，俗称氮化。渗氮能使工件表面获得比渗碳更高的硬度、耐磨性、耐疲劳性和热硬性，还可提高工件的耐腐蚀性能。另外，渗氮所需的温度比渗碳低很多（一般渗氮为480～600℃，渗碳为900～930℃），所以零件渗氮后变形很小。鉴于上述优点，渗氮处理常用于高速传动精密齿轮、高精度机床主轴、要求耐疲劳性很高的零件及要求耐热、耐腐蚀、变形小的零件。

渗氮零件用的钢一般选用 $w_C = 0.20\% \sim 0.45\%$ 的优质合金结构钢，其中用得最多的是38CrMoAl。零件在渗氮前还要先进行调质处理，目的是获得较好的综合力学性能，然后再进行表面清洗，以保证渗氮的质量。

渗氮的工艺方法很多，有等温渗氮、快速气体渗氮、钛催化渗氮、高频渗氮等。

3. 钢的碳氮共渗

碳氮共渗是同时向钢的表层渗入碳和氮的过程。零件经碳氮共渗后表面硬度、耐磨性、抗啮合性和淬透性比渗碳处理的更好。适用于要求耐磨、耐疲劳，变形要求严格的各种耐磨件、大负荷的传动齿轮、高速钢刀具等零件的处理。

碳氮共渗根据温度的不同分为低温碳氮共渗（500～600℃）、中温碳氮共渗（700～800℃）和高温碳氮共渗（900～950℃）三种。低温碳氮共渗以渗氮为主，目的是提高碳素钢、合金钢、铸铁等零件及工具、模具的表面耐磨性和耐啮合性；中温碳氮共渗的目的与渗碳相似，但与单纯渗碳比，它能使零件具有更好的耐磨性和耐疲劳性能；高温碳氮共渗以渗碳为主。我国以中温碳氮共渗和低温碳氮共渗应用较广。

除以上介绍的几种化学热处理外，钢的其他化学热处理方法还有许多，在此不一一叙述。

第五节　热处理新技术

随着科学技术的进步，人类在宇航事业、原子能及其他各行各业中对金属材料的性能提出了更高的要求，如高强度、高耐磨性、耐腐蚀、耐高温、耐疲劳等。为适应现代工业发展的需要，人们对热处理工艺的研究也有了进一步的发展。尤其是电子显微镜技术、激光技术、电脑等应用到热处理工艺上之后，热处理技术更是有了日新月异的变化，并向着新型、节能、环保的方向发展。下面简单介绍一些热处理的新工艺。

一、钢的真空热处理

真空热处理是将工件置于气体压力低于一个大气压的真空状态下进行热处理。与在常压下进行的热处理相比，真空热处理具有脱碳倾向小、不易氧化、工件变形小、生产周期短、使用寿命长等优点，适用于难熔金属、特殊性能钢、工具钢、渗碳钢等的热处理。

常用的真空热处理工艺有真空退火、真空淬火、真空渗碳等。

二、激光热处理

激光热处理是采用高功率激光束以非接触的方式加热材料，同时借助材料自身的导热能力对材料进行热处理的一种新工艺。激光热处理的优点有加热速度快，冷却速度也快，在激光作用区材料的升温速率可达 10^{10}℃/s；所需生产周期短，生产效率高；加热范围容易控制，可以把加热范围与加热深度控制在相当精确区域内，而对工件其余部位的组织和性能几乎没有影响；激光热处理不仅能适用于平面，更适用于一般工艺无法处理的拐角、不通孔底部、沟槽等部位。

现在使用的激光热处理工艺有激光淬火、激光退火、激光冲击硬化等。

三、形变热处理

形变热处理是把零件的塑性成形和热处理工艺结合在一起的综合加工工艺。人们把锻打之后赤热的工件投入水中快冷，就是形变热处理的一个实例。现代形变热处理是把锻打、轧制、喷丸等工艺与热处理工艺相结合的复合工艺。

形变热处理工艺分为高温形变热处理、低温形变热处理、等温形变热处理、冲击形变热处理等。

四、热喷涂工艺

热喷涂就是利用热源把喷涂材料熔融，并喷向基体材料表面，使其形成各种涂层的一种工艺过程。热喷涂工艺方法很多，有火焰喷涂、电弧喷涂、等离子喷涂、激光喷涂等。

热喷涂技术在近几十年的时间内，以其特有的优势快速地发展着，已在许多领域得到了应用。它的特点是：能够在各种材料上喷涂涂层，如金属、玻璃、木材、布、纸等；可根据工件的工作环境要求来选择喷涂材料，以满足对使用性能的要求；喷涂材料的品种也包罗万象，几乎包括所有的固态工程材料，如金属、陶瓷、塑料及有机物等；而且热喷涂工艺难度不大、工期短、效率高、效果好，且比较经济，所以容易推广。

随着热处理技术相关基础理论研究工作的不断深入，大量热处理的新工艺和新装备正在逐步被应用到工程实践中，以满足现代科学技术对材料性能更多和更高的需求。

思考与练习

1. 何谓钢的热处理？研究钢的热处理有什么实际意义？
2. 退火有哪几种形式？适用范围如何？主要目的是什么？
3. 何谓正火？正火的目的是什么？
4. 淬火的目的是什么？怎样才能获得马氏体组织？
5. 解释下列名词：
   奥氏体、过冷奥氏体、残留奥氏体、珠光体、贝氏体、马氏体。
6. 回火有哪几种？淬火后的工件为什么应及时进行回火？
7. 回火马氏体、回火托氏体、回火索氏体各具有什么样的性能？
8. 什么叫调质处理？经调质处理后的钢的组织特点和性能特点如何？
9. 淬透性和淬硬性各是指什么？钢中加入合金元素后对钢的淬透性有什么影响？

第四章　铸　　造

【本章要点】 铸造成型的基本知识、加工方法、分类、工艺特点和具体应用场合。

第一节　概　　述

将液态金属浇注到与零件的形状、尺寸相适应的铸造型腔中，待其冷却凝固后，以获得毛坯或零件的生产方法，称为铸造。

一、铸造生产的特点

1）可以铸成形状复杂，特别是具有复杂内腔的毛坯，如各种箱体、床身、机架等。

2）适用范围较广。工业上常用的金属材料都可用来铸造，有些材料（如铸铁）只能用铸造方法来制取零件，而且铸件的大小几乎不受限制，重量可从几克到几百吨。

3）铸造常用的原材料来源广泛，工艺设备费用小，所以铸件的成本低。因此，铸造在机器制造业中应用极其广泛。例如，在机床、内燃机中铸件占机器总重量的70% ~80%，在农业机械中占40% ~70%。

4）铸件的形状与零件尺寸较接近，可节省金属的消耗，减少切削加工工时。但是，铸造生产过程较复杂，铸件常因铸型材料、模具、铸造合金、合金的熔炼与浇注等诸多因素不易综合控制，而出现浇注不足、冷隔、气孔、夹杂物、缩孔、缩松、变形、裂纹等铸造缺陷。图4-1所示为几种铸造缺陷。

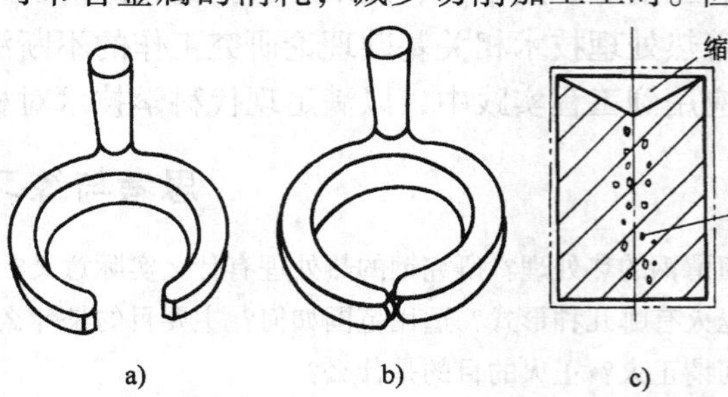

图4-1　铸造缺陷
a）浇注不足　b）冷隔　c）缩孔与缩松

二、铸造方法

常用的铸造方法可分为砂型铸造和特种铸造。

1. 砂型铸造

当直接形成铸型的材料主要是型砂，且液态金属完全靠重力充满整个铸型型腔时，称为砂型铸造。砂型铸造一般可分为手工砂型铸造和机器砂型铸造。手工砂型铸造主要适用于单件、小批量生产以及复杂和大型铸件的生产，机器砂型铸造适用于成批大量生产。

2. 特种铸造

凡不同于砂型铸造的所有铸造方法，统称为特种铸造，如金属型铸造、压力铸造、离心铸造、熔模铸造等。

砂型铸造是目前应用最广泛的铸造方法，如各种机器的底座，机床床身、内燃机气缸体、各种箱体、泵体、飞轮、带轮、汽车、拖拉机的某些零件，坦克的炮塔，乃至缝纫机的机架等，几乎全部用砂型铸造其毛坯。所以，本章重点介绍砂型铸造（主要是手工砂型铸造），对特种铸造仅作简单介绍。

三、砂型铸造工艺过程

砂型铸造工艺过程如图 4-2 和图 4-3 所示。

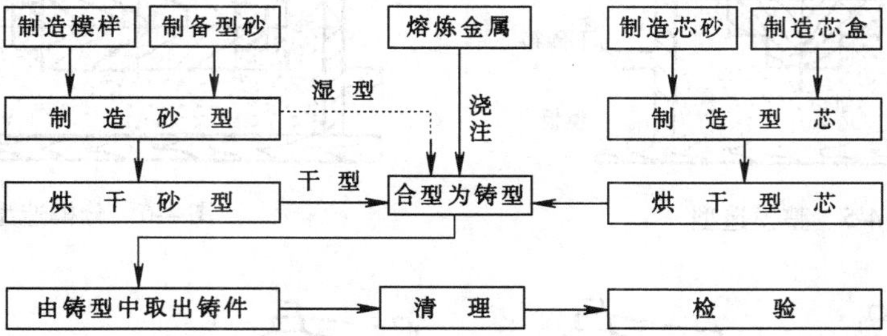

图 4-2　砂型铸造的工艺过程

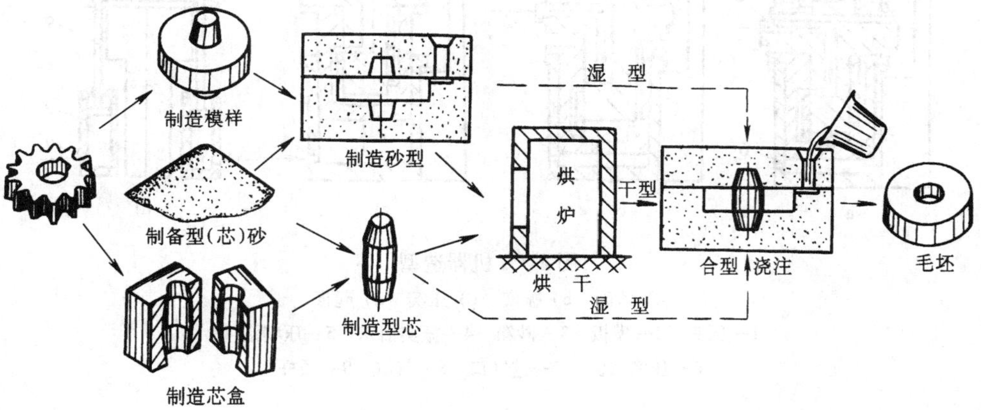

图 4-3　齿轮毛坯的砂型铸造工艺过程

第二节　砂 型 铸 造

一、造型方法

造砂型的工艺方法很多，可按以下三种分类方法：

1）根据是否使用砂箱，可分为砂箱造型（有二箱造型、三箱造型方式）和地面造型（又称为地坑造型）。图 4-4 所示为三箱造型。

2）根据铸型型腔的形成方法可分为实物造型、模样造型（有整模造型、分模造型与模板造型）、刮板造型。图 4-5 所示为整模造型，图 4-6 所示为分模造型。

根据机械化程度可分为手工造型与机器造型。图 4-7 所示为机器造型。

在以上各种造型方法中，以二箱造型应用最广，下面主要介绍这种造型工艺。

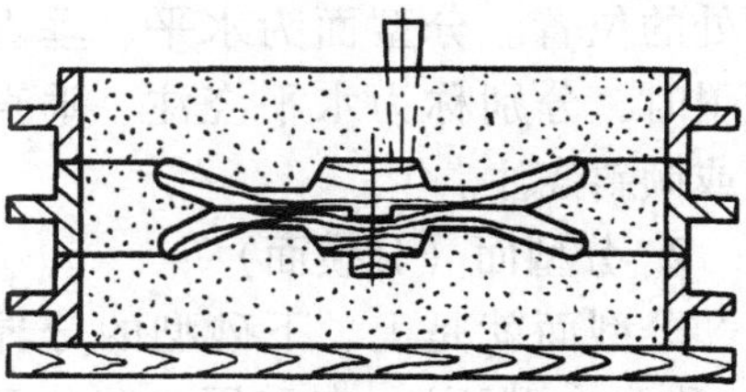

图 4-4　三箱造型

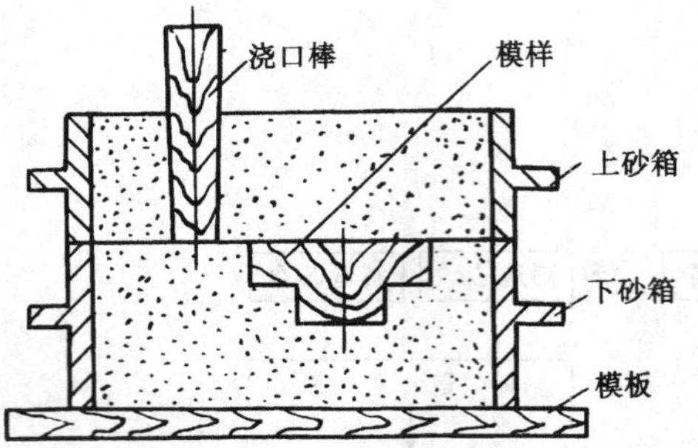

图 4-5　整模造型

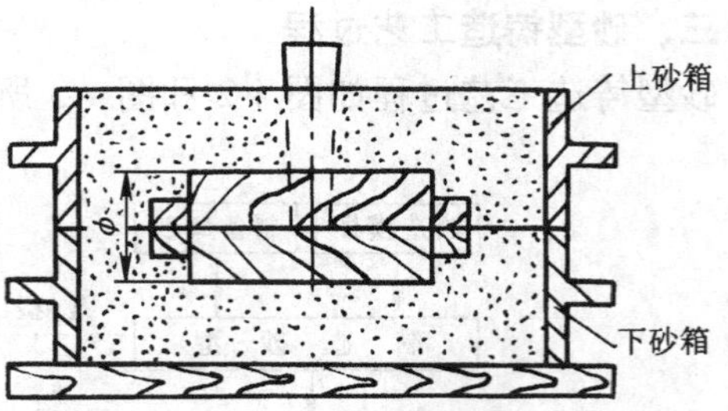

图 4-6　分模造型

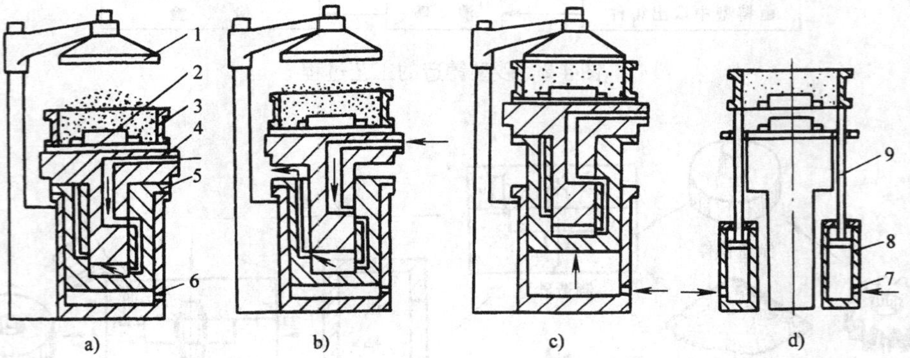

图 4-7　机器造型
a）填砂　b）振实　c）压实　d）起模
1—压头　2—模板　3—砂箱　4—振实活塞　5—压实活塞
6—压实气缸　7—进气口　8—气缸　9—顶杆

二、模样的设计（铸型设计）

在利用模样造型时，首先必须设计和制作模样。图 4-8 为常见的几种模样，其中模板一般只适用于机器造型。

模样设计的正确与否，对铸型制作、铸件质量及以后的机械加工均有很大影响。因此，在设计模样时必须考虑以下问题：

1. 浇注位置

浇注位置是指浇注时铸型分型面所处的位置。分型面为水平、垂直或倾斜时，分别称为水平浇注、垂直浇注或倾斜浇注。

2. 分型面（分模面）

分型面就是上、下砂型的分界面（又称为合型面）。在采用二箱分开模造型时，只有一个分型面，通常也就

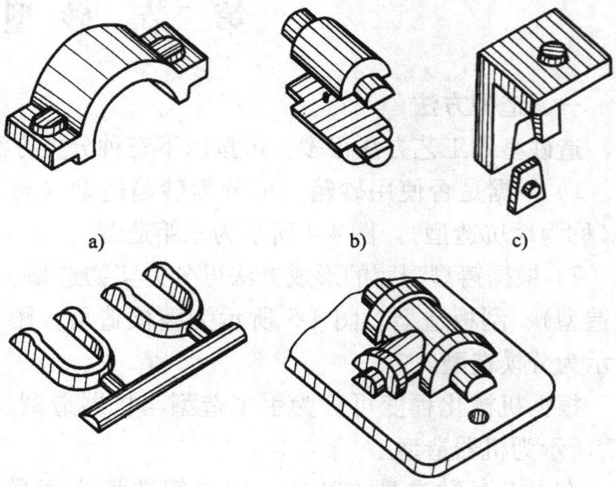

图 4-8　常见几种模型
a）整体模　b）分开模　c）活块模　d）带浇道的模　e）模板

是模样的分界面，即分模面。分开模在选择分型面时应考虑以下原则：

1）便于起模。分型面最好选择在模样的最大截面处。

2）简单最少。选择平直的分型面使造型工艺简单；尽量把模样的大部分或全部放在同一砂箱中，以保证铸件上各表面之间的位置精度。如图 4-9 所示为水管堵头铸件的分型面，采用 b 图所示方案比 a 图所示方案较为合理。

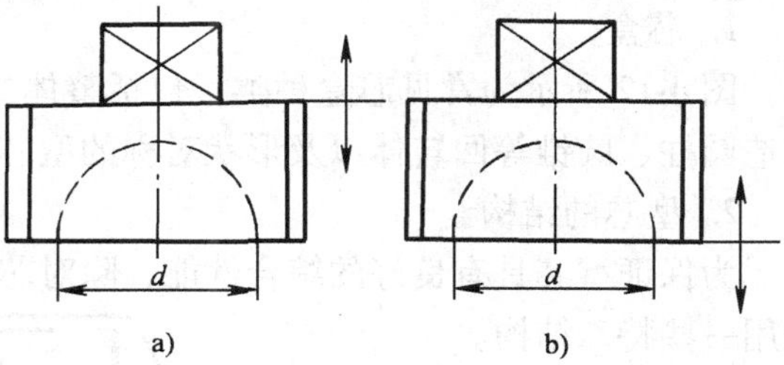

图 4-9 水管堵头铸件的分型面

a）分型面位于中间 b）分型面位于一端

3. 起模斜度

为使模样易于从砂型中取出，在设计制造模样时，均需在垂直于分型面的壁上做出斜度，此斜度称为起模斜度。对于木模的起模斜度为 1°～3°。

4. 加工余量

为保证铸件加工面尺寸和零件精度，在铸件工艺设计时预先增加而在切削加工时切去的金属层厚度，称为加工余量。

在单件小批量生产时，铸件加工余量取 2.5～6mm。铸件上小于 30mm 的孔通常不铸出，而是由机械加工出来。

5. 收缩量

铸件冷却凝固后尺寸减小的值称为线收缩量，体积减小的值称为体收缩量。

灰铸铁的线收缩率为 1%；非铁金属铸件的线收缩率为 1.5%；铸钢件的线收缩率为 2%。在设计和制作模样时，必须将收缩量加到模样相应尺寸上去。

6. 铸造圆角

铸件在冷却凝固时，在尖角处易产生裂纹，起模时该处的型砂容易损坏。而且，铸件尖角处的型砂也不便于清理。所以在制作模样时，应将模样上的尖角改为圆角，或在修砂型时将砂型的尖角修成圆角，如图 4-10 所示铸造圆角。

7. 型芯座

为便于型芯在砂型中的固定，多数型芯一般均带有芯头，相应地在砂型中应制出型芯座，该型芯座则直接利用模样上相应的头部形成，如图 4-11 所示。

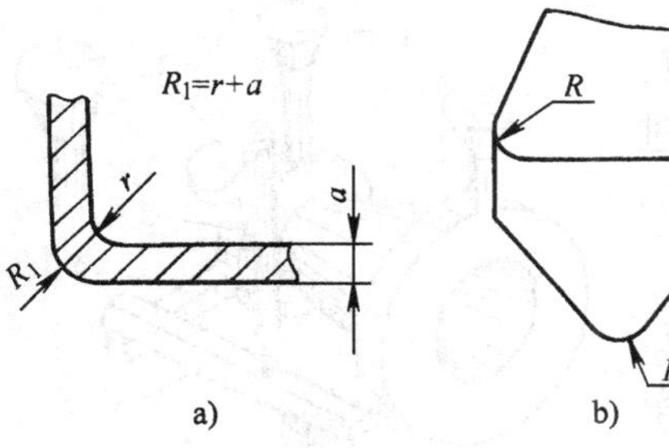

图 4-10 铸造圆角

a）内圆角 b）外圆角

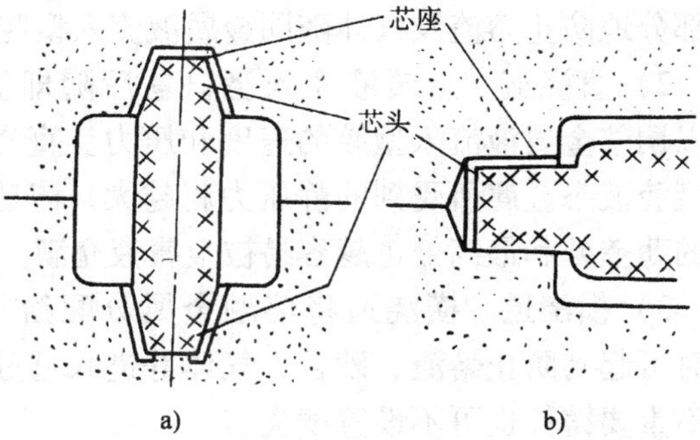

图 4-11 芯头与芯座

三、造芯工艺

当铸件有内腔时，一般需要制作型芯，即造芯。造芯的方法按形成型芯外形方法的不同可分为芯盒造芯和刮板造芯；按机械化程度可分为手工造芯和机器造芯。下面主要介绍手工芯盒造芯。

1. 芯盒

图4-12所示为常见芯盒种类，包括整体式适用于制造形状简单的型芯，分开式适用于制造圆柱、圆锥等回转体以及形状对称的型芯，可拆式适用于形状复杂的型芯。

2. 型芯的结构

为保证型芯具有良好的综合性能，除对芯砂及涂料提出较严格的要求外，在型芯中还常采用一些特殊结构。

1）增加强度和刚度结构。在型芯中埋入用钢条焊接、用铸铁铸出及钢丝扎成的与型芯外形相似的芯骨，用以提高型芯的强度和刚度。

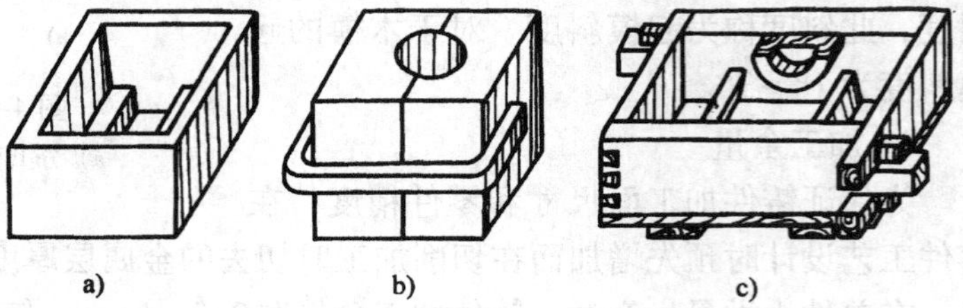

图4-12　常见芯盒种类

a）整体式　b）分开式　c）可拆式

2）提高透气性结构。在型芯中设置通气孔。通气孔应通到型芯头外。大型型芯中埋入焦碳、麻绳可明显提高其透气性。

3）提高退让性结构。退让性是指有内腔的铸件在收缩时，芯砂也随之收缩的性能。对于小型型芯，一般只靠合理地配制芯砂来保证其退让性；对于大型型芯，可采用空心结构或在芯骨上缠上草绳来提高其退让性。

此外，为便于型芯的安放，型芯应设置型芯头。

四、浇注系统、冒口、出气口

1. 浇注系统

浇注系统是指填充铸型型腔和冒口而开设于铸型中的一系列通道。较完整的浇注系统包括浇口盆（又称浇口杯）、直浇道、横浇道和内浇道。图4-13所示为尚未切除浇注系统和出气口的铸件。

1）浇口盆。浇口盆是金属液的直接注入处。为便于浇注，并缓和金属液对铸型的冲击及部分地防止熔渣及气体随同金属液流入型腔而设置。

2）直浇道。金属液注入浇口盆后随即流入直浇道，用以调整金属液流入型腔的速度和压力。直浇道越高，进入型腔液态金属所受到的静压力就越大，流速就越快，型腔的薄壁处和最高处也越容易被金属液充满。

3）横浇道。横浇道将熔融金属分配给每个内浇道，同时可起到防止熔渣、砂粒、气体等进入型腔。形状简单的不重要铸件也可不设置横浇道。

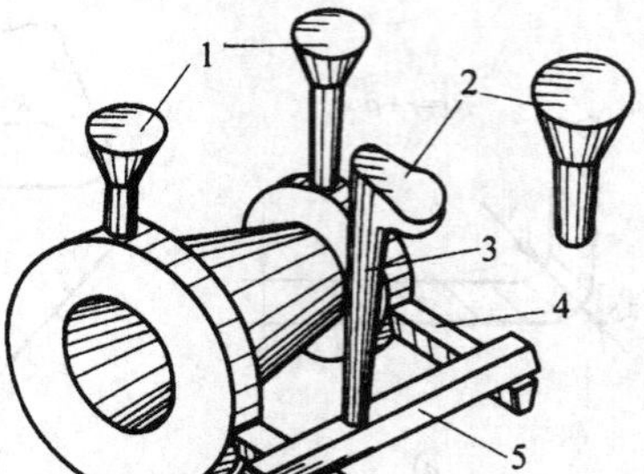

图4-13　尚未切除浇注系统和出气口的铸件

1—出气口　2—浇口盆　3—直浇道　4—内浇道　5—横浇道

4）内浇道。内浇道是金属液流入型腔的最后通道，其主要作用是控制金属液的流速和方向。因此，内浇道的开设方向不应对着型腔壁和砂芯，以免型或芯被熔融金属冲坏。

2. 冒口

在金属液最后凝固的地方（一般是铸件的厚大部分）极易形成缩孔。为防止铸件中产生缩孔，常在这些部位的上方铸型型腔中预制出与这些部位直接相通的较大的储液空腔，该空腔称为冒口。显然，冒口的作用是使冒口成为最后凝固的部位，使缩孔产生在冒口处，从而有效地防止在铸件中产生缩孔，这种作用称为冒口的补缩作用。

冒口除有补缩作用外，还有排气、集渣和通过冒口观察金属液是否铸满型腔的作用。冒口按合箱后能否被看到而分为明冒口和暗冒口两种，如图 4-14 所示，暗冒口一般只能起到补缩作用。

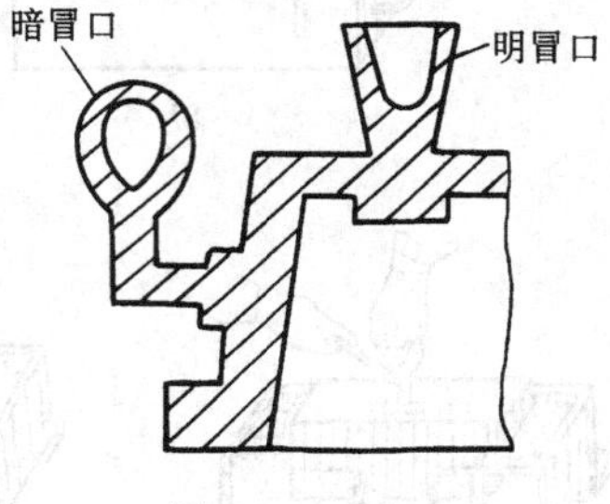

图 4-14　冒口

3. 出气口

出气口是在上砂型型腔最高处预制一个或几个垂直的锥形通道，使型腔直接与大气相通，该通道即为出气口。当大、中型铸件排气困难时，都要在砂型型腔中做出气口。

五、手工砂型整模二箱造型铸造工艺过程实例分析

图 4-15 所示为整模二箱造型、浇注、铸造工艺全过程示意图。

工艺过程分析：把模样放在底板上，套上底箱，如图 4-15a 所示；撒上厚度约为 20mm 左右的面砂，再加背砂，如图 4-15b 所示；均匀捣实每层型砂，刮去多余型砂，如图 4-15c 所示；扎通气孔，增加透气性，但不能扎到模样，如图 4-15d 所示；然后，把砂箱翻转 180°，放在平地上，如图 4-15e 所示；套上上箱，撒上分型砂，如图 4-15f 所示；放上直浇道棒，然后加背砂，并捣实，刮平多余型砂，扎通气口，拔出直浇道棒，把直浇道外部扩大

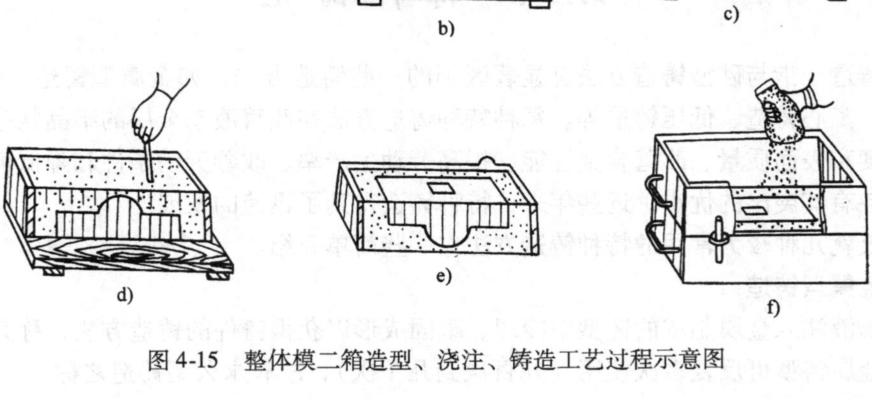

图 4-15　整体模二箱造型、浇注、铸造工艺过程示意图

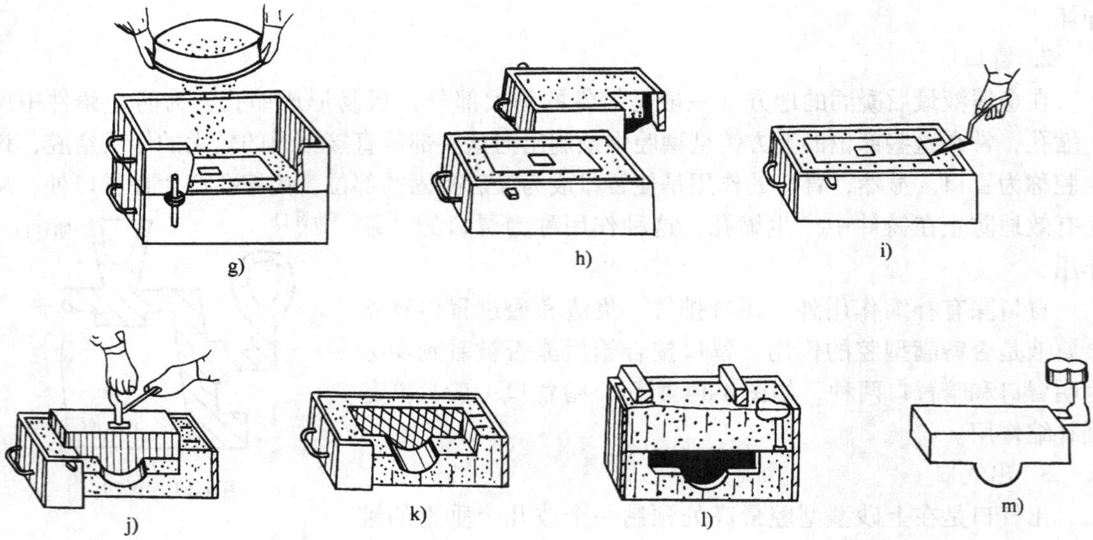

图 4-15　整体模二箱造型、浇注、铸造工艺过程示意图（续）

成浇口盆，如图 4-15g 所示；作好上、下砂箱标记，取下上砂箱，如图 4-15h 所示；在下砂箱上挖出内浇道，用毛笔把模型边缘润湿，如图 4-15i 所示；用拔模针拔出模样，如图 4-15j 所示；修整型腔，吹去砂粒，撒石墨粉，如图 4-15k 所示；合型，紧固上、下砂箱，或放上压铁，如图 4-15l 所示；通过浇注，凝固冷却，待落砂后即可得到带浇注系统的铸件，如图 4-15m 所示。

六、机器造型（芯）简介

机器造型（芯）是用模板和二箱在专门的造型（芯）机上进行的。它的主要特点是紧实型（芯）砂和起模由机器完成，其生产率为手工造型的十倍左右，铸型质量也比手工造型（芯）好，工人的劳动条件大为改善。但由于机器造型（芯）需造型（芯）机模板以及特制砂箱等专用机器设备，故只适用于大批量生产。

最先进的自动化生产线，除了紧实型砂和起模由机器完成外，其它辅助操作，如下箱的翻转、落箱，上箱的开设浇口、冒口、翻转检查，合型，加压铁，分箱，甚至下芯和浇注等，均自动完成。

第三节　特 种 铸 造

特种铸造是指与砂型铸造方法有显著区别的一些铸造方法，如金属型铸造、熔模铸造、压力铸造、离心铸造、低压铸造等。每种特种铸造方法在改善液态金属的结晶状态、提高铸件尺寸精度和表面质量、改善合金性能、提高劳动生产率、改善劳动条件和降低铸造成本等方面，都各有其突出的优点。近些年来，特种铸造得到了迅速的发展。

下面仅就几种较为常用的特种铸造方法作一些简单介绍。

一、金属型铸造

将金属液注入金属制成的铸型中冷却、凝固成形以获得铸件的铸造方法，称为金属型铸造。由于金属铸型可反复多次使用（几百次到几千次），故有永久型铸造之称。

1. 金属型结构

金属型可按分型面的方位，分为垂直分型式、倾斜分型式、水平分型式、曲面分型式和复合分型式。其中垂直分型式便于开设浇、冒口和安放型芯，加之排气条件较好，易于取出铸件，便于实现机械化生产，所以应用最广。

如图4-16所示为常见的垂直分型式金属型。由定型和动型两个半型组成。分型面位于垂直位置，浇注时先使两个半型合紧，凝固后利用简单的机构使两个半型分离，取出铸件。

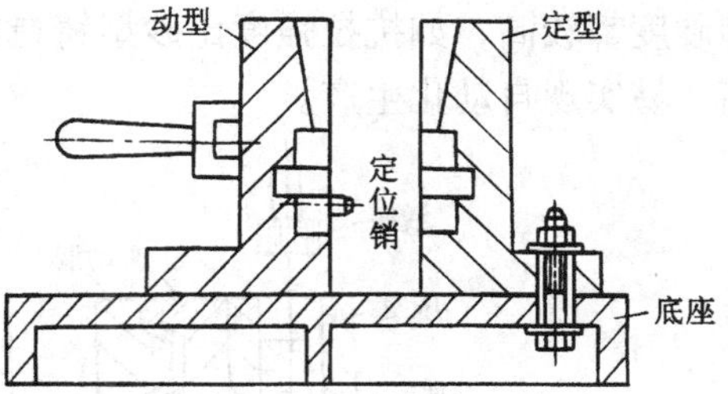

图4-16 垂直分型式金属型

2. 金属型铸造工艺

由于金属型导热较砂型快，且没有退让性和透气性，故为获得优质铸件必须严格控制其铸造工艺。

（1）喷刷涂料　金属型型腔和型芯在浇注前应喷刷涂料，以便减缓铸件的冷却速度、防止高温金属液流对铸型壁的直接冲刷；利用涂料还有一定的蓄气、排气能力，防止产生气孔。

（2）浇注前金属型要预热　金属型在浇注前要进行预热。通常铸铁件预热温度200～350°C,非铁金属件预热温度100～250°C。预热的目的是防止因金属液冷却过快和冷却不均匀而造成浇不足、冷隔、裂纹等缺陷；同时，因减少了铸型与金属液的温差，铸型的寿命得以提高。在连续生产中，必须利用散热装置（气冷或水冷）使金属型散热冷却。

（3）适当的出型时间及防止铸件产生白口倾向　浇注后，铸件在金属型内停留的时间越长，由于收缩量增加，铸件的出型及抽芯越困难，铸件的裂纹倾向加大；同时，因铸件的冷却速度大。铸铁的白口倾向加大。为此，应使铸件尽早从铸型中取出。通常小型铸铁件的出型时间为10～60s，铸件温度约为780～950°C。为防止铸铁件产生白口，铸件壁厚不宜过薄（一般大于15mm），铁液中的ω_C和ω_{Si}均大于6%。此外，采用孕育处理的铁水对预防白口也有明显的效果。对于已产生白口的铸件，要利用出型时的自身余热及时进行退火处理。

3. 金属型铸造的特点和适用范围

与砂型铸造相比，金属型铸造的主要优点是“一型多铸”，便于机械化和自动化生产，大大提高了生产率，改善了劳动条件；铸件尺寸精度高，表面质量好；铸件冷却速度快，其结晶晶粒细，力学性能好（抗拉强度比砂型铸造高10%～20%）。其主要缺点是制造铸型的成本高，周期长，铸造工艺要求严格，否则容易出现浇不足、冷隔、裂纹等缺陷；而铸铁件易产生白口，不宜生产大型、复杂铸件，金属型铸造主要用于成批量生产非铁金属铸件，如铜瓦、衬套等。

二、压力铸造

压力铸造简称压铸，是指将熔融金属在高温下快速地将液态或半液态合金压入金属铸型中，并在压力下冷却凝固获得铸件的铸造方法。

1. 压力铸造的工艺过程

首先使动型与定型合紧，用活塞将压室中的熔融金属压射到型腔，如图4-17b所示；凝固后打开铸型顶出铸件，如图4-17c所示。

2. 压力铸造的特点和适用范围

压力铸造的主要优点是，铸件的精度和表面质量较其它铸造方法均高。因此，压铸件不经机械加工（或仅个别表面进行少量加工）即可使用。由于压型精密，又增加了在高温下高速冲型的能力，极大地提高了合金充型能力，故压铸可铸出形状复杂的薄壁件，或直接铸出小孔、螺纹等。因铸件冷却速度快，又是在压力下结晶，所以表层晶粒致密，铸件的强度和硬度都较高，如抗拉强度比砂型铸造提高 25% ~30%。压铸的生产率比其它铸造方法均高，易实现自动化生产。

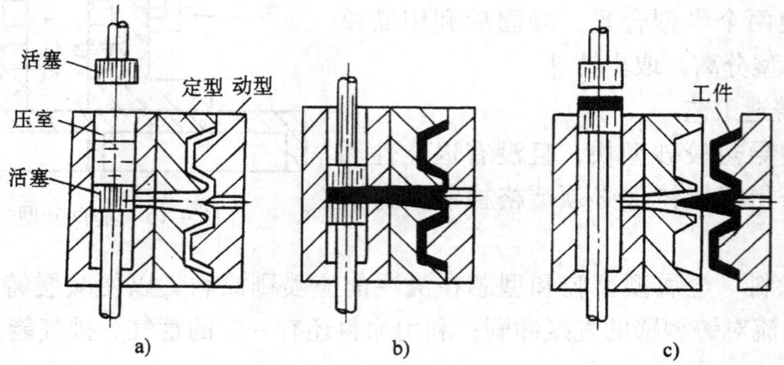

图 4-17　压力铸造
a）合型浇注　b）压射　c）开型顶件

压铸虽是实现少或无切削加工非常有效的途径，但也有很多不足。主要是由于熔融金属的充型速度快、排气困难，常常在铸件的表皮下形成许多气孔。这些气孔是在高压下形成的，在热处理加热时，孔内气体膨胀将导致铸件表面起泡，所以压铸件不能用热处理来提高性能。

应当指出，随着加氧压铸、真空压铸和非铁金属压铸等新工艺的出现，使压铸的某些缺点有了克服的可能性。例如，加氧压铸铝是先用氧气来冲填压室和型腔，而将空气排除；压铸时，氧与铝形成分散在铸件内的 Al_2O_3 微粒，这不仅可避免气孔，还使铸件有了进行热处理的可能。

在大批量生产中，常采用压力铸造方法铸造铝、镁、锌、铜等非铁金属件。例如，在汽车、电子、仪表等工业部门中使用的均匀薄壁、形状复杂的壳体类零件，常采用压力铸造生产。

三、熔模铸造

熔模铸造也称失蜡铸造，是指用易熔材料（通常用蜡）制成模样，然后在模样上涂挂耐火材料，经硬化后，再将模样熔化、排出型外，从而获得无起模斜度、无分型面、带浇注系统的整体铸型进行铸造的方法。

1. 熔模铸造的工艺过程

熔模铸造的工艺过程包括压铸蜡模、组装蜡模、结壳脱蜡、浇注、落砂和清理，如图 4-18 所示。

（1）压铸蜡模　首先根据铸件的形状尺寸制成比较精密的母模；然后根据母模制出比较精密的压型；再将蜡料加热至糊状后，在 2 ~3 个标准大气压力㊀下，将蜡料压入压型内，

㊀ 1 个标准大气压 =101325Pa。

如图4-18a 所示。待蜡料冷却凝固后便可从压型中取出，然后修去毛刺，即得单个蜡模。

(2) 组装蜡模　熔模铸件一般均较小。为提高生产率、降低铸件成本，通常将若干个蜡模焊在一个预先制好的直浇道棒上构成蜡模组，如图4-18b 所示，从而实现一箱多铸。

(3) 结壳脱蜡　它是在蜡模组上涂挂耐火材料（多用水玻璃和石英粉配制）后，放入硬化剂（通常是氯化氨溶液）中固化。反复涂挂3~7次，至结成5~12mm的硬壳为止，即成型壳，如图4-18c 所示。再将硬壳浸泡在85~95°C的热水中，使蜡模融化而脱出，制成壳型如图4-18d 所示。

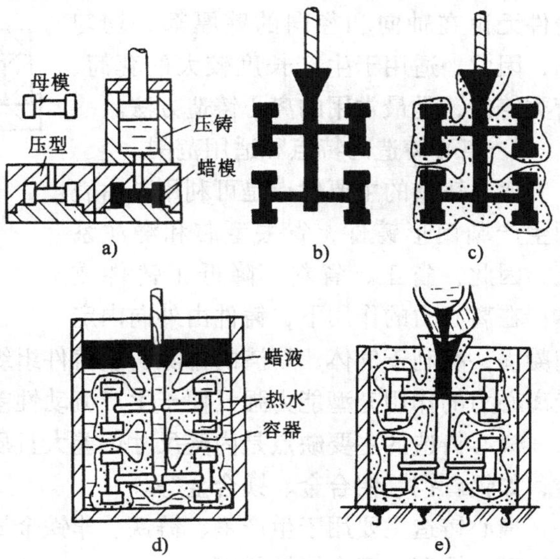

图4-18　熔模铸造

a）压铸蜡模　b）组合蜡模
c）粘制型壳　d）脱蜡　e）浇注

(4) 浇注　在浇注前，壳型通常要送入加热炉（800~1000°C）进行焙烧，以去除型壳中的水分、残余蜡料和其他杂质。通过焙烧可使型壳的硬度提高。为提高合金的充型能力，防止浇不足、冷隔等缺陷，要在焙烧出炉后趁热（600~700°C）进行浇注。

(5) 落砂和清理　冷却后，将型壳破坏，取出铸件，然后，去掉浇口、清理毛刺。对于铸钢件还需进行退火或正火，以便获得所需的力学性能。

2. 熔模铸造的特点和使用范围

熔模铸造的主要优点是铸件的精度高，表面质量好，可节省加工工时。对一些精度要求不高的零件，铸出清理后可直接进行装配，是少或无切削加工工艺的重要方法。同时，因型壳在预热后浇注，故可生产出形状复杂的薄壁铸件（最小壁厚0.7mm）。由于熔模铸造的壳型由石英粉等高温耐火材料制成，因此各种金属材料都可用熔模铸造。目前主要用于生产高熔点、难加工合金（如耐热钢、不锈钢）的小型铸件。

熔模铸造的主要缺点是材料昂贵、工艺过程繁杂、生产周期长（4~15天），铸件成本比砂型铸造高数倍。此外，熔模铸造难以实现全盘机械化、自动化生产，且铸件不宜过大，一般为几十克到几千克，最大不超过25kg。

四、离心铸造

离心铸造是指将液态金属浇入高速旋转的铸型中，使金属液在离心力的作用下充满铸型并结晶的铸造方法。

1. 离心铸造过程

离心铸造主要用于生产圆筒形铸件。为使铸型旋转，离心铸造必须在离心铸造机上进行。根据铸型旋转轴空间位置的不同，离心铸造机可分为立式和卧式两大类，如图4-19所示。

在立式离心铸造机上，铸型是绕垂直轴旋转的，如图4-19a。此种方式的优点是便于铸型的固定和金属的浇注，但其内表面呈抛物线状，使铸件上薄下厚，显然，不宜铸造轴向长度较大的铸件，而主要用于高度小于直径的圆环类铸件。

在卧式离心铸造机上，铸型是绕水平轴旋转的，如图 4-19b。由于采用这种方式，铸件各部分的冷却条件相似，故铸出的圆筒型铸件无论在轴向和径向的壁厚都是均匀的，因此，适用于生产长度较大的套筒、管类铸件，是最常用的离心铸造方法。

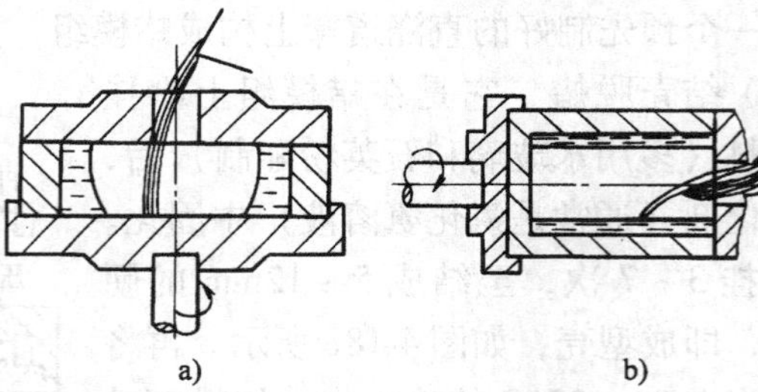

图 4-19　离心铸造
a）垂直轴线　b）水平轴线

2. 离心铸造的特点和适用范围

离心铸造的主要优点是可利用自由表面生产圆筒形铸件，省去型芯和浇注系统，因此，省工、省料，降低了铸件成本；在离心力的作用下，铸件由外向内定向凝固，有利于气体、熔渣的排除，故铸件组织致密，极少有气孔、夹杂等缺陷；熔融金属受离心力的作用充型能力强，便于生产流动性差的合金及薄壁件。

离心铸造的主要缺点是内壁尺寸偏差大且质量差，不适于铸造密度偏析大的合金及轻合金，如铅青铜、铝合金、镁合金等。

离心铸造主要用于生产钢、铸铁、非铁金属等材料的各类管状零件的毛坯，如铸铁管、气缸套、铜套、双金属轴承等。

五、各种铸造方法比较

各种铸造方法都有其优点、缺点，各适用于一定的范围。因此，在选择时，应根据具体情况进行全面的分析比较，包括合金种类、生产批量、铸件的形状和大小、质量要求及现有设备等，从技术、经济、生产条件三方面综合分析比较，才能正确的选择出铸造方法。

表 4-1 列出了几种铸造方法的综合比较，可看出砂型铸造尽管有着许多缺点，但其适应性强，因此，在铸造方法的选择中应优先考虑。而特种铸造，仅在相应的条件下才能显示其优越性。

表 4-1　几种铸造方法的比较

比较项目	砂型铸造	熔模铸造	金属型铸造	压力铸造	低压铸造	离心铸造
适用合金范围	各种合金	非合金钢、合金钢、非铁金属	各种合金，以非铁金属为主	非铁合金	非铁合金	铸铁、铸钢、铜合金
适用铸件大小及重量范围	不受限制	一般 < 25kg	中、小铸件为主	中、小铸件，一般 < 10kg	中、小铸件，有时达数百千克	不受限制
铸件最小壁厚/mm	合金铝 3 铸铁 3 ~ 4 铸钢 5	0.5 ~ 0.7 孔 $\phi1.5 \sim \phi2$	铸铝 3 铸铁 5	铝合金 0.5 锌合金 0.3 铜合金 2	2	最小内孔达 $\phi7$
表面粗糙度 R_a/μm	50 ~ 12.5	12.5 ~ 1.6	12.4 ~ 6.3	3.2 ~ 0.8	12.5 ~ 3.2	决定于铸型材料
铸件尺寸公差/mm	100 ± 1.0	100 ± 0.3	100 ± 0.4	100 ± 0.3	100 ± 0.3	决定于铸型材料
金属收得率(%)	30 ~ 50	60	40 ~ 50	60	50 ~ 60	85 ~ 95
毛坯利用率(%)	70	90	70	95	80	70 ~ 90
投产的最小批量	单　件	1000	700 ~ 1000	1000	1000	100 ~ 1000

（续）

比较项目	砂型铸造	熔模铸造	金属型铸造	压力铸造	低压铸造	离心铸造
生产率（一般机械化程度）	低　中	低　中	中　高	最　高	中	中　高
应用举例	机床床身、支座、轴承盖、曲轴、气缸盖、气缸体、水轮机等	刀具、叶片、自行车零件、机床零件刀杆、风动工具等	铝活塞、水暖器材、水轮机叶片、一般非铁合金铸件等	汽车化油器、缸体、喇叭、电器、仪表、照相机壳及支架等	发动机缸体、缸盖、壳体、箱体、船用螺旋件、纺织机零件等	各种铸铁管、套筒、环、辊、叶轮、滑动轴承等

注：金属收得率 $=\dfrac{铸件重}{铸件重+浇、冒口重}\times100\%$，毛坯利用率 $=\dfrac{零件重}{铸件重}\times100\%$。

六、新技术、新工艺简介

1. 气体冲压造型

这是近年来发展迅速的低噪声造型方法，其主要特点是在型砂紧实前，先将型砂填入砂箱和辅助框内，然后在短时间内开启快速释放阀门而给气，对松散的型砂进行脉冲冲击紧实成型，气体压力达 3×10^5Pa，且压力增长速率 $\Delta P/\Delta t>40$MPa/s，可一次紧实成型，无需辅助紧实。它包括空气冲击造型和燃气冲击造型两类。

目前是将储存在压力罐内的压缩空气突然释放实现脉冲冲击成型的，即利用储气罐内的可燃气体和空气的混合物点火燃烧爆炸产生的压力波冲击紧实。气体冲压造型具有砂型紧实度高、均匀合理、能生产复杂铸件、噪声小、节约能源、设备结构简单等优点，近年来发展较快，主要用于汽车、拖拉机、缝纫机、纺织机械所用铸件及水管的造型。

2. 静压造型

静压铸造的特点是消除了振实造型机的噪声污染，型砂紧实效果好，铸件尺寸精度高。其工艺过程为：首先将填满型砂的砂箱置于装有通气塞的模板上；通以压缩空气，使之穿过通气塞排出，型砂被压实在模板上，越靠近模板，型砂密度越高；最后用压实板在型砂上部进一步压实，使其上、下紧实度均匀，起模，即成铸型。

它不需要刮去大量余砂，维修简单，目前主要用于汽车和拖拉机的气缸等复杂件的生产。

3. 真空密封造型（V 法造型）

V 法造型是一种全新的物理造型方法。其原理是在特制的砂型内填入无水、无粘结剂的干砂，用塑料薄膜将砂型密封后抽成真空，借助铸型内外的压力差，使型砂紧实成型。V 法造型用于生产面积大、壁薄、形状不太复杂及表面要求光洁、轮廓清晰的铸件。近年来，在叉车配重块、艺术铸件、大型标牌、钢琴弦架等领域获得了极大的发展。

4. 冷冻造型

冷冻造型又称低温造型，由英国 BCD 公司首先研制出来，并于 1997 年建成世界上第一条冷冻造型自动生产线。

冷冻造型采用石英砂作为骨架材料，加入少量水，必要时还加入少量粘土，按普通造型方法制好铸型后送入冷冻室，用液态的氮或二氧化碳作为制冷剂，使铸型冷冻，借助于包覆在砂粒表面的冰冻水分而实现砂粒的结合，使铸型具有很高的强度和硬度。浇注时，铸型温度升高，水分蒸发，铸型逐渐解冻，稍加振动立即溃散，可方便地取出铸件。与其他造型方法相比，这种造型方法具有型砂配制简单、落砂清理方便、对环境污染少、铸型的强度高、硬度大、透气性好、铸件表面表面粗糙度值小、缺陷少、成本低等特点。

5. 挤压铸造

挤压铸造（又称液态模锻）是用铸型的一部分直接挤压金属液，使金属液在压力的作用下成形、凝固而获得零件或毛坯的方法。

（1）挤压铸造的原理及工艺过程　最简单的挤压铸造方法如图 4-20 所示。其工作原理是在铸造中浇入一定量的液态金属，上型随即向下运动，使液态金属自下而上充型。挤压铸造的压力和速度较低，无涡流飞溅现象，且铸件成形时伴有局部塑性变形，因此铸件致密无气孔。挤压铸造所采用的铸型大多是金属型，图 4-21 所示为挤压大型薄壁铝合金铸件的工艺过程。挤压铸型由两扇半型组成，一扇固定，另一扇活动。挤压工艺过程如下所述。

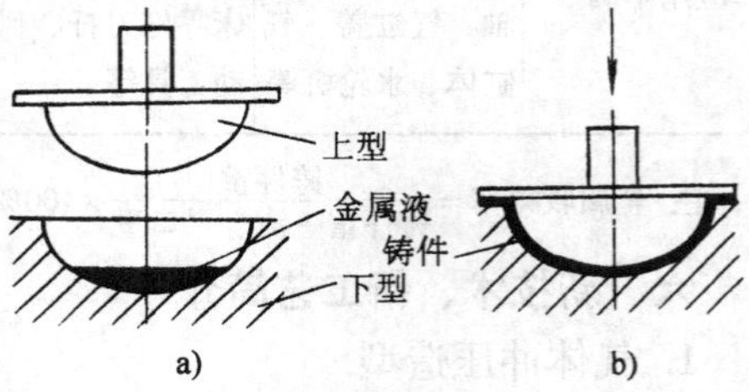

图 4-20　挤压铸造原理示意

a）浇入定量液体金属　b）上型向下挤压

1）铸型准备。清理铸型，型腔内喷涂料，预热等，使铸型处于待注状态。

2）浇注。向敞开的铸型底部浇入定量的金属液。

3）合型挤压。逐渐合拢铸型，液态金属被挤压上升，并充满铸型，而多余的金属液由铸型顶部挤出。同时，金属液中所含的气体和杂质也随同一起挤出，进而升压并在预定的压力下保持一定时间，使金属液凝固。

4）完成。卸压，开型，取出铸件。

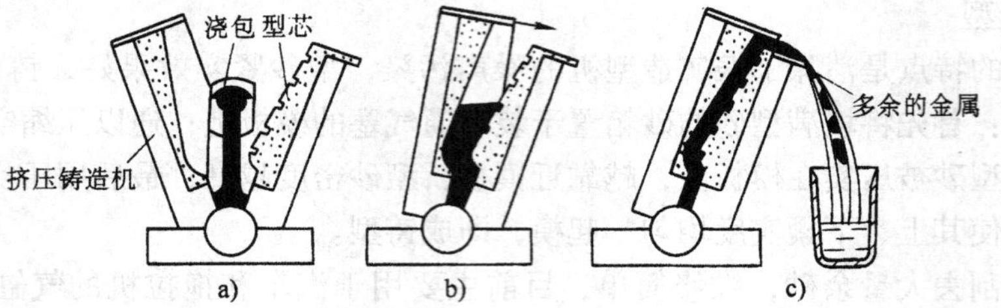

图 4-21　挤压铸造工艺过程

（2）挤压铸造的特点及应用范围　挤压铸件的尺寸精度和表面质量高，尺寸精度达 IT11 ~ IT13，表面粗糙度值 R_a 值为 6.3 ~ 1.6μm。且无需开设浇冒口，金属利用率高，适应性强，多数合金都可挤压铸造。工艺简单，节省能源和劳动力，容易实现机械化和自动化。生产率比金属型铸造高 1 ~ 2 倍。

挤压铸造可用于生产强度要求较高，气密性好，薄板类型的铸件，如各种阀体、活塞、机架、轮毂、耙片和铸铁锅等。

6. 陶瓷型铸造

陶瓷型铸造是在砂型铸造和熔模铸造的基础上发展起来的一种精密铸造方法。

（1）陶瓷型铸造的工艺过程　陶瓷型铸造的工艺过程如图 4-22 所示。

1）砂套造型。为了节省昂贵的陶瓷材料和提高铸型的透气性，通常先用水玻璃砂制出砂套（相当于砂型铸造的背砂）。砂套的制造方法与砂型铸造相同，如图 4-22b 所示。

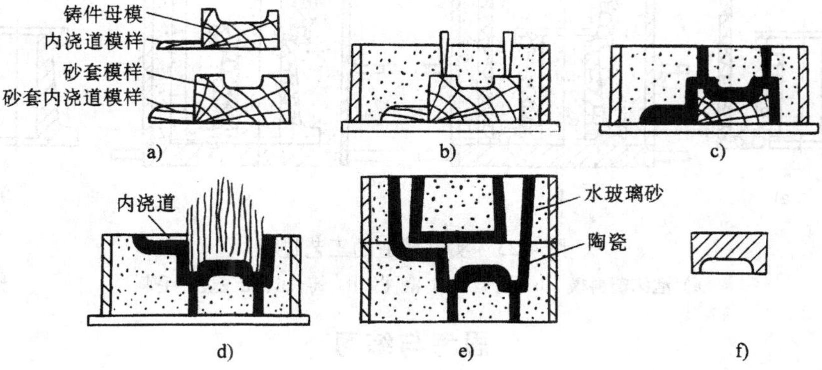

图 4-22　陶瓷型铸造的工艺过程

a）模样　b）砂套造型　c）灌浆　d）喷烧　e）合型　f）铸件

2）灌浆与胶结。将母模固定于平板上，刷上分型剂，扣上砂套，将配制好的陶瓷浆由浇口注满，如图 4-22c 所示，经数分钟后，陶瓷浆便开始胶结。

3）起模与喷烧。灌浆 5～15min 后，趁浆料尚有一定弹性便可起模。为加速固化必须用明火均匀地喷烧整个型腔，如图 4-22d 所示。

4）焙烧与合型。陶瓷型要在浇注前加热到 350～550°C，焙烧 2～5h，去除残留的乙醇、水分等，并使铸型的温度进一步提高，如图 4-22e 所示。

5）浇注。浇注温度可略高，以便获得轮廓清晰的铸件，如图 4-22f 所示。

（2）陶瓷型铸造的特点及应用范围　由于是在陶瓷层处于弹性状态下起模，同时陶瓷型在高温下变形小，所以铸件的尺寸精度和表面粗糙度与熔模铸造相近。此外，陶瓷材料耐高温，故可浇注高熔点合金。对铸件的大小不加限制，可从几千克到数吨。单件、小批量生产，需要的投资少，生产周期短，在一般铸造车间较易实现。但陶瓷型铸造不适于批量大、重量轻或形状复杂的铸件，且生产过程难于实现机械化和自动化。

目前，陶瓷型铸造广泛用于生产厚大的精密铸件，如铸造冲模、锻模、玻璃器皿模、压铸模、模板等，也可以用于生产中型铸钢件。

7. 实型铸造

实型铸造又称为气化模铸造和失模铸造，其原理是用泡沫塑料（包括浇冒口系统）代替木模或金属模样进行造型，造型后模样不取出，铸型呈实体，浇入液态金属后，模样燃烧、气化、消失，金属液充填模样的位置，冷却凝固后得到铸件，图 4-23 为实型铸造的工艺过程。

实型铸造由于铸型没有型腔和分型面，不必起模和修型，与普通铸造相比有以下优点：工序简单，生产周期短，生产效率高，铸件尺寸精度高，可采用无粘结剂型砂，劳动强度低，而且零件设计自由度大。

实型铸造应用范围较广，几乎不受铸件结构、尺寸、重量、材料和批量的限制，特别适用于生产形状复杂的铸件。

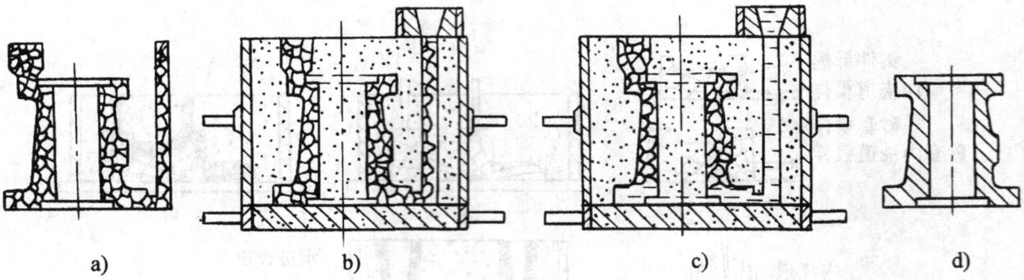

图 4-23　实型铸造的工艺过程

a）泡沫塑料模　b）造型　c）浇注　d）铸件（无飞边、毛刺）

思考与练习

1. 何谓铸造？何谓砂型铸造？砂型铸造工艺有哪几个基本组成部分？你能用方框图将砂型铸造的工艺过程表达出来吗？

2. 简述砂型铸造的主要优缺点。

3. 何谓造型材料？对砂型铸造的造型材料有哪些基本的性能要求？

4. 砂型铸造工艺和砂型铸造的造型工艺在概念上如何区分？

5. 在设计砂型铸造的模样时，主要应考虑哪些问题？

6. 型芯上有哪些特殊结构？它们的作用是什么？

7. 较完整的浇注系统包括哪些部分？它们各自的作用是什么？

8. 冒口和出气口各有什么作用？

9. 如何减少铸造缺陷？

10. 何谓金属的铸造性能？金属的铸造性能包括哪些？它们对铸件质量有何影响？

11. 分别将金属型铸造、压力铸造、离心铸造、熔模铸造与砂型铸造进行比较，说明这些特种铸造各自的优缺点及适用范围。

第五章 锻　　压

【本章要点】 锻压成形的基本知识，加工方法、分类、工艺特点和具体应用场合。

锻压是指对坯料施加外力，使其产生塑性变形，改变尺寸、形状及改善性能，用以制造机械零件或毛坯的成形加工方法。

锻压生产是锻造和冲压两大工种的总称，属于金属压力加工生产方法的一部分。它包括轧制、挤压、拉拔、自由锻造、模型锻造、板料冲压等。

用于锻压的金属须具有良好的塑性，以便锻压时变形容易而不破坏。各类钢和大多数非铁金属及其合金都具有不同程度的塑性，因此，它们均可以在一定的温度下进行锻压。铸铁塑性很差，不能锻压；不锈钢塑性很好，但变形抗力大，锻压也不好进行；低碳钢塑性好，变形抗力小，锻压很容易进行。可见金属的塑性和变形抗力是综合评定金属锻压性能的工艺性能指标。金属塑性越高，变形抗力越小，锻压性能越好。

把金属加热到一定温度时（奥氏体区），强度下降，变形抗力减小；塑性提高，变形能力增加，锻压性能变好。所以，锻造时需要加热，而薄板冲压时不需加热。锻压可以获细晶组织，同时能压合铸造组织内部的某些缺陷（如小裂纹，疏松，气孔等）因而提高了金属的力学性能。但由于不能获得形状复杂的毛坯或零件，锻压加工精度和表面质量还不够高，生产设备又比较贵，故限制了它的应用范围。目前，锻压生产主要用于受力复杂，承载大的重要零件或毛坯。

第一节 锻　　造

锻造按其成形方式不同分为自由锻造和模型锻造两大类。

一、自由锻造

自由锻造是利用冲击力或压力使金属坯料在上、下两砧铁之间产生塑性变形，从而获得所需锻件的加工方法。坯料在砧铁平面之间变形时可以自由流动，所以称之为自由锻造。

自由锻造按其设备不同，分为手工自由锻造和机器自由锻造。手工自由锻造靠人力和手工工具使金属变形，因此手工自由锻造只能生产小型锻件；机器自由锻造是利用机器产生冲击力或压力使金属变形，常见机器自由锻造设备有空气锤、蒸气—空气锤、水压机等。机器锻造是目前工厂中普遍采用的锻造方法。

自由锻所用工具简单、通用性和灵活性强，适合单件和小批量各种大小锻件的生产，也是大型锻件唯一的生产方法。

1. 自由锻造的基本工序

实际生产中，常用的基本工序有镦粗、拔长、冲孔和弯曲四种。

（1）镦粗　镦粗是沿工件轴向锻打，使其长度减少，横截面增大的操作过程。镦粗可分为完全镦粗、局部镦粗和垫环镦粗等，如图 5-1 所示。

局部镦粗与垫环镦粗不同。局部镦粗时漏盘内的金属不变形，而垫环镦粗使工件的各个部分均有变形。

镦粗工序主要应用于制造高度小、截面大的工件，如齿轮、圆盘等。

（2）拔长　拔长是垂直于工件轴向锻打，以使其横截面积减小而长度增加的操作过程。拔长可分为平砧拔长、赶铁拔长、芯棒拔长等，如图 5-2 所示。

当拔长量较大时，采用赶铁拔长，芯棒拔长是指减小空心坯料的壁厚和外径尺寸，增加长度的工序。

拔长工序主要应用于制造长度大、截面小的工件，如轴、拉杆、曲轴及制造长轴类空心件（如空筒、透平柱轴、圆环、套筒等）。

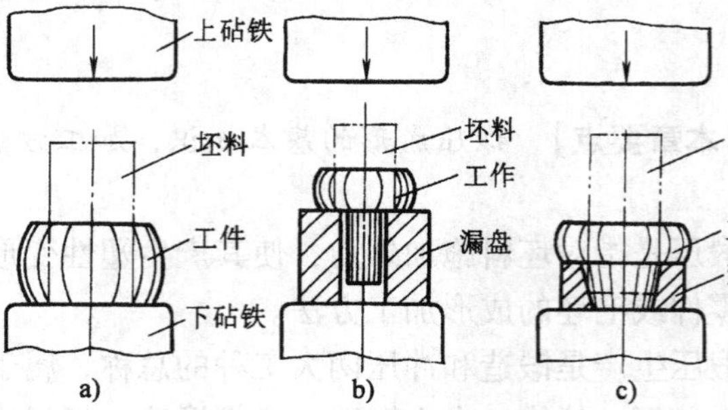

图 5-1　镦粗种类

a）全镦粗　b）局部镦粗（漏盘内金属无变形）

c）垫环镦粗（垫环内金属有变形）

（3）冲孔　冲孔是在工件上加工出通孔或不通孔的操作过程，分实心冲孔、空心冲孔。对于薄的坯料采用实心冲头单面冲通孔，如图 5-3a 所示；对于厚的坯料可以采用实心冲头先从一面冲至一定深度，再反转从另一面冲透。当孔径大于 400mm 时，则采用空心冲头冲孔，如图 5-3b 所示。

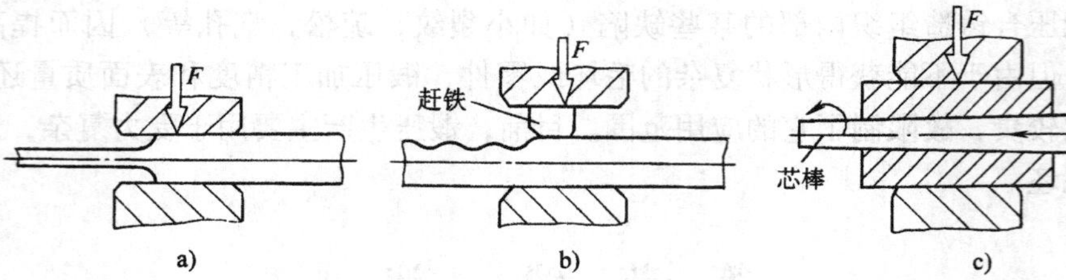

图 5-2　拔长种类

a）平砧拔长　b）赶铁拔长　c）芯棒拔长

冲孔主要用于制造空心件，如齿轮毛坯、圆环、套筒等。对于锻件质量要求高的大工件，可用空心冲孔去掉质量较低的铸锭中心部分。

（4）弯曲　弯曲是把工件弯成曲线、圆形或一定角度的操作过程。弯曲时用空气锤上砧将工件压在下砧铁上，并使待弯部分露出，然后用手锤或大锤将工件打弯，如图 5-4a 所示。也可用简单胎膜改变坯料轴线方向成为所需外形的工序，如图 5-4b 所示。

弯曲用于锻制弯曲型零件，如角尺、U 形弯曲板等。也可用弯曲使流线方向符合锻件外形而不被割断，锻件质量好，如起重用钓钩。

2. 自由锻件的结构工艺性

为了适应品种繁多的单件、小批量生产，自由锻造只限于使用简单、通用的工具，锻件形状主要靠人工操作技术锻出。所以对自由锻件结构设计的原则，是在满足使用要求的前提下，锻件形状应尽量简单，易于锻造。自由锻件结构工艺性要求见表 5-1。钉锤手工自由锻造过程见表 5-2。齿轮毛坯的机器自由锻造过程见表 5-3。

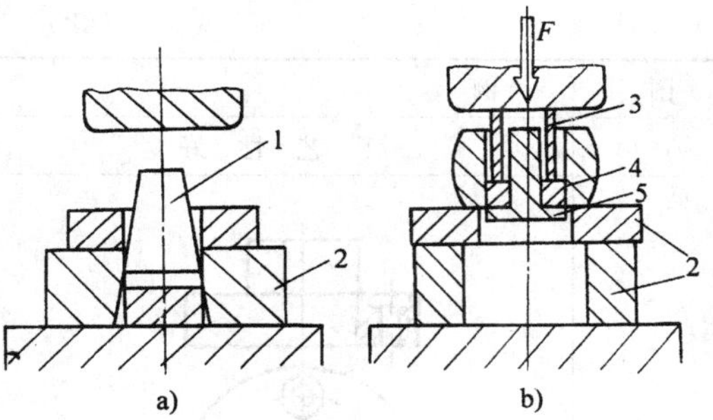

图 5-3　冲孔种类

a）实心冲头冲孔　b）空心冲头冲孔

1—冲头　2—漏盘　3—上垫　4—空心冲头　5—芯料

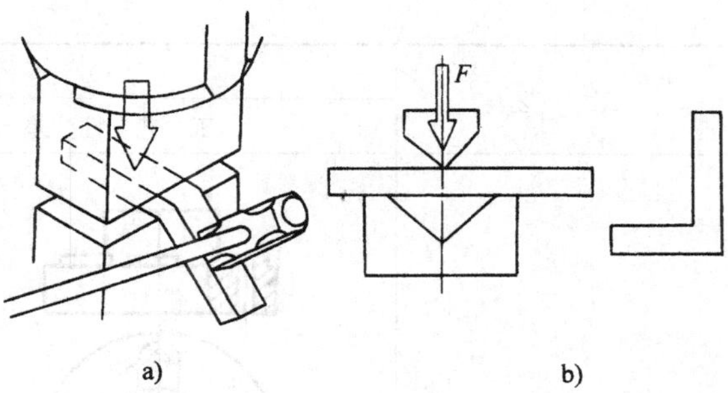

图 5-4　弯曲

a）压铁弯曲　b）模型弯曲

表 5-1　自由锻件结构工艺性要求

工　艺	图　例	
	工 艺 性 差	工 艺 性 好
避免锥面及斜面等	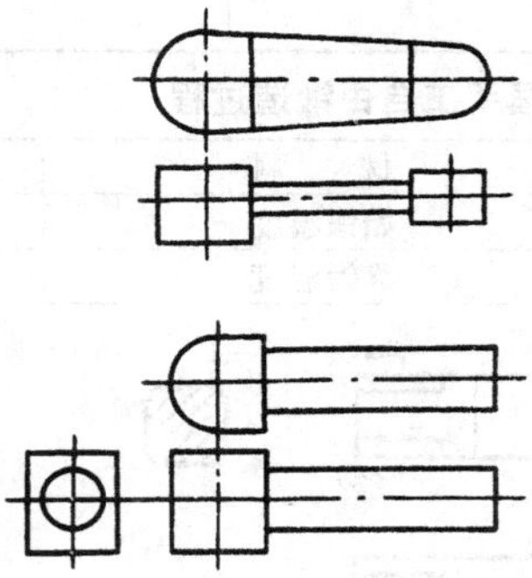	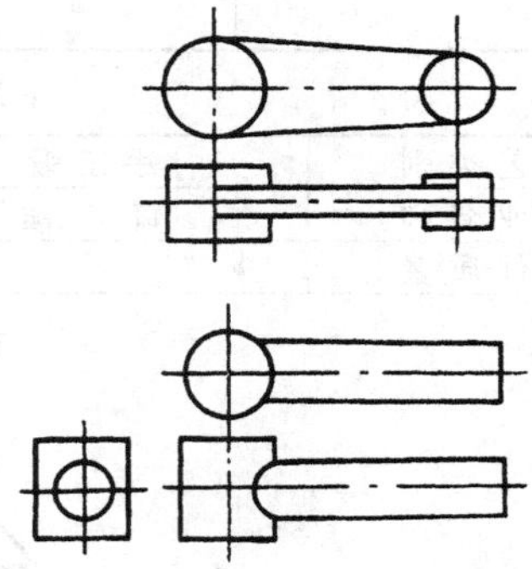
避免非平面交接结构	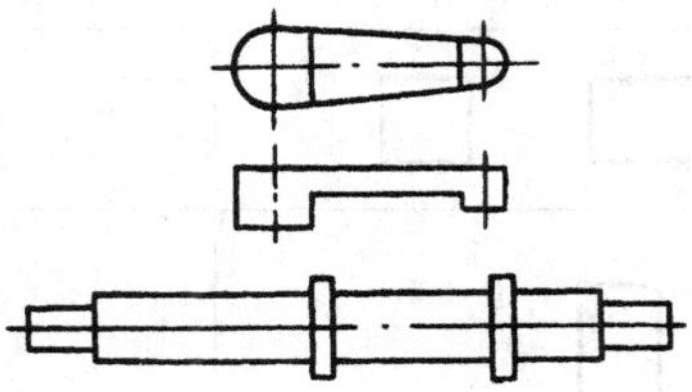	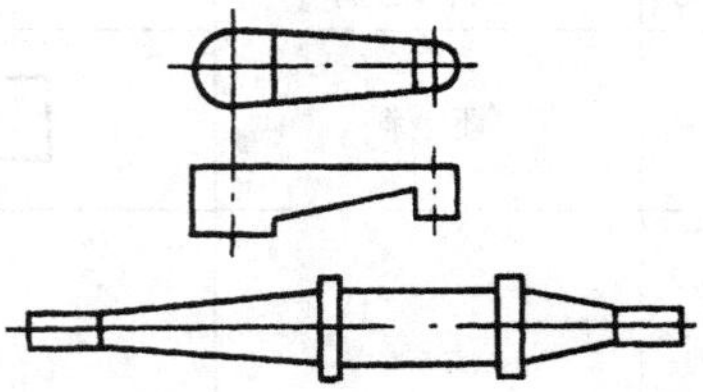
避免加强肋及工字形、椭圆形等复杂截面	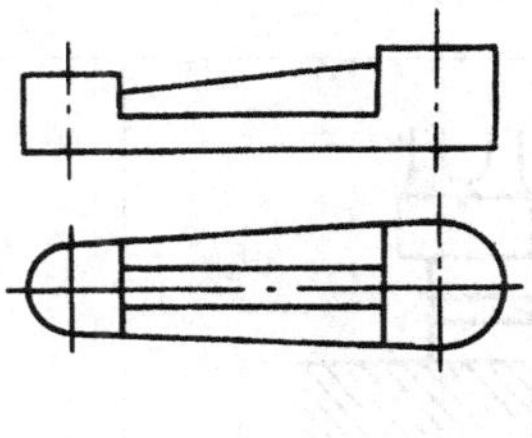	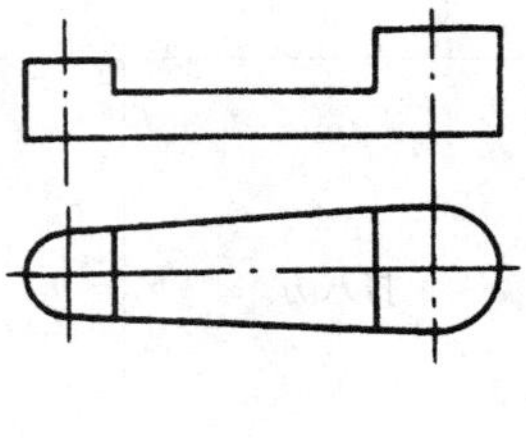

（续）

工　艺	图　例	
	工 艺 性 差	工 艺 性 好
避免各种小凸台及叉形件内部的台阶	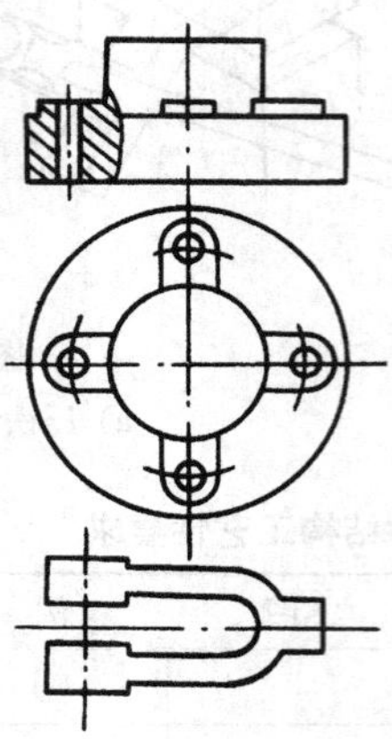	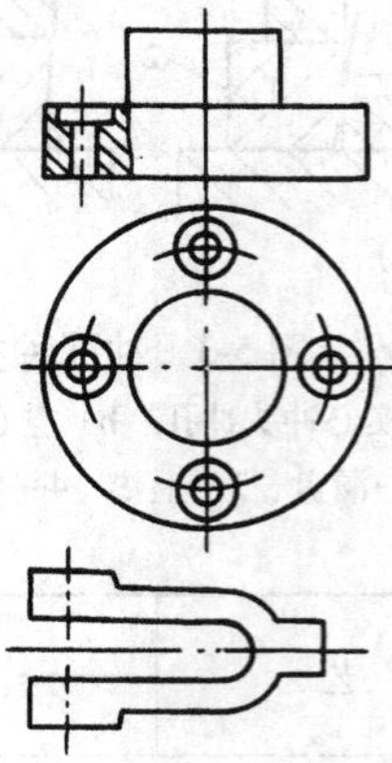

表 5-2　钉锤手工自由锻造过程

工 艺 类 别	手 工 锻	材　　料	低 碳 钢
作 业 名 称	钉　　锤	始锻温度	1250°C
锻 件 质 量		终锻温度	800°C

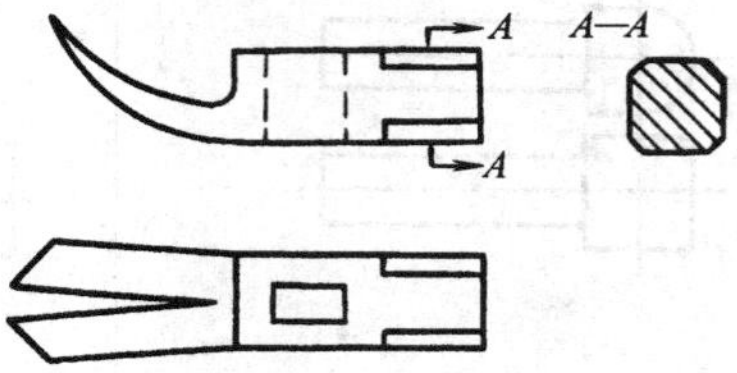

序　号	工 序 名 称	工　序　草　图	工　具　名　称
0	坯　料		
1	冲　孔	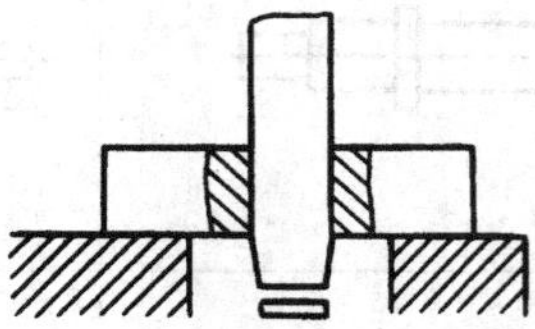	尖嘴钳、方冲子、漏盘
2	打八方	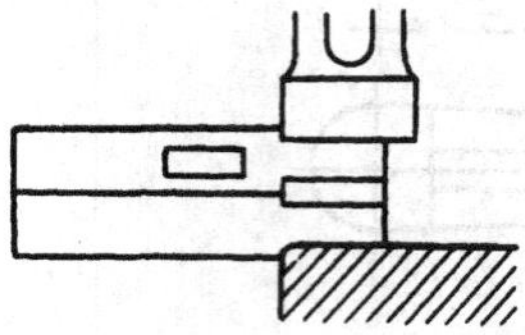	尖嘴钳、窄平锤

（续）

序　号	工序名称	工　序　草　图	工　具　名　称
3	错　移	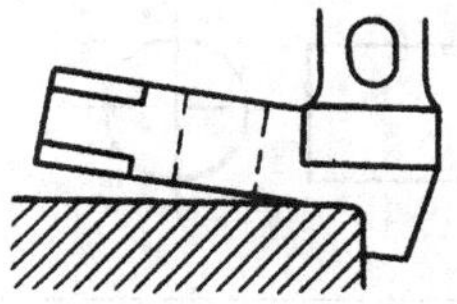	方口钳、窄平锤
4	延　伸	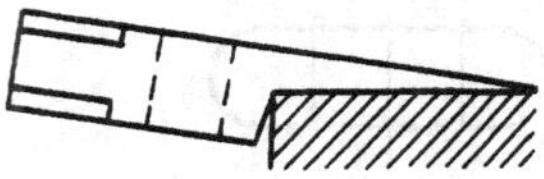	方口钳
5	切　割	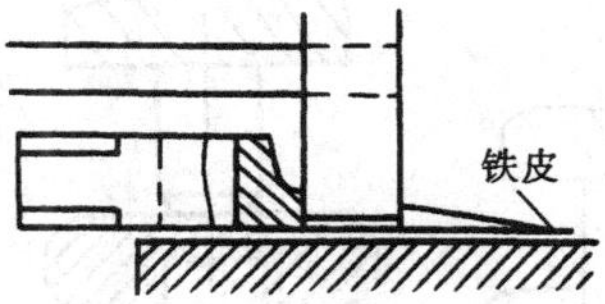	方口钳、錾子
6	弯　曲	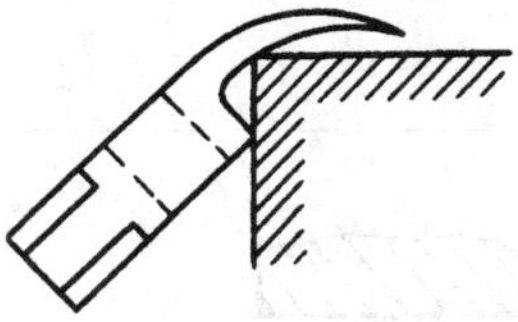	方口钳

表 5-3　齿轮毛坯的机器自由锻造过程

工艺类别	机　锻	材　料	45 钢
作业名称	齿轮毛坯	始锻温度	1150°C
锻机质量		终锻温度	800°C

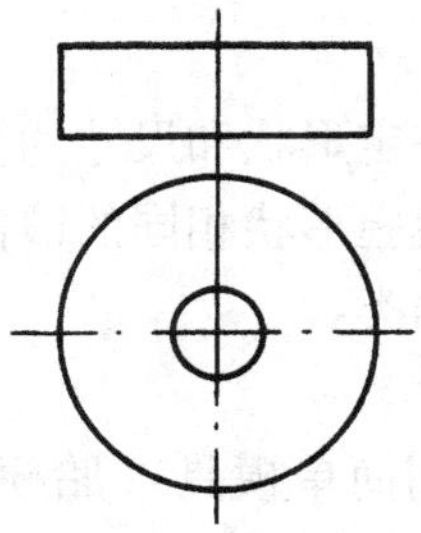

（续）

序号	工序名称	工序草图	工具名称
0	坯料	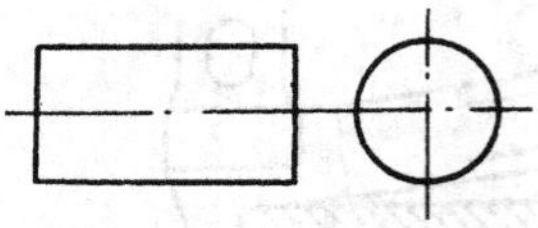	
1	镦粗	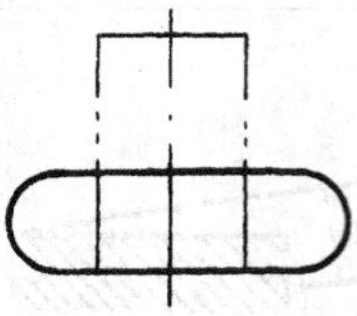	方口钳、圆口钳
2	冲孔	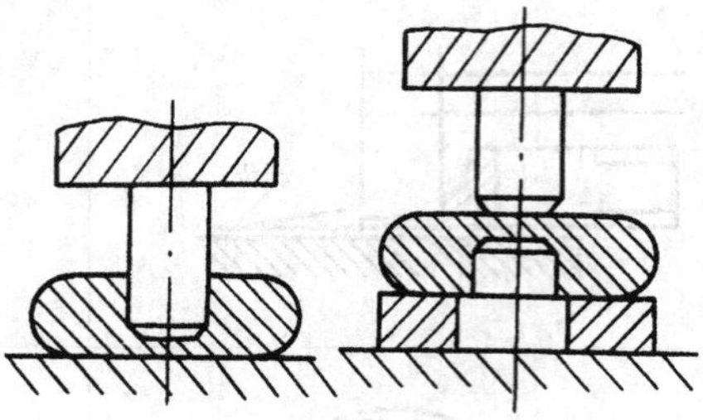	圆口钳、小圆口钳、冲子、垫环
3	修整	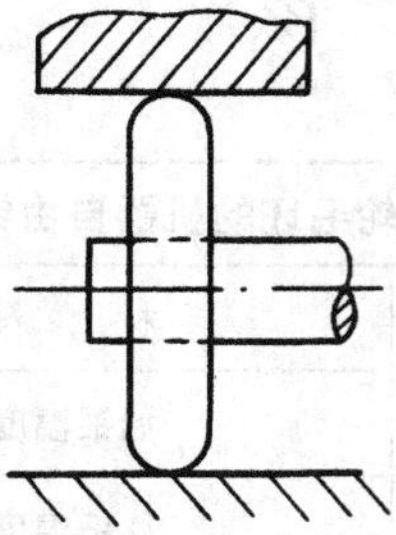	扁口钳、心棒（或冲子）、卡尺

二、模型锻造简介

模型锻造是将金属坯料放在具有一定形状和尺寸的模膛内，施加冲击力或压力，使坯料在模膛内产生塑性变形，从而获得与模膛形状相同的锻件。

模型锻造分胎模锻造和锤上模锻两类。

1. 胎模锻造

胎模锻造是在自由锻造的设备上用简单模具（胎模）生产锻件的一种锻造方法。锻造时，胎模不固定在锤头和砧座上，需要使用胎模时，可随时放在下砧铁上进行锻造。因此，可以认为胎模锻造是自由锻造向锤上模锻过渡的一种形式，在缺少锤上模锻设备的中小型工厂广泛使用。

胎模锻造与自由锻造相比，锻件精度高，机加工余量和余块少，生产效率高；但锻件精度低于锤上模锻，工人劳动强度大，胎模寿命短。

胎模按其结构不同分为四种类型，即摔模（图5-5）、扣模（图5-6）、套筒模（图5-7）和合模（图5-8）。

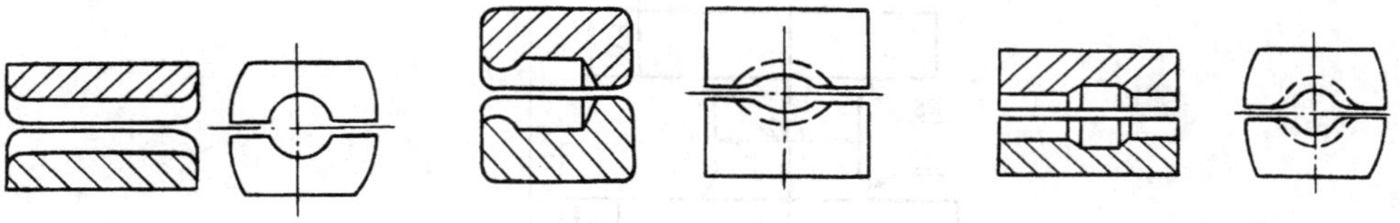

图5-5　摔子

a）普通摔子　b）成形摔子

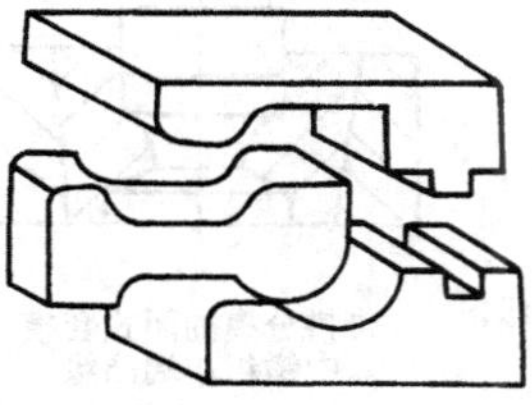

图5-6　扣模

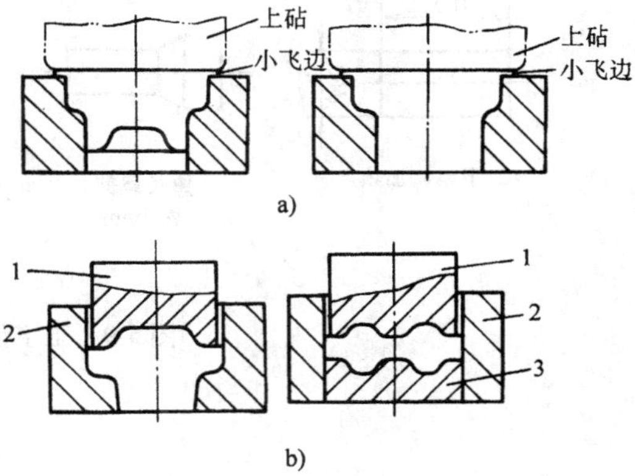

图5-7　套筒模

a）开式套模　b）闭式套模

1—上模垫　2—模套　3—下模垫

工字齿轮的胎模锻造过程，如图5-9所示。

2. 锤上模锻

锤上模锻造是在专门的锻造设备上用锻模生产锻件的一种方法。上、下锻模分别固定在锤头和砧座上，如图5-10所示。

锤上模锻与胎膜锻相比，锻件尺寸精度高、加工余量小、切削加工省时、生产效率高，可以锻造出形状更复杂的锻件，如图5-11所示。

锤上模锻要求使用吨位大而精确的设备，所用锻模是用贵重模具钢经复杂加工而成，故成本高。而且受模膛限制，只适于生产大批量的小型锻件（锻件重量在15kg以下）。

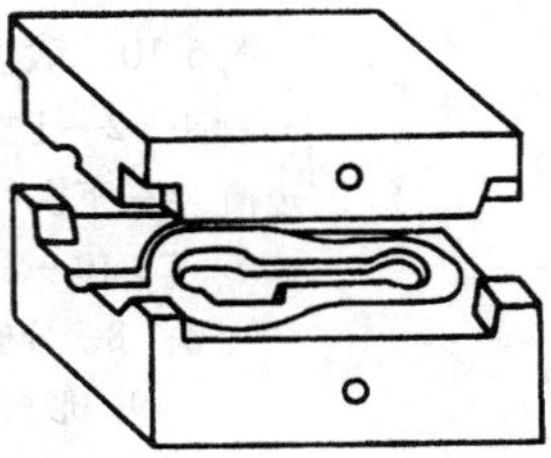

图5-8　合模

根据锻模结构形式不同，锻模分单膛锻模和多膛锻模。单膛锻模只有一个形槽，是在制坯基础上，完成模形锻件生产；多膛锻膜是指在一副锻模上开设几个形槽，坯料在几个形槽内依次变形，最后在终锻形槽中得到锻件的形状和尺寸。图 5-12 所示为弯曲连杆的多膛模锻过程，锻造时，坯料经拔长、滚压、弯曲三个制坯形槽变形后，已初步接近锻件的形状，然后再经过预锻和终锻形槽制成带飞边的锻件，最后在压力机上用切边模切除飞边，获得弯曲连杆的锻件。

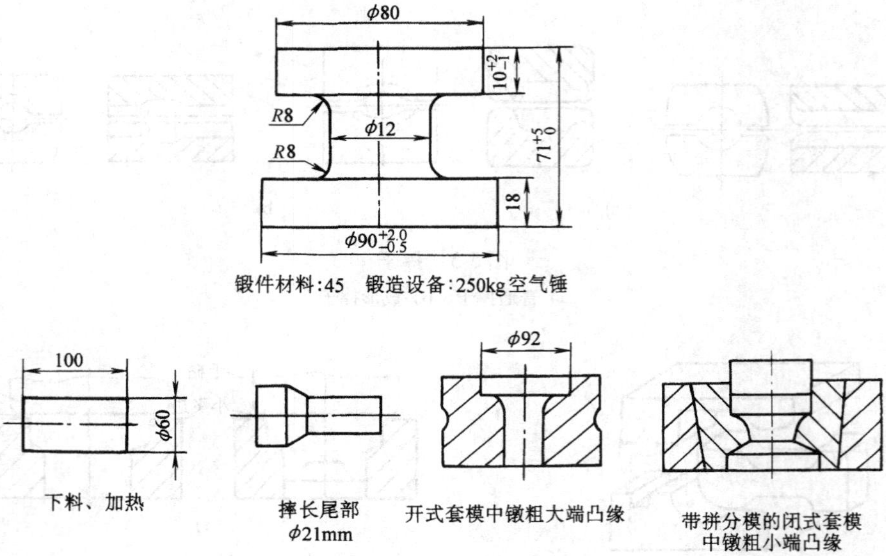

图 5-9　工字齿轮胎膜锻工艺

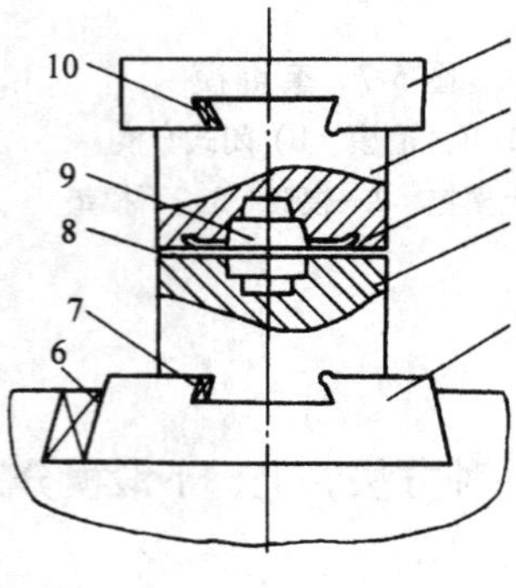

图 5-10　锻模结构

1—锤头　2—上模　3—飞边槽　4—下模　5—模垫　6、7、10—紧固楔铁　8—分模面　9—形槽

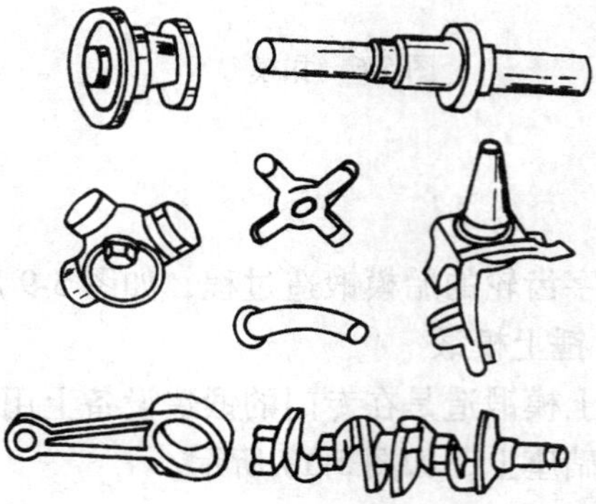

图 5-11　典型模锻件

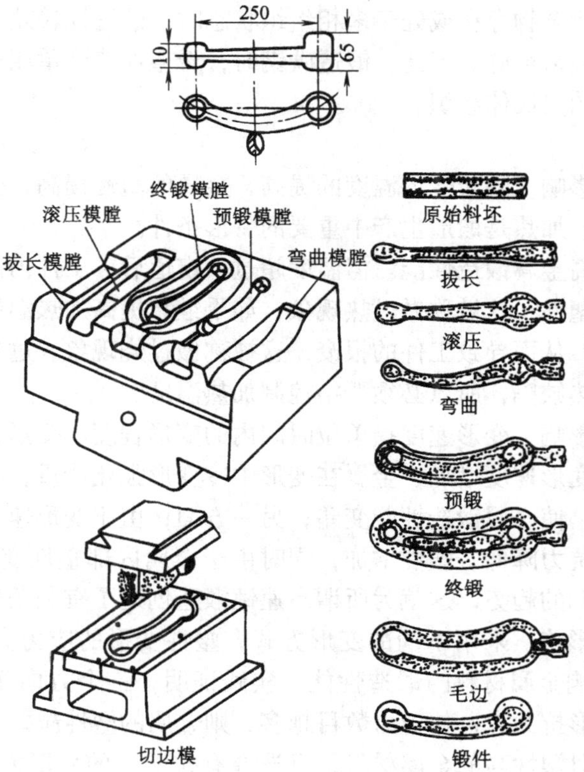

图 5-12　弯曲连杆的多膛模锻

在锤上模锻的基础上发展起来的精密锻造是一种提高锻件精度和减少表面粗糙度的先进工艺，可锻出精度高而不需切削加工直接使用的零件。

第二节　锻造基本知识

一、影响金属锻造性能的因素

金属锻造性能是材料在利用锻压加工方法时的难易程度，常用金属的塑性和变形抗力两个指标综合衡量。塑性高，变形抗力小，表明金属的锻造性能好。影响金属锻造性能的因素，主要有金属材料的性质和加工条件两个方面。

1. 金属材料的性质

（1）化学成分的影响　不同化学成分的金属材料具有不同的锻造性能。一般情况下，纯金属具有良好的锻造性。加入合金元素组成合金材料后，锻造性变差，合金元素的种类越多，含量越高，锻造性能越差。因此，纯铁及低碳钢的锻造性能比高碳钢好；相同含碳量的非合金钢比合金钢的锻造性能好；低合金钢的锻造性能比高合金钢的好。

（2）组织结构的影响　合金材料的组织结构不同，其锻造性能也不一样。一般来说固溶体比化合物具有更好的锻造性。而当合金为单一固溶体组织（如奥氏体）时，具有良好的锻造性；当合金中有化合物存在或处于多相组织状态时，锻造性较差。另外，晶粒细小比晶粒粗大的组织结构的锻造性好。因此，锻造碳钢时，希望加热到单相奥氏体状态，并通过控制加热温度得到细小的奥氏体组织。

2. 加工条件

（1）变形温度的影响　随着变形温度的提高，金属的塑性提高，变形抗力减少，提高了金属的锻造性。因此，加热是锻造生产中重要的变形条件。

通过加热可以提高金属锻造性能。但温度超过一定值后，工件内部晶粒就会生长得过于粗大，反而降低了其塑性，这被称做过热现象；如果继续提高加热温度，就会使材料内部晶界表面严重氧化脱碳，从而导致工件的报废，这被称做过烧现象。过热和过烧是锻造加工过程中应避免出现的加热缺陷，所以必须严格控制加热温度。

（2）变形速度的影响　变形速度指单位时间内的变形程度。变形速度对金属锻造性能影响复杂，一方面由于变形速度增加，金属在变形中冷变形强化严重，在热变形中来不及完全消除这种冷变形强化，使金属锻造性能变差；另一方面，由于变形速度加大，形变产生的热量急剧上升，使变形抗力降低、塑性增加，同时由于金属内部塑性变形流突破一定速度后，其变形抗力有明显降低的趋势，这就为所谓高速锤锻造创造了有利条件。

（3）变形方式的影响　采用不同的变形方式，塑性变形的应力大小和应力状态（拉或压）将不同，从而影响金属材料的锻造性能。实践证明，三个方向压应力数目越多，则金属的塑性越好，但变形抗力大；拉应力数目越多，则金属的塑性越差，但变形抗力小。所以在选择变形方法时，对塑性高的金属材料，可选择有拉应力的变形方法，以减少变形抗力，节约能量；对塑性低的金属材料应尽可能选择三向压应力状态的变形，以防开裂。

二、锻造流线与锻造比

1. 锻造流线

工件在锻造变形过程中，其内部一些杂质也随之变形，当锻件沿轴向伸长时，这些杂质也随之伸长呈纤维状，形成所谓锻造流线，使得锻件具有明显的各向异性力学性能。所以，在制造机械零件时，必须考虑锻造流线的合理分布。图 5-13 所示是螺钉头和曲轴的锻造流线分布，其流线分布与零件工作时的正应力相一致，提高了零件的使用性能。

2. 锻造比

锻造比是指锻造工件变形前后的横截面或长度的比值，通常用符号 Y 表示，即

$$Y=\frac{A_0}{A}\quad 或\quad Y=\frac{L}{L_0}$$

式中　A_0、A——变形前、后横截面积；

L_0、L——变形前、后的长度。

锻造比表示了锻件的变形程度，对材料的组织和性能有很大影响，所以，对不同零件应选择不同的锻造比。若用钢材为坯料进行锻造时，因钢材在轧制过程中已经产生了流线，所以可不考虑锻造比。

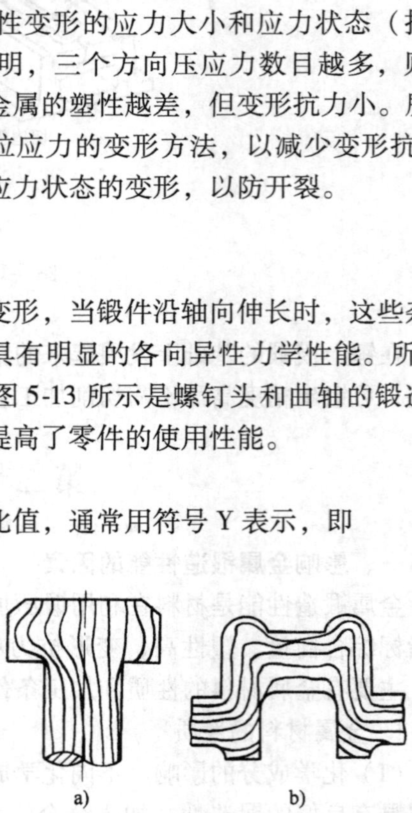

图 5-13　锻造流线的合理分布

a）螺钉头　b）曲轴

第三节　板料冲压与其他锻压方法

一、板料冲压

板料冲压是利用冲模使金属板料发生分离或变形的加工成形方法。冲压产品尺寸精确、表面光洁，因此，一般不需要进行机械加工而可直接使用。

冲压产品应用十分广泛，如汽车、飞机、农业、机械、钟表、电器、仪表和现代家庭用具等。

冲压常用设备有剪床和冲床两类。剪床的用途是把板料切成条料，为冲压准备毛坯料；而冲压加工的主要工作在冲床上进行。

1. 冲压基本工序

（1）分离工序　使坯料的一部分与另一部分相互分离的工序称为分离工序，包括剪切和冲裁。剪切是使坯料沿不封闭轮廓分离，冲裁是使坯料沿封闭轮廓分离。冲裁包括落料（图5-14）和冲孔（图5-15）两工序。落料和冲孔的方法是相同的，只是用途不同。落料时被冲下的部分是工件，周边是废料；冲孔时被冲下的部分是废料，而周边是所需的孔型。即冲孔要孔，落料要料。

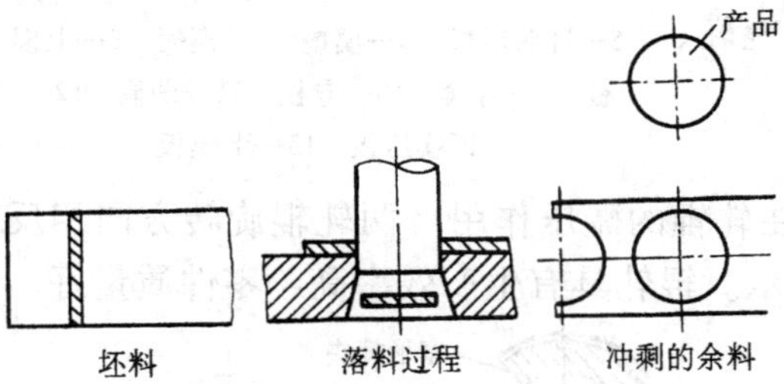

图5-14　落料

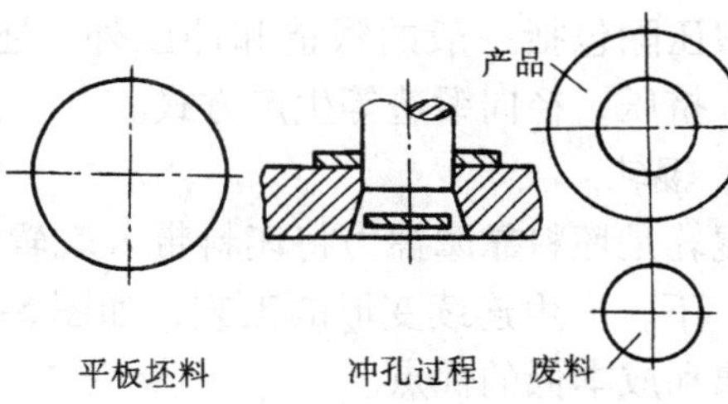

图5-15　冲孔

（2）变形工序　使坯料的一部分相对另一部分产生位移而不分离的工序称为变形工序。弯曲、拉深、成形、翻边、胀形、缩口等都是变形工序，其中弯曲和拉深是最常用的变形工序之一。

弯曲是利用弯曲模使工件弯曲，如图5-16所示。弯曲模上使工件弯曲的部分要做出圆角，否则会划伤或撕裂工件。

拉深是将板料制成杯形或盒形工件的过程，如图5-17所示。拉深模的冲头和凹模边缘上没有刃口，而是光滑的圆角，因此仅使板料变形而不会使之分离。此外，冲头和凹模之间有比板料厚度稍大的间隙，以备拉深时板料从中通过。

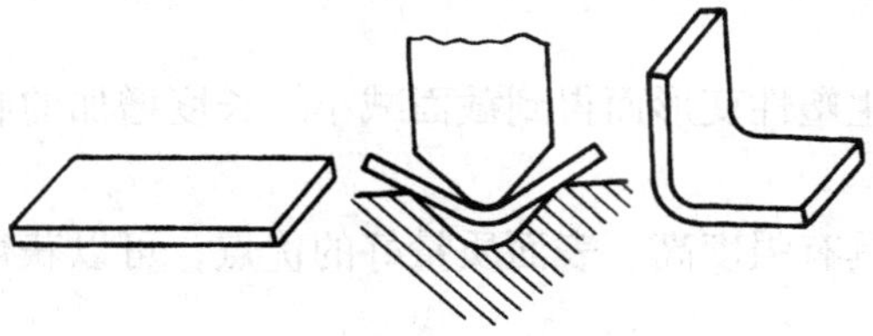

图5-16　弯曲

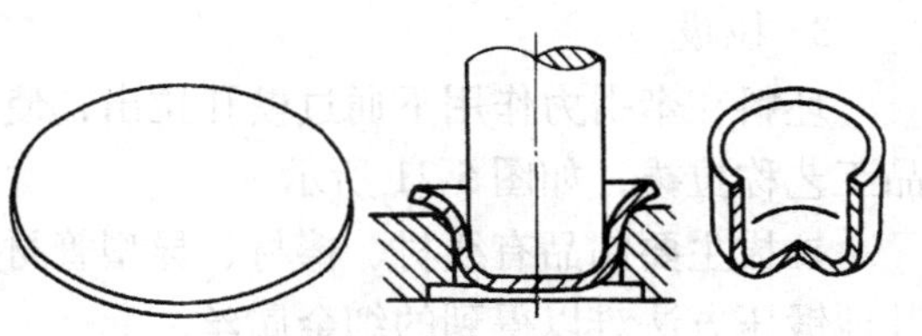

图5-17　拉深

2. 冲模

冲模是使板料分离或变形的工具。典型冲模构造，如图 5-18 所示。冲模分为上模和下模两部分，上模用模柄固定在冲床的滑块上，下模用螺钉紧固在工作台上。

冲模按其作用可分为以下部分：

1）模架。模架由上、下模板组成。上模板用以固定冲头，下模板用以固定凹模和送料，卸料构件。上、下模板上分别固定有导套和导柱，用以将上、下模对准。

2）工作零件。冲头和凹模是冲模的工作部分，冲头通过冲头压板固定在上模板上，凹模通过凹模压板固定于下模板。

3）导板与定位零件。导板用以控制坯料送进方向，定位零件用来控制坯料送进的长度。

4）卸料板。卸料板是在冲压后使冲头从工件或坯料脱出的零件。

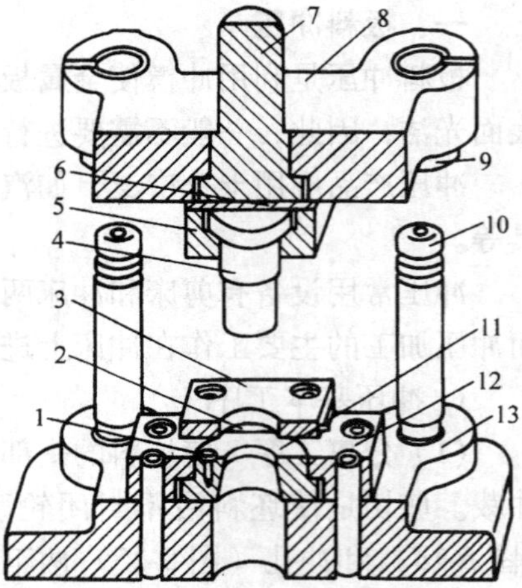

图 5-18 冲模

1—定位销 2—导板 3—卸料板 4—冲头 5—冲头压板 6—模垫 7—模柄 8—上模板 9—导套 10—导柱 11—凹模 12—凹模压板 13—下模板

二、其他锻压方法

锻压除包括一般的锻造和冲压外，还包括辊轧、拉拔、挤压、径向锻造等生产方式。

1. 辊轧

辊轧是坯料靠摩擦力将坯料带入轧辊的，在轧辊的碾压作用（两轧辊旋转方向相反或相同）下，产生连续变形的工艺，如图 5-19 所示。辊轧具有生产效率高、零件质量好、节约金属和成本低的优点。

2. 挤压

挤压是坯料在三向不均匀压应力作用下，从模具的孔口或缝隙挤出，使之横截面积减小，长度增加，成为所需制品的加工方法。

根据挤压时金属流动方向和凸模运动方向的关系，分正挤压、反挤压、复合挤压、径向挤压等，如图 5-20 所示。

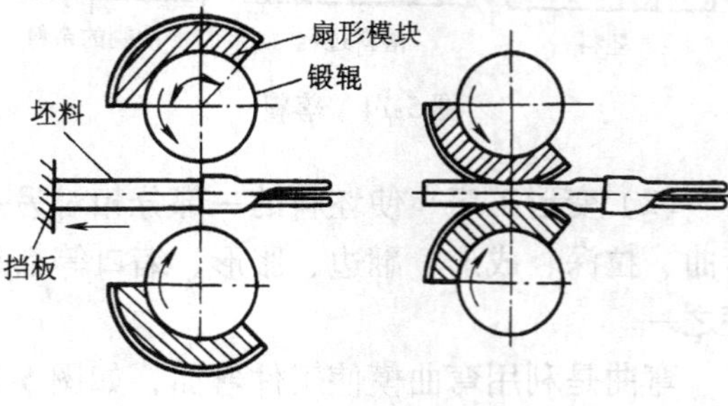

图 5-19 辊轧

挤压具有生产效率高、节约金属、零件力学性能好、表面精度和尺寸精度高的优点，主要适用于各种截面形状的中小型实心件或空心工件的成形加工。

3. 拉拔

坯料在牵引力作用下通过模孔拉出，使之产生塑性变形而得到截面减小、长度增加的制品工艺称拉拔，如图 5-21 所示。

拉拔主要制品有线材、棒材、异型管材等，具有强度高、表面质量好的优点，可以获得其他锻压方法难以得到的细金属丝。

4. 径向锻造

径向锻造是对轴向旋转送进的棒料或管料施加脉冲打击力，锻成沿轴向具有不同截面制品的工艺方法。

径向锻造可锻造圆形、方形、多边形的台阶轴和内孔复杂或内孔直径很小而长度较长的空心轴。其主要优点是提高金属塑性，变形均匀。图5-22所示为径向锻造。

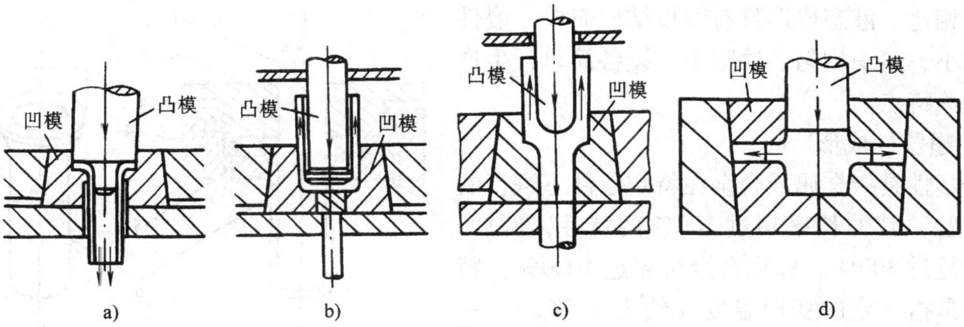

图5-20　不同挤压方式

a）正挤压　b）反挤压　c）复合挤压　d）径向挤压

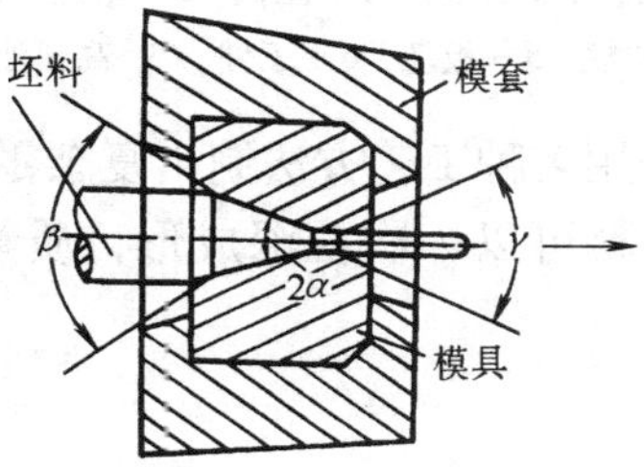

图5-21　拉拔

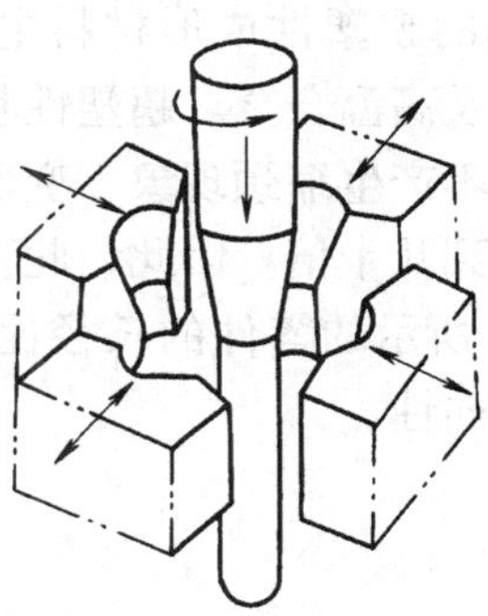

图5-22　径向锻造

三、金属压力加工新技术简介

随着工业的不断发展，对锻压加工提出了越来越高的要求，出现了许多先进的锻压工艺方法。这些新工艺主要特点在于可获得具有很高尺寸精度和表面质量的锻压件，它们无需切削加工或略做光整加工即可使用；提高锻压件力学性能；节省金属材料，降低生产成本；改善劳动条件，大大提高生产率并能满足一些特殊工作要求。

1. 高速锤成形

高速锤成形是利用14MPa的高压气体的短时间突然膨胀，推动锤头和框架系统作高速相对运动而产生悬空打击，使金属坯料在高速冲击下成形。

高速锤成形的主要特点是成形速度高，工艺性能好，可以加工难加工材料，产品质量好，精度高，锻压件具有较高的力学性能。

2. 精密模锻

精密模锻是在普通的模锻设备上锻制形状复杂的高精度锻件的一种模锻工艺。其工艺特点，是需精确计算原始坯料尺寸，严格按坯料质量下料，并在锻前仔细清理坯料表面，采用少、无氧化加热并严格控制锻造温度和锻模温度，利用高精度的锻模保证锻件精度。

3. 液态成形

液态成形是一种介于压力铸造和模锻之间的加工方法。它是将定量的金属直接浇入金属模内，然后在一定时间内，以一定压力作用于液态或半液态金属上使之成形的方法。与一般模锻相比，液态成形具有节约材料、提高生产率、减少劳动强度等特点。而且液态模锻件外形准确，表面粗糙度值低，内在质量优良，其强度指标可以接近或达到模锻件的水平。与压力铸造相比，液态成形具有锻模结构简单，锻件晶粒细小、组织均匀、缺陷少，设备简单，生产成本低等特点。

4. 超塑性成形

超塑性是指金属或合金在特定条件下进行的拉伸实验，其伸长率超过 100% 的特性，例如，纯钛可超过 300%，锌铝合金可超过 1000%。特定条件是指一定的变形温度（约为 $0.5T_{熔}$）、一定的晶粒度（晶粒平均直径为 0.2 ~ 0.5μm），低的形变速率（$\xi = 1/100 \sim 1/10000\mathrm{s}^{-1}$）。

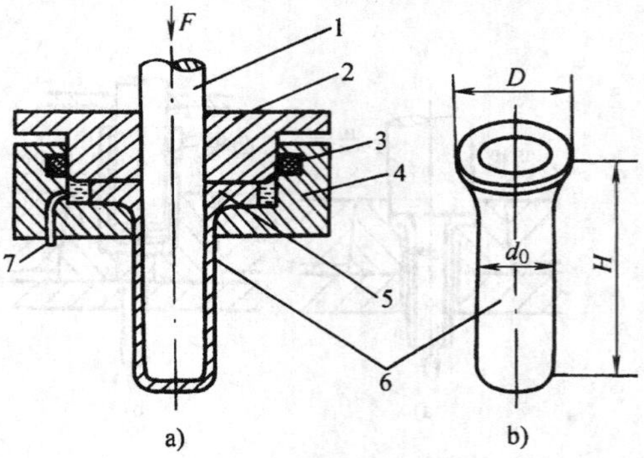

图 5-23　超塑性材料拉深成形

a）拉深过程　b）工件

1—冲头（凸模）　2—压板　3—电热元件

4—凹模　5—板坯　6—工件　7—高压油孔

目前常用的超塑性成形材料主要是锌-铝合金、铝基合金及高温合金。超塑性状态下的金属在变形过程中不产生缩颈现象，变形应力可比常态下降低几倍到几十倍。因此，此种金属极易成形，可采用多种工艺方法制出复杂零件。

如图 5-23 所示的零件的长径比较大。选用超塑性材料可以一次拉深成形，质量很好，零件性能无方向性。

思考与练习

1. 什么叫锻压？锻压生产特点如何？锻压分哪几类？

2. 解释下列名词：

锻造流线；锻造比；自由锻造；胎模锻造；锤上模锻；镦粗；拔长；落料、冲孔；拉深

3. 锻造加热的目的是什么？锻造加热温度过高，会产生什么现象？锻造加热温度过高对金属锻造性有什么影响？

4. 什么叫金属的锻压性？影响金属锻压性的因素有哪些？

5. 自由锻生产带端部法兰的轴类锻件，如图 5-24 所示。其中图 a 所示锻件端部法兰直径 D 较大而轴身长度 L 较短，图 b 所示锻件端部法兰直径 D 较小而轴身长度 L 较长。试分别提出两种锻造方案，并比较其合理性。

6. 单件生产如图 5-25 所示的盘类零件，所有表面均需机加工，毛坯为棒料，材料为 45 钢，试确定变形工序。

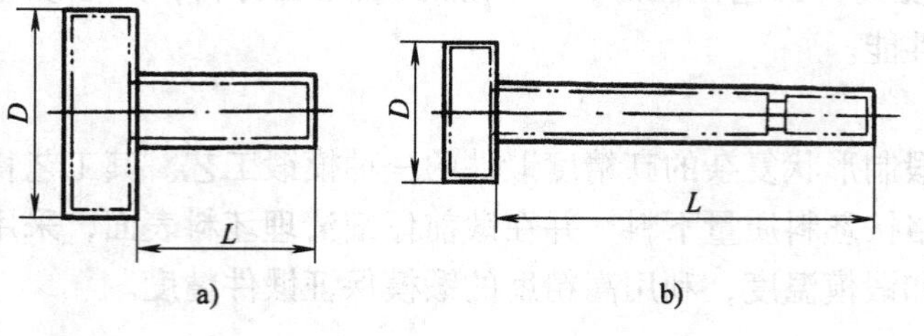

图 5-24　轴类锻件

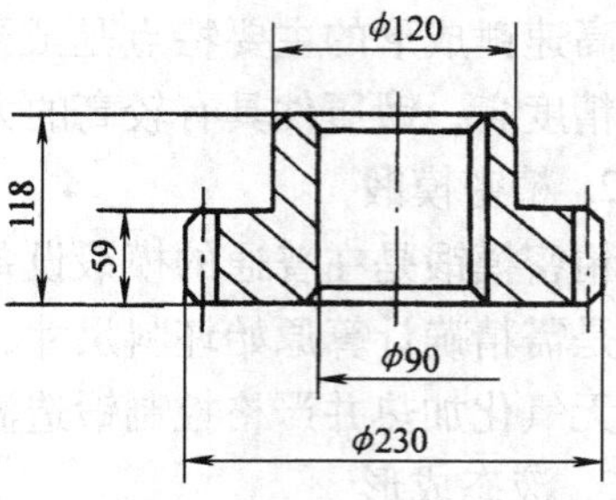

图 5-25　盘类（如齿轮）锻件

第六章　焊　　接

【本章要点】 焊接的特点、分类及各种焊接方法的应用。

工程上将工件间连接在一起的方法很多，有采用螺栓和螺母等零件构成的可拆卸联接，还有如铆、焊等方法形成的不可拆卸即永久性连接。焊接是指通过加热或加压，在工件间形成焊缝，并实现永久性连接的一种加工过程。

焊接成形方法的优点是可以减轻结构重量，节约金属。用焊接代替过去广泛应用的铆接，一般可节约金属15%～20%。在正常情况下，焊接处的综合力学性能并不低于被焊接金属的力学性能，而且可具有良好的密封性能。

采用铸—焊或锻—焊联合工艺生产大型零件，可以减轻铸、锻工作量，并降低成本。焊接还可以制造双金属结构。用焊接方法对不同材料零件进行连接和在普通材料上进行堆焊等，可满足不同需要的特殊性能要求，节约贵重金属材料。用焊接方法进行修理，可以恢复零件原有的外形、强度和密封性能，可简化维修工作并降低维修成本。

焊接在现代工程中应用很广，特别在零件成形和维修工作中起着重要作用。但目前焊接技术还存在一些问题，如影响质量的因素较多，焊后易产生变形和应力，焊接对原材料要求很严，对某些材料的焊接还有一定困难等。

随着焊接技术的不断发展，常用焊接方法已达数十种之多，大致可分为熔焊、压焊和钎焊三类。

1）熔焊是将被焊材料局部加热到熔化状态，不加压力，加填充金属而完成焊接的方法。

2）压焊是指对焊件施加压力，加热（或不加热），但都不需加填充金属而完成焊接的方法。

3）钎焊是指采用比母材熔点低的金属材料做钎料，将母材和钎料加热到高于钎料熔点、低于母材熔点的温度，当液态钎料进入母材接头实现填充时，钎料中的原子也扩散进入母材表面，待其冷却凝固后即实现钎焊联接。

第一节　焊条电弧焊

焊条电弧焊是以电弧热作为焊接热源的熔焊方法。焊条电弧焊的焊接过程如图6-1所示。焊前，将工件和焊钳分别与电焊机两极相连接，并用焊钳夹持焊条。焊接时，先在工件与电焊条之间引出电弧，随后工件和焊条被电弧熔化，并形成金属熔池。随电弧向前移动，熔化金属陆续冷却，凝固形成焊缝，从而将两工件连成整体。

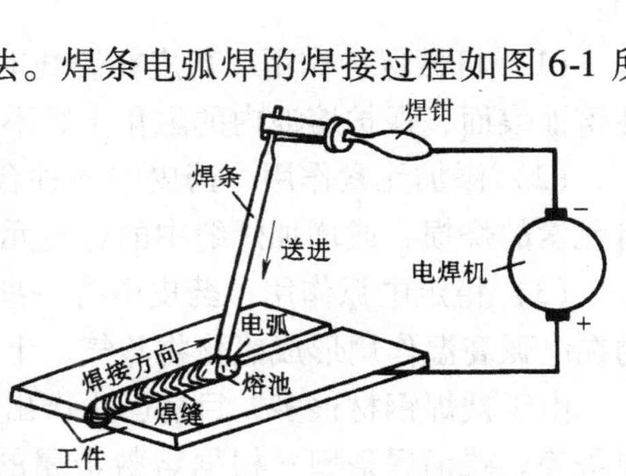

图6-1　焊条电弧焊过程

一、焊接电弧

空气中的气体都是由原子组成的，原子又是由原子核和电子组成。在一般情况下，原子核和电子电荷数相等，原子呈中性，因此空气是不导电的。当气体受热和外来电子撞击时，原子中的电子可能脱离原子核的作用，成为自由电子，而原子核则成为带正电核的离子，这种生成带电质点的过程称为电离。

电离后的气体具有导电的性质，在外电压的作用下，电子向阳极运动，正离子向阴极运动，这就是气体的电弧放电。

焊条电弧焊时，通过焊条与焊件的摩擦或敲击，造成电极短路。由于短路接触处流过大量的电流，使金属加热到很高温度而能发射电子（电子离开金属表面）。当焊条迅速从工件提起 2～4mm 时，电子在电压的作用下，以很高的速度通过焊条和焊件之间的空气间隙，撞击空气的原子而使空气电离，形成焊接电弧。

实践证明，电弧区域中各点温度不同。电弧中心的温度最高为 5000～8000K，阳极的温度约为 2600K，阴极的温度约为 2400K。所以使用直流电焊机焊接时就有正、反两种接线方法（交流电焊机无）。焊接低碳钢或厚大件时，常把焊件接电源的正极，焊条接负极，如图 6-2a 所示，这种接法称为正接法；反之，称为反接法，如图 6-2b 所示。反接法有时用于焊接非铁金属或薄钢板材料。

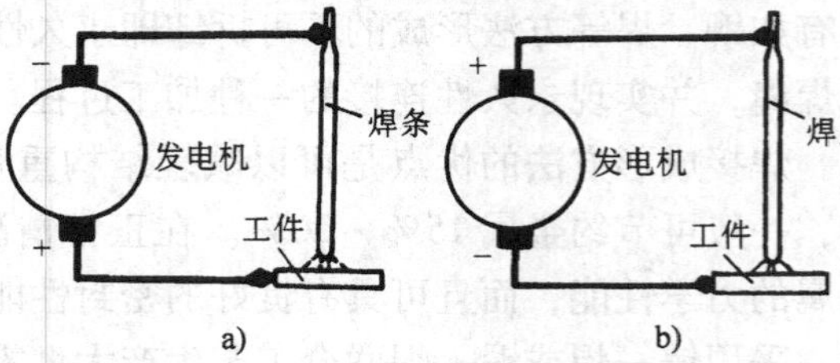

图 6-2　直流电焊机的两种接线方法
a）正接法　b）反接法

二、焊条

焊条是焊条电弧焊所用的焊接材料，由焊丝和药皮两部分组成。

1. 焊丝

焊丝是形成焊缝金属的主要材料，在焊接时，还兼做导电的电极。因为焊丝的化学成分和杂质的多少直接影响焊缝的质量，必须严格控制其化学成分。如碳的质量分数影响焊缝的塑性与强度，当碳的质量分数高时，焊缝强度增大但塑性降低；碳与氧的化学作用生成 CO 气体，使焊缝容易产生气孔和增加焊接过程中的飞溅。所以，焊丝中碳的质量分数一般限制在 0.2% 以下。锰是有益元素，可以脱氧、去硫和提高焊缝的力学性能。但是锰元素有促使晶粒长大的倾向，所以低碳钢焊丝中锰的质量分数控制在 0.4%～0.6%。硫和磷都是有害元素，焊丝里硫和磷的质量分数要比一般钢材控制得更严格，均不超过 0.03%。

2. 焊条药皮

焊条药皮由不同原料组成，在整个焊接过程中起着极为重要的作用，主要有以下几个方面：

（1）机械保护作用　药皮在燃烧时会释放出气体笼罩在焊缝周围，同时还形成焊渣浮在熔池表面，保护熔池内的融化金属不致氧化。

（2）添加元素作用　药皮中各种合金元素，在焊接时过渡到熔池，补充焊接过程中原有元素的烧损，或增加焊缝中的合金元素，使焊缝的性能提高。

（3）稳定电弧作用　药皮中有一些容易电离的物质（如碳酸钾 K_2CO_3 等），这些化合物在电弧高温作用形成氧化物蒸气，十分容易电离并能保持电弧稳定、持久地燃烧。

由于被焊钢材很多，目前已生产出多种型号的焊条，如结构钢焊条、合金钢焊条及堆焊焊条等。碳钢焊条型号根据熔敷金属的抗拉强度、药皮的类型、焊接位置和电流的种类划分，并用字母“E”表示焊条。

例如，E 43 0 3

- 钛钙型药皮，直流反接或交流（3）
- 适用于全位置焊接（0）
- 熔敷金属 σ_{bmin} = 430MPa（43）
- 焊条（E）

焊条牌号的选择一般以焊缝与母材等强度为原则。母材的焊接性差、结构复杂、刚度大者宜选低氢焊条；否则，选焊接工艺性能好的、价格相对便宜的酸性焊条。

三、焊条电弧焊基本工艺

焊条电弧焊的基本工艺包括接头类型、坡口形式、焊接位置、焊接参数以及焊后工艺措施等。

1. 焊接接头和坡口

根据焊件的使用条件和厚度不同，焊接接头的形式有卷边接、对接、搭接、丁字接和角接等。

卷边接适用于2mm 以下板材，如图 6-3 所示。卷边的高度为板厚的 2 倍，焊接时不用焊条作填充金属，而靠熔化边缘金属形成焊缝。

对接是常用的一种接头形式。当工件厚度小于 6mm 时，不必开坡口。工件厚度大于6mm 时，为了保证焊透，工件间留 1～2mm 的间隙，如图 6-4 所示；工件厚度小于 4mm 时，只在一面施焊；厚度在 5～6mm 时，应在两面施焊。

图 6-3 卷边接

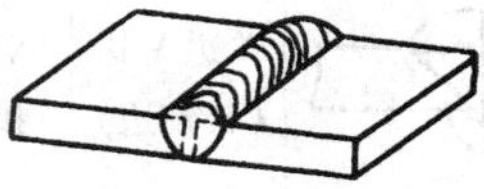

图 6-4 对接

工件厚度大于 6mm 时，为了保证焊透，常采用不同形式的坡口。坡口是在焊件的待焊部位加工出一定几何形状的沟槽。常见坡口形式见表 6-1。

表 6-1 常见坡口形式

序号	简图	坡口形式	接头形式	焊缝形式
1		I 形	对接接头	对接焊缝
2		I 形	对接接头	对接焊缝
3	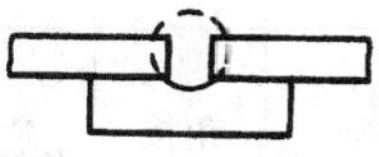	I 形（有间隙带垫板）	对接接头	对接焊缝
4		I 形	对接接头	对接焊缝（双面焊）
5		V 形（钝边）	对接接头	对接焊缝
6		V 形（带垫板）	对接接头	对接焊缝
7		V 形（带钝边）	对接接头	对接焊缝（有根部焊道）
8		X 形（带钝边）	对接接头	对接焊缝
9		V 形（带钝边）	对接接头	对接焊缝和角焊缝

（续）

序号	简　　图	坡口形式	接头形式	焊缝形式	序号	简　　图	坡口形式	接头形式	焊缝形式
10	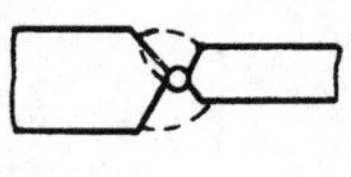	X形（带钝边）	对接接头	对接焊缝	21		单边V型	T形接头	对接焊缝
11	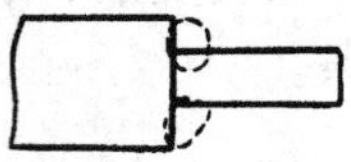	I形	对接接头	角焊缝	22	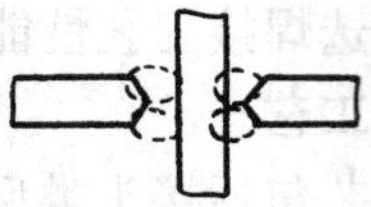	K形	十字接头	对接焊缝
12		单边V形（带钝边）	对接接头	对接焊缝	23	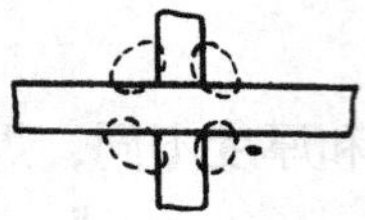	I	十字接头	角焊缝
13		单边V形（带钝边、厚板削薄）	对接接头	对接焊缝	24	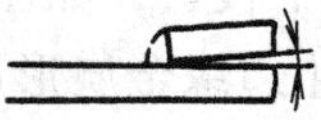	I形	搭接接头	角焊缝
14		单边V形（带钝边）	对接接头	对接和角接的组合焊缝	25		—	塞焊搭接接头	塞焊缝
15	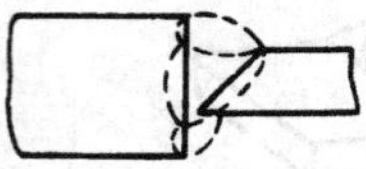	单边V边（带钝边）	对接接头	对接和角接的组合焊缝	26	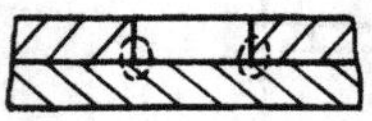	—	槽焊搭接接头	角焊缝
16		单边V形	T形接头	对接焊缝	27		单边V型（带钝边）	角接头	对接焊缝
17		I形	T形接头	角焊缝	28	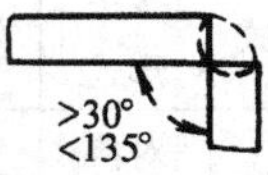	—	角接接头	角焊缝
18	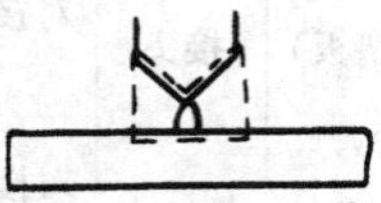	K形	T形接头	对接焊缝	29	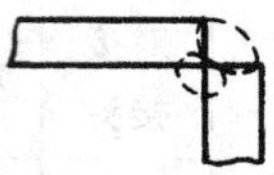	—	角接接头	角焊缝
19		K形	T形接头	对接和角接的组合焊缝	30	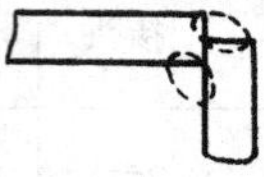	—	角接接头	角接焊缝
20	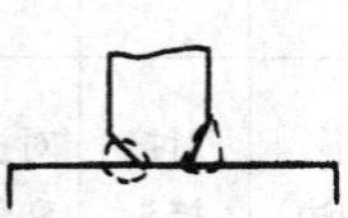	K形（带钝边）	T形接头	对接焊缝	31	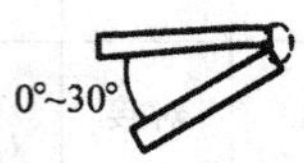	—	端接接头	端接焊缝

（续）

序号	简　图	坡口形式	接头形式	焊缝形式
32	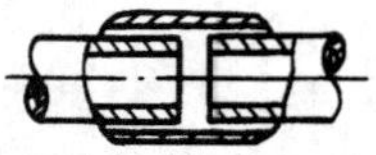	—	套管接头	角焊缝
33	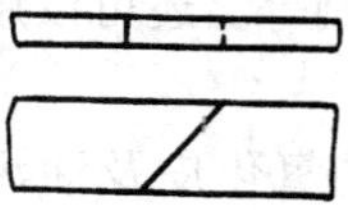	—	斜对接接头	对接焊缝
34		—	卷边接头	对接焊
35		U形（带钝边）	对接接头	对接焊缝
36	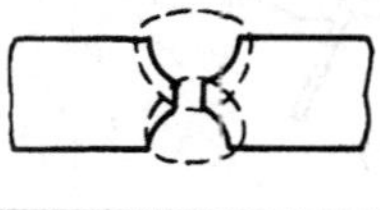	双U形（带钝边）	对接接头	对接焊缝
37	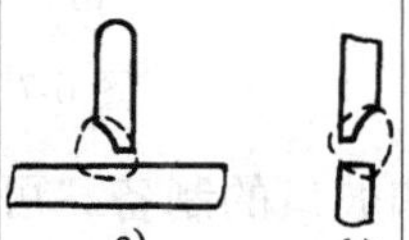 a)　b)	J形（带钝边）	T形接头 a)对接接头 b)	对接焊缝
38	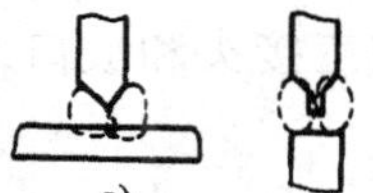 a)　b)	双J形	T形接头 a)对接接头 b)	对接焊缝
39			锁底接头	对接焊缝
40	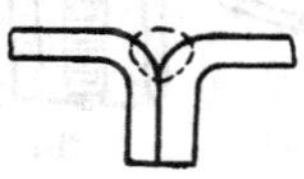	喇叭形		

搭接一般应用在厚度10～20mm的板料工件，如图6-5所示。搭接长度一般为板料厚度的3～5倍。和对接相比，搭接不必制备坡口，装配简单。但搭接工件表面不平整，需用较多焊条和钢板，自重增加，焊接时需翻转；又因为两工件不在同一平面上，受力情况也不如对接。

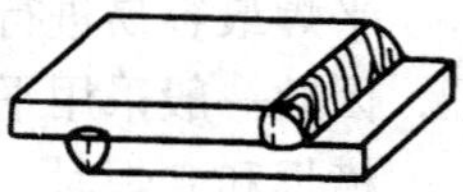

图6-5　搭接焊头

角接时一般都不开坡口。为了保证焊透，可使两工件搭上3～5mm，如图6-6b所示，以便形成自然坡口，利于施焊。如果装配方便，两工件还可以完全不接触并留1～2mm间隙，如图6-6c所示，以增加焊缝强度。

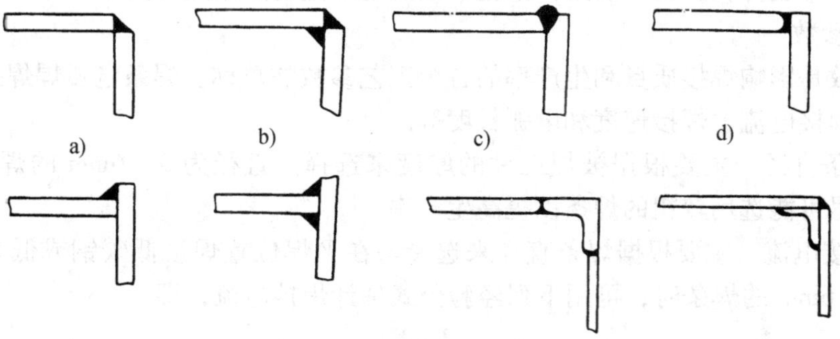

图6-6　常见的角接接头

丁字接头一般也不开坡口，为了保证焊透，仍需采用一面或两面斜边坡口，如图6-7所示。

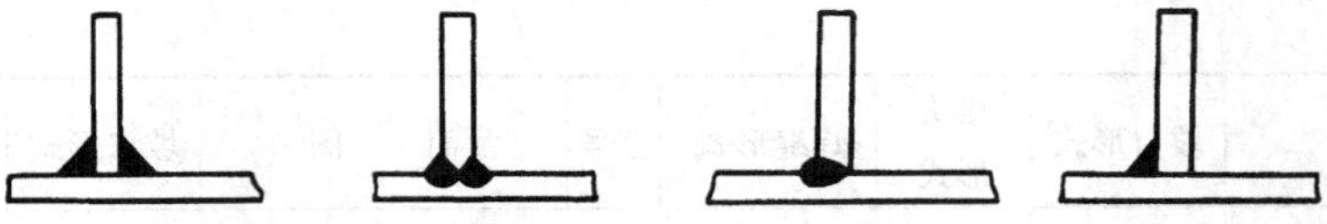

图 6-7 常见的丁字接头

至于焊接接头形式和坡口的制备，可根据其形状、尺寸和材料等选取不同的加工方法。例如，厚度不大的直线切口用普通的剪床，切线较长的低、中碳钢用气割等。还可以用刨床或刨边机加工出各种形式的坡口。

但不论用什么方法加工接头和坡口，必须在焊前仔细清除其表面的氧化皮及油污等杂质，以保证焊接质量。

2. 焊接位置

按照焊缝在空间的位置，焊接可分为平焊、横焊、立焊和仰焊四种，如图 6-8 所示。

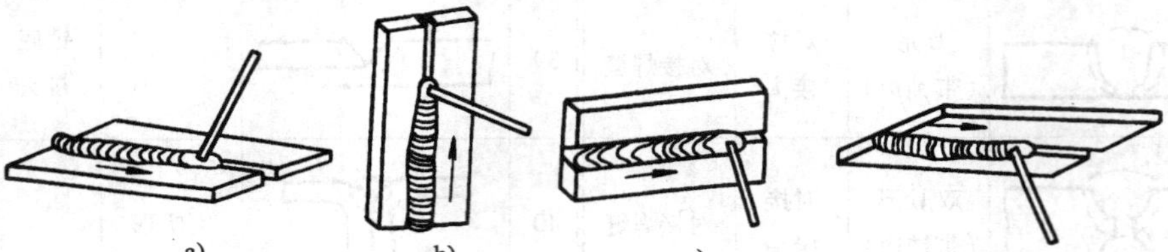

图 6-8 焊缝的空间位置

a）平焊 b）横焊 c）立焊 d）仰焊

平焊最容易进行，可用较粗焊条和较大电流施焊，生产效率高，而且焊接质量容易保证，因此一般采用平焊。

横焊和立焊时，由于液体金属有下坠趋势，所以应采用直径小于 4mm 的焊条，比平焊小 10% ~15% 的电流，并用短弧施焊。

仰焊最难操作，因融化金属受重力作用容易滴下，焊接时要用小直径焊条，较平焊小 15% ~20% 的电流和短弧来施焊。仰焊时焊渣难以浮出，质量不易保证，所以要求更高的操作技术，生产率也低，焊工劳动条件最差，因此应尽量避免采用仰焊。

3. 焊接参数

焊接参数是影响焊接质量和生产率的各个工艺参数的总称。焊条电弧焊焊接工艺参数有焊条直径、焊接电流、焊接速度和电弧长度等。

（1）焊条直径 主要根据被焊工件的厚度来选择。直径为 3 ~6mm 的焊条应用最广。平焊时，应尽可能选用较粗的焊条以提高生产率。

（2）焊接电流 主要根据焊条直径来选择。在平焊位置焊接低碳钢或低合金钢，并采用直径为 3 ~6mm 的焊条时，可用下列经验公式估计焊接电流，即

$$I = Kd$$

式中 I——焊接电流（A）；

d——焊条直径（mm）；

K——经验系数，常取 30 ~50A/mm。

当焊工技术高，工件简单焊接时，宜选大值，可以相应提高生产效率。相反，应该取小值。

（3）焊接速度与电弧长度　一般由焊工根据焊缝尺寸要求和焊条特性自行掌握，不做预先规定。通常情况下焊接速度小于10m/h，工件越薄，焊接速度应该越快。

需要指出，正确的焊接参数不是取决于某一工艺参数的选择，而是取决于多个参数的配合。例如，即使根据工件厚度已选择了很合适直径的焊条，但若焊接电流配合不当，仍不能得到高质量的焊件。

4. 焊后工艺措施

焊后的热处理是提高焊接接头质量的重要方法之一。它能消除焊接残余内应力，改善焊缝和热影响区的组织，提高焊接接头的性能。

碳当量较高的材料，在焊接冷却过程中，易出现淬硬组织，塑性和韧性很低，在使用过程中容易产生裂纹。为此，对这类材料的焊件应进行高温回火，以消除焊接应力，降低焊接接头硬度，提高其塑性和韧度。对于一般低碳钢焊接件，为消除应力并确保一定强度，可进行正火处理。无强度要求的，只进行消除应力的退火处理。对受力不大的焊件，焊后不进行热处理。

对于焊后残余变形严重的焊接件必须予以矫正。矫正焊接变形的基本方法是使焊接结构产生新的变形，以抵消焊接变形。方法是用压力机进行机械矫正或用火焰局部加热进行火焰矫正，也可综合这两种办法进行联合矫正，使焊件满足使用要求。

第二节　熔焊基本知识

一、焊接接头组织与性能

熔焊时，利用局部加热方法将焊接处加热到熔化状态，使焊接处互相融合、冷却形成接头。若采用不同的热源，则可形成不同的焊接方法，包括焊条电弧焊、电子束焊、激光焊、太阳能焊等。无论使用哪一种方法，都包含加热、化学冶金反应、结晶和相变，这三个互相交错且彼此联系的过程。焊接时，热源相对移动，焊件上各点最高加热温度及达到最高加热温度的时间不同，即相当于经受不同规范的热处理，从而引起近焊缝区组织和性能的不同。

焊接接头包括焊缝金属、熔合区和热影响区。图6-9描述了低碳钢焊接接头温度分布和各区域的划分。

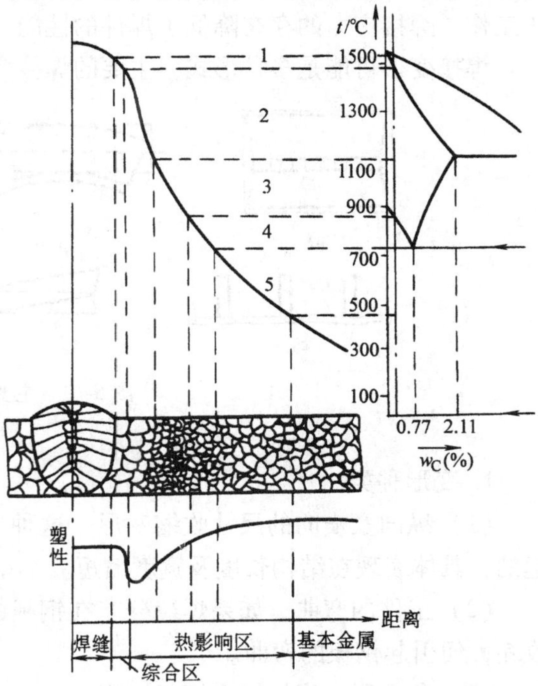

图6-9　低碳钢焊接接头温度分布和各区划分

1. 焊缝金属

焊缝金属主要是由焊条金属熔化后结晶而成，晶粒为柱状结构。但是，因焊缝冷却速度较快，析出的晶粒比较细小；又由于焊条药皮有添加合金元素的作用，所以焊缝金属的性能并不低于基体金属。

2. 热影响区

焊缝两侧因焊接热作用而发生组织和性能变化的区域叫热影响区。根据热影响区组织与性能的变化不同，分五个区域，如图 6-9 所示，有熔合区、过热区、细晶区、部分细晶区、再结晶区等，其中以熔合区和过热区对组织和性能影响最大。熔合区是焊缝与基体金属的交界区，焊接过程中金属只局部熔化，并且有粗大晶粒，这一区域虽然较窄，但它很大程度上决定着焊接接头的性能。过热区紧靠熔合区，由于加热温度很高，晶粒严重长大，因而其冲击韧度和塑性较低，特别是对于容易淬火硬化的钢，该区的危险性更大。在其他三个区域内，虽然组织性能的变化不像上两区严重，但仍在不同程度地影响接头的性能。因此，在焊接过程中应尽可能减少热影响区的范围。

热影响区的大小和组织性能变化程度，与焊接方法、焊接规范和焊后冷却速度等因素有关。焊条电弧焊的电弧热量比气焊的热量高而且集中，所以热影响区较小，但与埋弧焊相比，其热影响区仍然较宽。同一种焊接方法使用不同规范时，热影响区大小也不同。一般说，在质量允许的情况下，增加焊接速度就能减小热影响区。

由于在焊接过程中不可避免地会出现热影响区，对于一般低碳钢结构，热影响区的危害性很小，可以不必考虑。但对某些材料和重要结构，要用焊后热处理的办法消除。对焊后不能进行热处理的金属材料或构件，只能在焊接方法与焊接工艺上设法减少热影响区的范围。

二、焊接变形和应力

焊接时，在焊缝冷却过程中，焊缝区的熔化金属由液体变成固体，这样体积就要发生收缩；同时由于焊接是一种局部加热（仅仅是焊缝及其附近的金属被加热到高温），因此在冷却收缩时局部有收缩变形，就形成焊接变形和应力。

焊接变形降低了焊件的制作精度，变了形的焊接件常常需要增加一道劳动强度很大的矫正工作。焊接应力的存在降低了焊件的性能，也是造成焊接裂缝的原因之一。

焊接变形可能是多种形式，主要的焊接变形种类如图 6-10 所示。

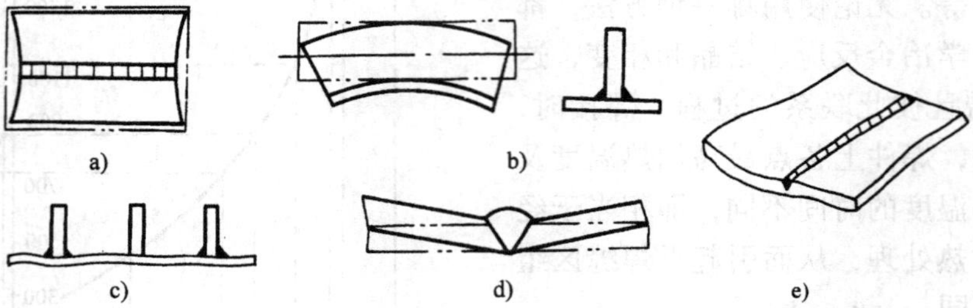

图 6-10　主要焊接变形种类

1. 变形种类

（1）纵向及横向的尺寸收缩变形　这种变形是由于焊缝及近焊缝区纵向和横向收缩引起的，具体表现在结构长度及宽度缩短。

（2）工件的弯曲　如果焊缝分布在钢板的一侧，则焊接后由于焊缝及近焊缝区的尺寸收缩，便引起钢板的弯曲。

（3）角变形　当焊缝在钢板厚度方向分布不匀或上、下焊缝不是同时焊接时，都会引起挠曲或角变形。

（4）波浪形变形　焊接薄板一类焊接结构时，由于焊缝纵向收缩，引起焊件失稳。

焊接变形和应力是在焊接过程中产生的，但如果焊件结构设计合理和采用正确的焊接工艺，就可以大大减小焊接变形和应力。

2. 常用的防止焊接变形和应力的工艺方法

（1）反变形法　即焊前估计变形方向，焊接时在变形相反的方向施焊，用以抵消焊后的变形，如图 6-11 所示。

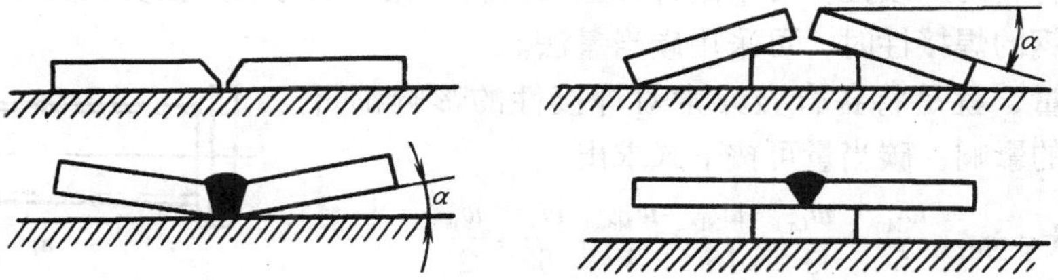

图 6-11　反变形法

（2）焊前固定法　即利用焊接夹具在焊接前固定在焊件上，以抵抗焊接时所产生的变形和应力。

（3）采用合理的焊接顺序和方向　图 6-12 中带盖板的双工字钢构件，应先焊盖板的对接焊缝 1，后焊盖板和工字钢之间的角焊缝 2，使对接焊缝 1 能自由收缩，从而减少应力。

在拼板时，应先焊错开的短焊缝，然后再焊直通长焊缝，也能减少应力，如图 6-13 所示。

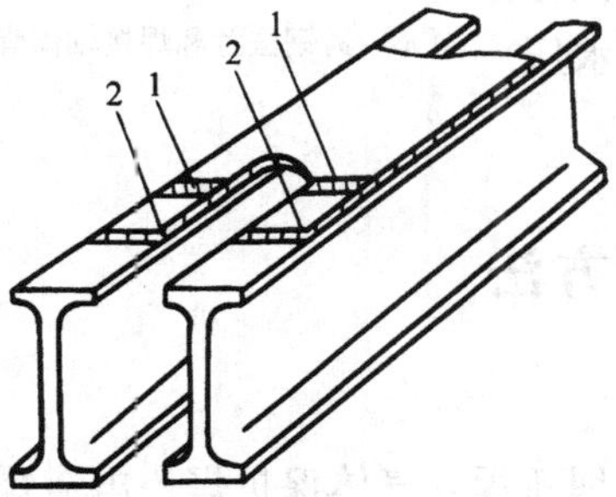

图 6-12　按收缩量大小确定焊接顺序

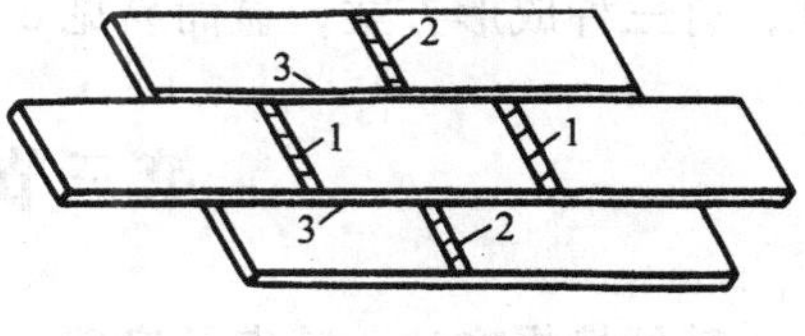

图 6-13　按焊缝布置确定焊接顺序

（4）锤击焊缝法　这种方法是在焊接过程中，用锤敲击焊缝金属，以舒展应力、减少变形。

焊接变形和应力是焊接成形中相互影响的两个方面。允许变形大，应力就小；允许变形小，应力就大。所以，完全避免焊接变形和应力是难以做到的，但合理的焊接结构和正确的焊接工艺，对于减少焊接变形和应力是可能的。

三、金属的焊接性

金属材料的焊接性指金属材料对焊接加工的适应性，表示金属材料在一定条件下，获得优良焊接接头的难易程度。它包括两方面的内容：一是金属材料的使用焊接性，指已焊成的焊接接头在使用中不易破坏的能力；二是金属材料的工艺焊接性，指焊接时容易形成牢固焊接接头的能力。

影响焊接性的原因是多方面的。以钢为例，生产实践证明，影响钢的焊接性的主要因素是碳，在非合金钢中，随碳的质量分数增多，其焊接性变差。又如，异种钢焊接，由于不同金属之间的物理、化学性能不同，常因膨胀、收缩不一致而使焊接接头产生较大的焊接应力，两种材料的焊接性能差别越大，焊接就越困难。

各种金属材料的焊接性，可根据各种金属材料的化学成分和焊接实验结果来评定。根据化学成分评定钢的焊接性时，可采用碳当量法。

所谓碳当量，就是将各合金元素对焊接性的影响都折合成相当于碳的影响，碳当量可按下式求出：

$$碳当量 = w_C + \frac{w_{Mn}}{5} + \frac{w_{Cr}}{3} + \frac{w_{Ni}}{15} + \frac{w_{Mo}}{4} + \frac{w_V}{5} + \frac{w_P}{2}$$

碳当量的数值不超过 0.45% 的钢，属于焊接性良好的钢。对于具有良好焊接性能的钢材可采取较简单焊接工艺，而对那些焊接性能较差的钢材必须采取严格的焊接工艺措施，才能达到预期的焊接效果。

四、焊接结构

焊接结构应体现焊接成形的特点，凡易于发扬焊接优点的结构，就可以考虑焊接成形，否则要慎重考虑。例如，对于具有一定生产批量而形状比较复杂的小型零件，采用铸造生产就要比用焊接方法加工更简单、更经济。

此外，焊接结构要善于与其他成形工艺相结合，充分发挥各种成形工艺的优点。如图 6-14 所示的某种大型水压机主轴，有三种成形方案，显而易见 c 方案最经济合理。

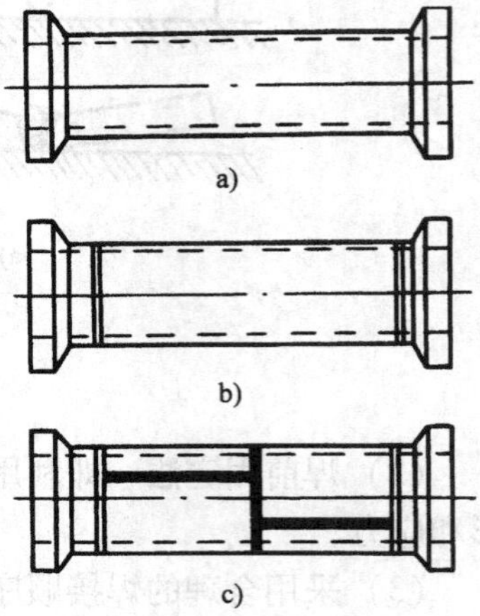

图 6-14　水压机主轴的几种成形方案

a）整锻　b）铸钢法兰和锻造轴筒焊成　c）铸钢法兰和焊接轴筒焊成

第三节　其他焊接方法

一、其他熔焊方法、特点及应用

除焊条电弧焊以外，目前广泛使用的焊接方法还有埋弧焊、气体保护焊、电渣焊等。焊接方法不同，其特点和应用也不同，见表 6-2。

表 6-2　焊条电弧焊及其他熔焊方法特点和应用

焊接方法	热　源	充电金属/电极	焊接区保护	焊接位置	主要焊接设备	焊接特点	应　用
气焊	氧-乙炔火焰（3200°C）	焊丝	焊剂	全	氧气瓶、乙炔瓶（乙炔发生器）、焊矩	加热温度低，热量分散，热影响区大，操作方便、设备简单价廉	薄钢焊，铸铁（补焊），防锈铝、黄铜焊接，野外操作，焊接厚度 0.5 ~2mm

（续）

焊接方法	热　　源	充电金属/电极	焊接区保护	焊接位置	主要焊接设备	焊接特点	应　　用
焊条电弧焊	自由电弧焊（6000～8000K）	焊芯	焊条药皮	全	交、直流焊机，焊钳	设备简单，操作方便，适用性广，生产率较低，劳动条件差	焊接厚度为3～20mm，超过6mm需开坡口；用于钢铁金属，镍基、铜基、铝基合金焊接
埋弧焊	自由电弧（6400K）	焊丝	焊剂（颗粒状）	平	焊接电源、自动送丝和控制系统、焊接小车、焊接机头	生产率比焊条电弧焊高，焊缝质量好，劳动条件好，只限于水平位置焊接，难焊氧化倾向强的合金	水平位置，长焊缝或大直径圆形工件环焊缝，焊接厚度6～60mm，用于碳钢，耐热钢，镍基、铜基合金焊接
气体保护电弧焊熔化极	自由电弧（6000K）	焊丝	CO_2 Ar	全	气瓶、焊接电源、送丝机构焊枪	成本低，生产率高，焊缝成形较差，氧化，产生飞溅，气孔倾向大，可进行全位置焊	焊接厚度大于1mm，多用于低碳、低合金焊接
气体保护电弧焊非熔化极	自由电弧（8000K）	焊丝/钨	Ar	全	氩气瓶、焊接电源（交、直流）、焊枪	保护好，且有“阴极雾化”作用去除金属表面氧化膜，焊接热影响区小，可进行全位置焊，氩气成本高，设备复杂	焊接铝、镁、钛及其合金，不锈钢。熔化极氩弧焊，用于中厚板焊接（厚度小于25mm）；非熔化极氩弧焊，用于0.5～4mm厚工件焊接

二、压焊

压焊的特点是在焊接过程中对焊接区施加一定压力，使被焊金属产生塑性变形，促使焊接接头形成。

1. 电阻焊

电阻焊是利用电流通过阻值较大的接缝和邻近区域时所产生热量进行加热，并对焊接区施加一定压力进行焊接的方法。常见电阻焊方法如图6-15所示。根据接头形式和焊接工艺过程的不同，电阻焊又可分搭接电阻焊和对接电阻焊两大类，其工艺过程及应用见表6-3。

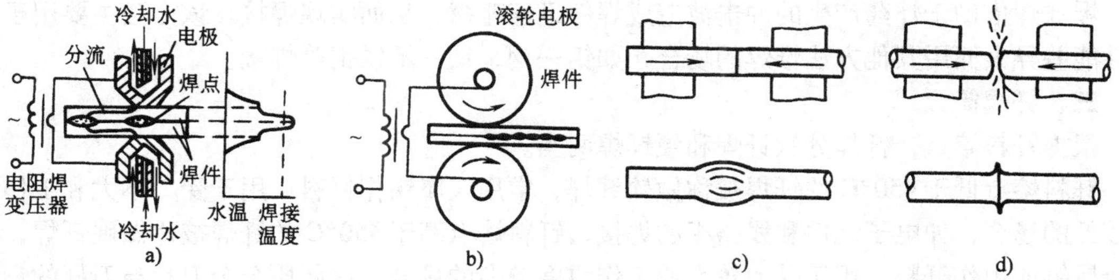

图6-15　常见电阻焊

a）点焊　b）缝焊　c）电阻对焊　d）闪光对焊

表 6-3　电阻焊工艺过程、特点及应用

分类		工艺过程	特点	应用
搭接	点焊	清理工件→装配后送入电极间→加压→通电加热→冷却结晶（断电或减小电流）→去除压力→取出焊体	内部热源，热量集中，加热时间短，焊接冶金过程简单，热影响区小，变形小，机械化自动化程度高，生产率高，操作简单。但焊接质量不稳定，设备复杂，短时间，大电流的功率对电网负荷不利，采用搭接接头，增加了产品质量，电极开闭性较差，应用受限，缺乏简单、可靠的无损检测方法	焊接厚度 0.5 ~ 8mm，无气密性要求的工件，大多数材料适于焊接
	缝焊（又称滚焊）	清理工件→装配后送入电极间→加压→通电加热→冷却结晶（断电或减小电流）→去除压力→取出焊体 类似于连续点焊		焊接厚度小于（3 +3）mm，有气密性要求的工件，如汽车油箱，大多数材料适于焊接
对焊	电阻对焊	清理，装配工件→加压，焊接面接触→通电、温度升高达一定值→加大压力，顶锻→断电，冷却结晶→去除压力→取出焊件	加热不均匀，热影响区宽，接头有很大突起，接头清理要求高，易产生夹渣，强度不如闪光对焊好	焊接断面不大而紧凑的零件，直径小于20mm，也可用于各种棒材、管材、板材焊接
	闪光对焊	装配工件→通电→加压→端面局部接触→接触点在高电流密度作用下迅速熔化，蒸发、爆破、产生飞溅，即“闪光”→工件→逐步进给，产生新触点，→……→焊口达到一定温度时顶锻→形成接头	接头清理不如电阻对焊要求高，但强度大，夹渣少，接头质量高，焊件形状，尺寸方面应用范围比摩擦焊广，接头有毛刺，需专门设备去除	大多数金属材料可焊，并适于异种金属焊接（如铝-铜）。焊接截面可达 1×10^5 mm²

2. 其他压焊方法

除电阻焊外，常见压焊方法还有摩擦焊、超声波焊、爆炸焊等。

摩擦焊利用焊件表面相互摩擦产生的热量，使焊接表面达到熔融状态，然后顶锻，完成焊接。它具有质量好、稳定、生产率高、易实现自动化，表面清理要求不严格等优点，特别适于异种材料焊接，但投资大，工件必须是一个回转体，不宜焊摩擦系数小或脆性材料。

超声波焊接是利用超声波的高频振荡能对焊接面进行加热和表面清理，并施加压力，完成焊接的工艺方法。由于焊接表面无变形、无热影响区，因此焊接质量好并且表面无需严格清理，适于厚度小于 0.5mm 的工件焊接，尤其适用于异种材料焊接。但功率小，应用受限。

爆炸焊借助于炸药产生的冲击波造成焊件迅速碰撞，从而实现焊接。该方法主要用于材料性能差异大而用其他方法难焊的场合，如铝—钢，钛—不锈钢等焊接。

三、钎焊简介

根据钎料熔点，钎焊分软钎焊和硬钎焊两类。

钎料熔点低于450°C 的钎焊被称做软钎焊，常用金属锡作钎料，用于受力不大和工作温度较低的场合，如电子元件和线路板的焊接；钎料熔点高于450°C 的钎焊被称做硬钎焊，常用金属铜或银作钎料，用于受力较大或工作温度较高的场合，如硬质合金刀片与刀杆的铜钎焊。

钎焊温度低，焊件变形小，但钎焊接头强度低，焊前准备工作要求高。

四、焊接生产的机械化和自动化

随着焊接技术的广泛应用，对焊接质量和生产率的要求也日益提高，这就促进了焊接技术的发展。目前，除了一些机械化专用机械和专业生产线外，很多发达国家均建成了带程序控制的自动焊接生产线，此外，电子计算机技术也用于焊接生产中的数据处理和程序流程。有些工业部门，如汽车制造、水下工程和核电站维修等，已采用了电子计算机控制的焊接机器人或遥控全位置焊接机。国内有关焊接机器人的研究工作也已进入了工程应用阶段。

思考与练习

1. 什么叫焊接？焊接生产特点如何？焊接分哪几类？
2. 解释下列名词：
   熔焊、压焊、焊条电弧焊、电阻焊、正接法、反接法、热影响区、坡口、碳当量
3. 叙述焊条电弧焊的工艺过程及其特点。
4. 焊条的作用是什么？
5. 在图 6-16 所示的两种焊接结构中，哪种较合理？
6. 图 6-17 所示焊件在交点 *A* 处发现了裂缝，分析产生的原因。焊件材料为 14MnMoV，板厚 20mm。

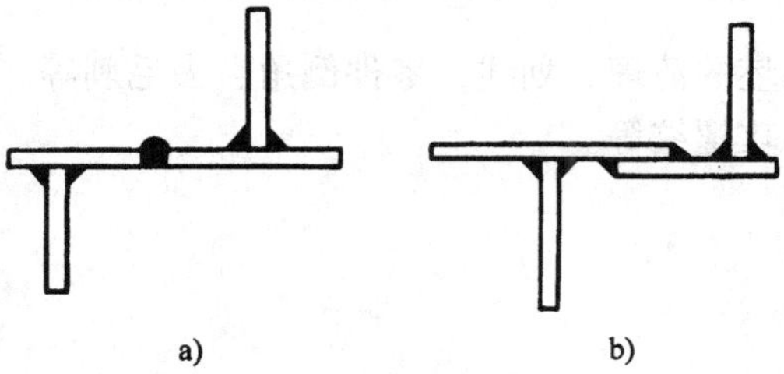

图 6-16　两种焊接结构

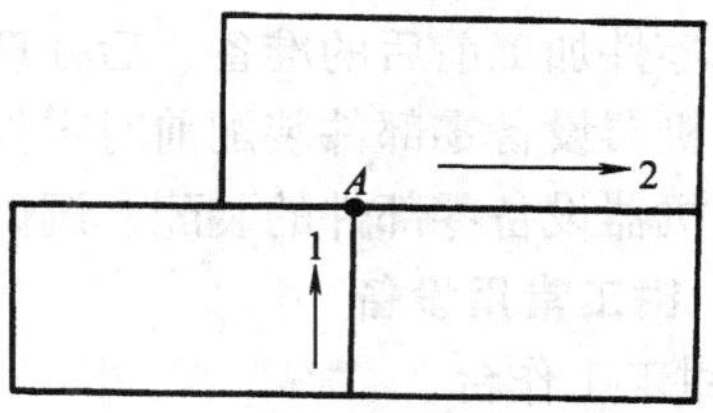

图 6-17　平板焊接方法

第七章　钳工基础知识

【本章要点】 钳工常用设备、钳工工作场地、划线、锯割、锉削、钻孔、攻螺纹及减速器装配等基本知识。

第一节　概　　述

一、钳工概述

钳工的主要目的是使用各种手动工具进行零件加工及完成机器装配、调试和维修等工作。钳工的基本操作主要有钻孔、扩孔、铰孔、锪孔、攻螺纹、划线、锯削、装配、调试、维修、铆接及测量等。根据钳工工作内容不同，可以分为工具钳工、装配钳工、机修钳工等。钳工主要应用于：

1）零件加工前后的准备、后处理工作，如毛坯的清理、划线，零件倒角、去毛刺等。

2）机器设备零部件装配前对零件进行钻孔、攻螺纹等。

3）机器设备零部件的装配、调试和维修等。

二、钳工常用设备

1. 钳工工作台

钳工工作台也称钳工桌，用于安装台虎钳、放置工具和工件等，如图 7-1 所示。钳工工作台的高度约为 800～900mm 或以台面上安装台虎钳恰好与人手肘靠齐为宜，其长度和宽度可随工作要求而定。

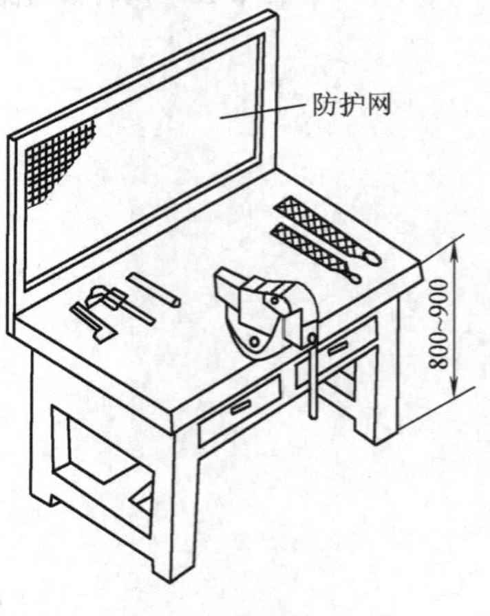

图 7-1　钳工工作台

2. 台虎钳

台虎钳是用来夹持工件的通用夹具，其规格是用钳口的宽度表示，常用的有 100mm、125mm 和 160mm 等几种。

台虎钳有固定式和回转子两种，两者的主要结构和工作原理基本相同，但回转式台虎钳应用较广。

（1）回转式台虎钳的主要构造和工作原理　如图 7-2 所示，活动钳身 1 通过其导轨与固定钳身 2 的导轨孔作滑动配合。丝杠 3 装在活动钳身上，可以旋转，但不能作轴向移动，并与安装在固定钳身内的螺母 4 配合。当摇动手柄 5 使丝杠旋转，就可带动活动钳身相对于固定钳身作进退移动，起夹紧或放松工件的作用。弹簧 6 靠挡圈 7 和销 8 固定在丝杠上，其既能在台虎钳夹紧时起到防松的作用，又可在松开台虎钳时使活动钳身能及时退出。在固定钳身和活动钳身上，各装有钢质钳口 9，并用螺母 10 固定。钳口的工作面上制有交叉的网纹，使工件夹紧后不易产生滑动，且钳口经过热处理淬硬，具有较好的耐磨性。固定钳身装在转座 11 上，并能绕轴心转动，当转到要求的方向时，扳动手柄 12 使夹紧螺钉旋转，便可在夹紧盘 13 的作用下把固定钳身锁紧。

（2）台虎钳的正确使用和维护

1）夹紧工件时只允许依靠手的力量扳紧手柄，不能用锤子敲击手柄或套上长管子扳手柄，以免丝杠、螺母或钳身因受力过大而损坏。

2）强力作业时，应尽量仅使固定钳身受力，否则丝杠和螺母会因受到较大的力而导致螺纹损坏。不要在活动钳身的导轨面上进行敲击工作，以免降低它与固定钳身的配合性能。

3）丝杠、螺母和其他活动表面，都应经常加油润滑和防锈，并保持清洁，以延长使用寿命。

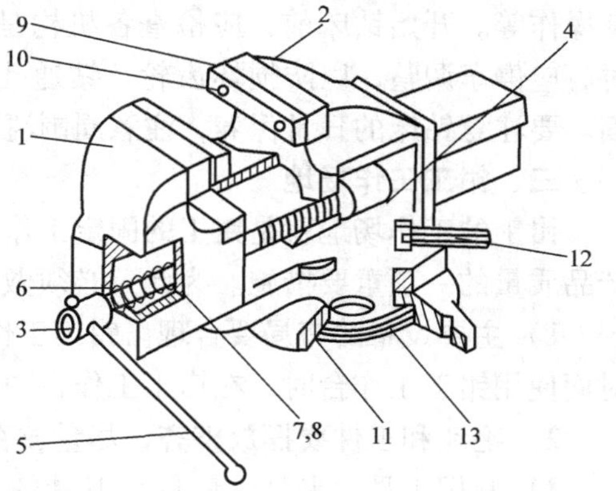

图 7-2　回转式台虎钳

1—活动钳身　2—固定钳身　3—丝杠　4、10—螺母　5—摇动手柄　6—弹簧　7—挡圈　8—销　9—钳口　11—转座　12—扳动手柄　13—夹紧盘

3. 钻床

钳工使用各种钻床和孔加工刀具完成钻孔、扩孔、铰孔和锪孔等加工。钳工常用的钻床种类有台式钻床、立式钻床和摇臂钻床等。

（1）台式钻床　台式钻床简称台钻，通常放在工作台上使用，其钻孔直径一般在 ϕ13mm 以下。台钻由机座、工作台、立柱、变速箱、主轴、电动机、进给手柄等部分组成，如图 7-3a 所示。主轴下端有锥孔，用来安装钻夹头或钻套，主轴转速通过变换 V 带在带轮上的位置来调节，可以获得不同的转速。进给运动由手动实现。

（2）立式钻床　立式钻床一般用来钻中小型工件上的孔，其规格以最大钻孔直径表示。常用的立式钻床规格有 25mm、35mm、40mm 和 50mm 等几种。

立式钻床由机座、工作台、立柱、主轴、主轴变速箱和进给箱等部分组成，如图 7-3b 所示。主轴变速箱和进给箱，分别用于改变主轴的转速和进给速度。立式钻床主轴的轴向进给为自动进给，也可作手动进给。在立式钻床上加工多孔工件时可通过移动工件来完成。立式钻床也可用于扩孔、锪孔、铰孔和攻螺纹等加工。

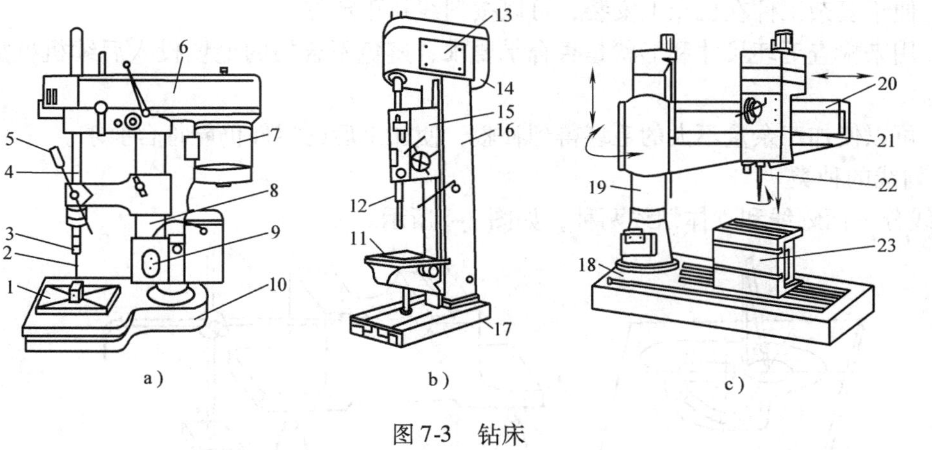

图 7-3　钻床

a）台式钻床　b）立式钻床　c）摇臂钻床

1、11、23—工作台　2—钻头　3—钻夹头　4、12、22—主轴　5—进给手柄　6、13—进给箱　7、14—电动机　8、16、19—立柱　9—开关按钮　10、17、18—机座　15—进给箱　20—摇臂　21—主轴箱

(3) 摇臂钻床　摇臂钻床一般用于大型工件或多孔工件上的各种孔加工，如图 7-3c 所示。它有一个能绕立柱旋转 360°的摇臂，摇臂上装有主轴箱，可随摇臂一起沿立柱上下移动，并能在摇臂上作横向移动，可以方便地将刀具调整到所需的位置对工件进行孔加工。

(4) 钻床使用要点　使用钻床时，必须注意安全生产，如工件装夹要牢固、严禁戴手套操作等。开始钻床前，应检查各机构是否正常、工件是否夹紧。变换主轴转速或进给量时，应停车调整，以防损坏齿轮。钻通孔时必须在工件下面垫上垫块，以防止损坏工作台面。要注意钻床的日常保养，注意周围清洁，并定期保养。

三、钳工工作场地

钳工的工作场地就是钳工的固定工作地点。合理地安排好工作场地是提高劳动生产率和产品质量的一项重要措施。为此，必须做到以下几点：

1）主要设备的布局要合理。钳工工作台应放在光线适宜和工作方便的地方。操作者面对面使用钳工工作台时，在钳工工作台中间要装防护网；钻床应安装在场地的边沿。

2）毛坯和工件要摆放整齐，尽量放在搁架上，以便于工作。

3）常用工具、夹具、量具、刀具的放置与收藏要整齐合理、取用方便，不许任意放置。精密工具、量具要轻放。

4）工作场地应保持整洁。工作结束之后，所使用过的设备和工卡量刃具应按要求进行清洁，并放回原来的位置。工作场地要清扫干净，铁屑等污物要送往指定地点。

第二节　钳 工 操 作

一、划线

根据图样的要求，用划线工具在毛坯或半成品上划出加工界线或指示加工界线的操作称为划线。

1. 划线的作用

1）明确地表示出加工余量、加工位置，使机械加工有明确的尺寸界线。

2）便于复杂工件在机床上安装，可以按划线找正定位。

3）用来检查毛坯尺寸和形状是否合乎要求，避免不合格的毛坯投入后续机械加工，造成损失。

4）可以使加工余量不大的毛坯得到补救，使加工后的零件仍能符合要求。

2. 划线的种类

划线分平面划线和立体划线两种，如图 7-4 所示。

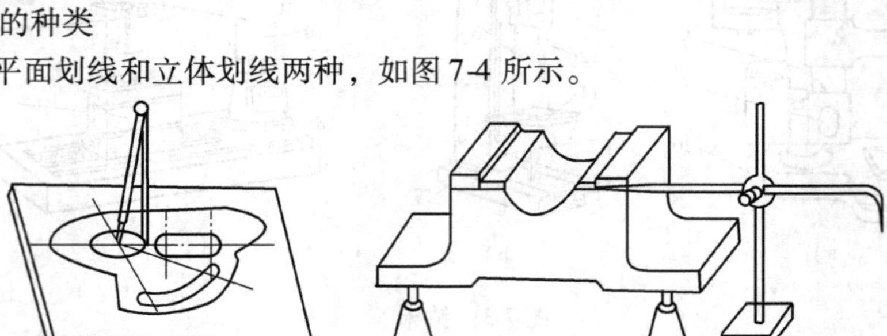

a)　　b)

图 7-4　划线

a）平面划线　b）立体划线

（1）平面划线　只需要在工件的一个表面上划线后即能明确表示加工界线的，称为平面划线，如图 7-4a 所示。

（2）立体划线　需要在工件的几个互成不同角度的表面上划线，才能明确表示加工界线的，称为立体划线，如图 7-4b 所示。

3. 划线要求

划线是机械加工的依据，划线要求尺寸准确、线条清晰，划线精度一般在 0.25 ~ 0.5mm 之间。但由于划出的线条总有一定的宽度，以及在使用划线工具和每次调整尺寸时难免产生误差，所以不可能绝对准确。因此，通常不能直接依靠划线确定加工时的最后尺寸，必须在加工过程中，根据图样的技术标注，通过测量来保证尺寸的准确度。

4. 划线的测量仪器

（1）金属直尺　金属直尺是长度量具，用于测量工件尺寸和划直线。

（2）直角尺　用于划垂直线及检查工件的垂直度。

（3）游标卡尺　游标卡尺是精密测量工具。使用游标卡尺时，应将工件周边毛刺去除，被测量物也要擦拭干净。正确地按规定使用游标卡尺。

5. 常用划线工具

（1）划线平台　划线平台是划线的基准工具，如图 7-5a 所示。它是划线的基准平面，应保持该平面的清洁，严禁敲击、碰撞。

（2）划针和划线盘　划针是在工件上划线的工具，如图 7-5b 所示。划线时，划针针尖应紧贴金属直尺移动，尽量使线条一次划出，使线条清晰、准确。

划线盘是划线和校正工件位置时用的工具，如图 7-5c 所示。划线时，划线盘的划针装夹要牢固，伸出长度要适中，底座应紧贴划线平台，移动平稳，不能摇晃。

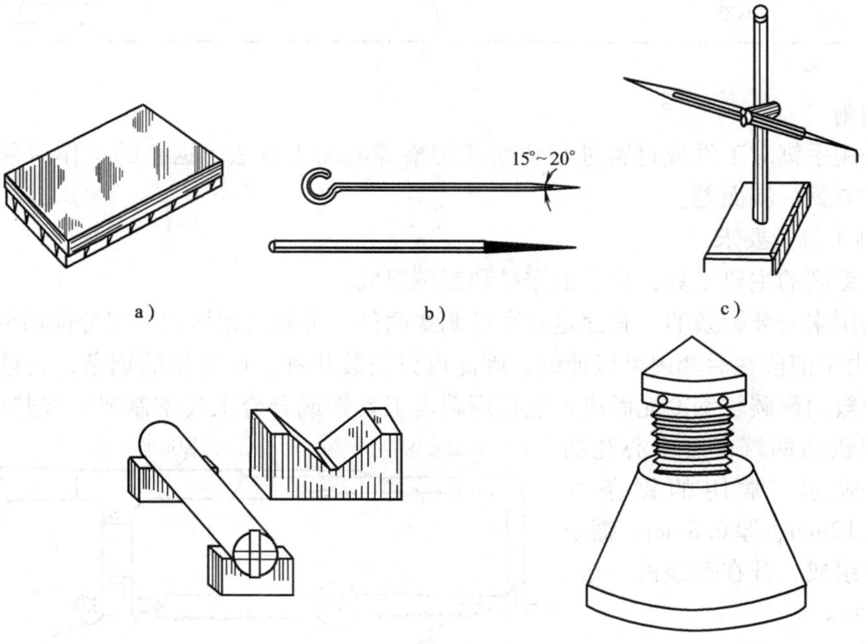

图 7-5　常用划线工具

a）划线平台　b）划针　c）划线盘　d）V 形铁　e）千斤顶

（3）V形铁和千斤顶　V形铁和千斤顶都是平台上用于支承工件的工具。V形铁用于支承轴类工件，使工件轴线与平台平行，便于找出中线和划出中心线，如图7-5d所示。千斤顶用于支承较大或不规则的工件，如图7-5e所示。一般3个千斤顶为一组，分别调节它们的高度，对工件进行调正。

6. 划线基准

划线时选择工件上的某个点、线、面作为依据，用它来确定工件各部分尺寸、几何形状及工件上各要素的相对位置，称为划线基准。常见划线基准形式见表7-1。

表7-1　常见的划线基准形式

基准形式	简　图	基准形式	简　图
以中心点为基准	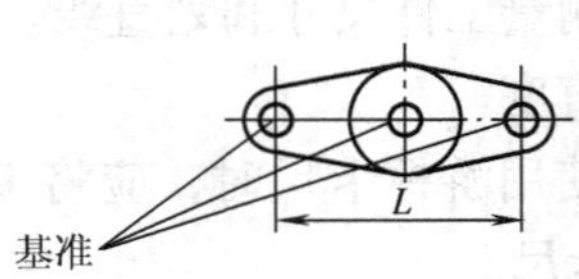	以一个外平面和一条中心线为基准	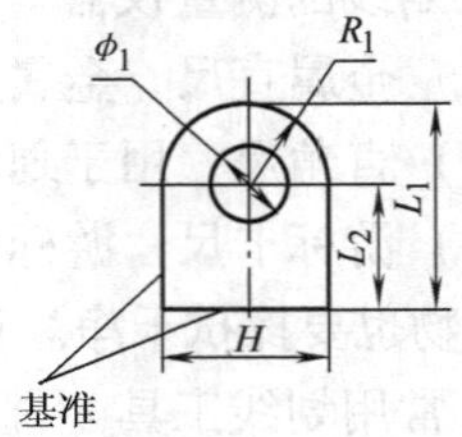
以两条中心线为基准	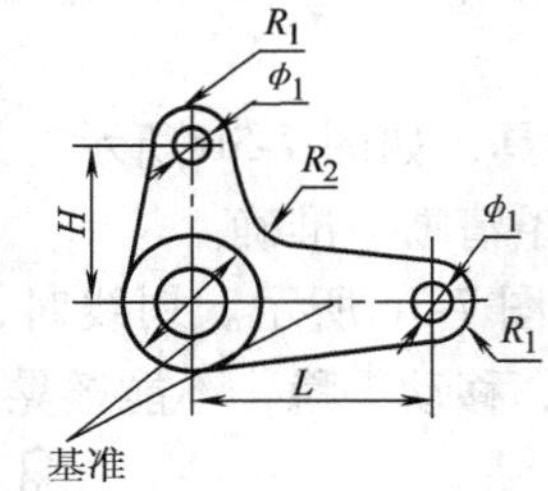	以两个互成直角的外平面（或线）为基准	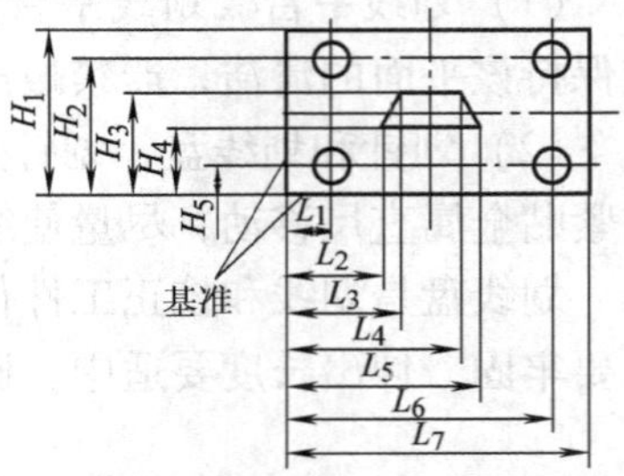

二、锯割

锯割是用手锯对工件或材料进行切断或切槽等的加工方法。锯割的工作对象可以是圆棒、圆管、方钢、斜面等。

1. 锯割工具及要求

手锯是锯削的主要工具，它是由锯弓和锯条组成。

锯弓是用来安装锯条的，有固定式和可调式两种。可调式锯弓的弓架分前后两段，如图7-6所示。由于前段在后套内可以伸缩，因此可以安装几种长度规格的锯条，目前被广泛使用。锯条一般用渗碳软钢冷轧而成，也有用碳素工具钢或合金工具钢制成并经热处理淬硬。锯条规格以锯条两端安装中心孔的中心距来表示，常用的锯条长300mm、宽12mm、厚0.8mm。锯条由许多锯齿组成，开在锯条的一边，如图7-7所示。

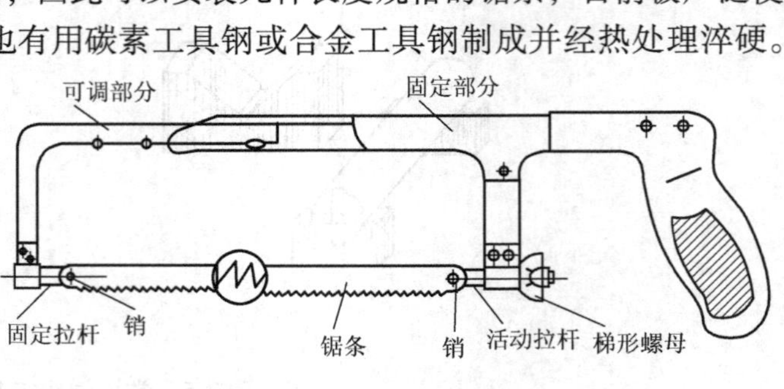

图7-6　可调式锯弓

2. 锯路

为了减少锯齿两侧面对锯条的摩擦力，锯条的许多锯齿在制造时，按一定规律左右错开，排列成一定的形状，称为锯路，如图 7-8 所示。锯路的作用是使锯缝宽度大于锯条背部的厚度，这样在锯割时，锯条就不会被锯缝夹住，减少了锯条与锯缝的摩擦力，锯割更省力，同时也提高锯条的使用寿命。

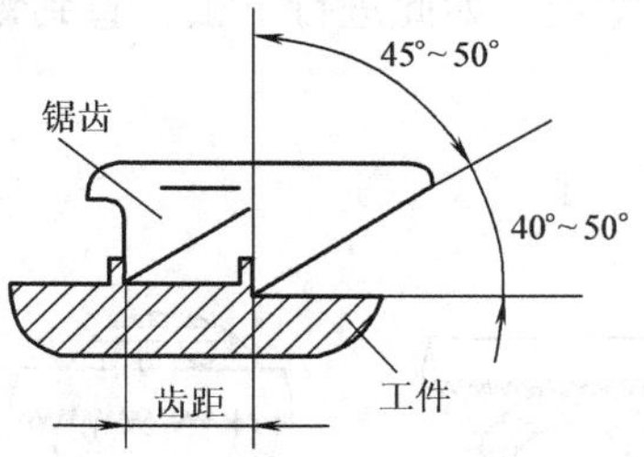

图 7-7　锯条锯齿

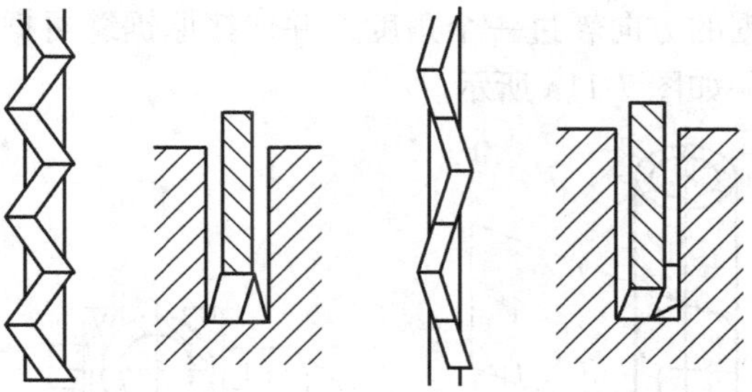

图 7-8　锯路

3. 锯齿的粗细

锯齿的粗细是以锯条每 25.4mm（1in）长度内的齿数来表示的，一般分粗、中、细三种，见表 7-2。

锯齿的粗细应根据工件材料的硬度、厚度以及切面大小来选择。

锯割软材料（如纯铜、青铜、铝、铸铁、低碳钢和中碳钢等）、厚材料或较大的切面时，应选用粗齿锯条。

因为对于软材料、厚的材料或较大的切面，在锯割时锯屑较多，要求有较大的容屑空间才不致发生切屑堵塞。

表 7-2　锯齿的粗细规格及应用

锯齿粗细	每 25.4mm 长度内齿数	应　用
粗	14 ~ 16	锯割软材料
中	22 ~ 25	锯割硬材料
细	28 ~ 32	锯割很硬的材料

锯割硬材料（如工具钢、合金钢）、薄材料（各种管子、薄板材、角铁）或切面较小时，应选用细齿锯条。因为锯硬材料时，锯齿不易切入、锯屑量少。选用细齿锯条时，同时参加切削的齿数增多，切削阻力小，材料容易被切除，而且推锯省力，锯齿也不易被磨损。

锯割管子和薄板时，必须使用细齿锯条，截面上至少要有两个以上的锯齿同时参加锯割，才能避免锯齿被钩住而崩断。

4. 锯条安装

手锯是在向前推时起切削作用的，因此锯条安装在锯弓上时，锯齿齿尖的方向应朝前。锯条安装后，要保证锯条与锯弓中心平面平行，不得倾斜和扭曲。锯条的松紧应适中，否则锯割时易折断锯条或锯偏。

5. 锯割方法

（1）棒料的锯割方法　如果被锯割材料的断面要求比较平整，则应从开始连续锯到结束。若锯出的断面要求不高，锯割时可改变几次方向（即棒料转过一定角度再锯），这样，由于锯割面变小，更容易切割，提高工作效率。

（2）管子的锯割方法

1）锯割部位划线。锯割管子前，要划出垂直于轴线的锯割线。最简单的方法是用矩形纸条（划线纸边必须直）按锯割尺寸绕住工件外圆，如图 7-9 所示，然后用滑石划出。

2）管子的夹持。锯割管子时必须把其夹正且不使管子变形，通常用两个 V 形衬垫来夹持，如图 7-10 所示，以防将管子夹扁或损伤表面。

3）管子的锯割。锯割薄壁管子时，不可如图 7-11b 所示那样在一个方向从开始连续锯割到结束，否则锯齿会被管壁钩住而崩裂。而应先在一个方向锯到管子内壁处，然后把管子向推锯的方向转过一个角度，并连接原锯缝再据到管子的内壁处，如此进行下去，直到锯断为止，如图 7-11a 所示。

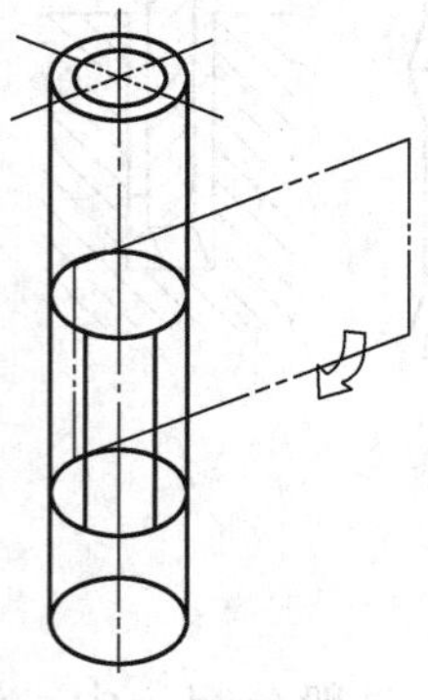

图 7-9　管子锯割线的划法

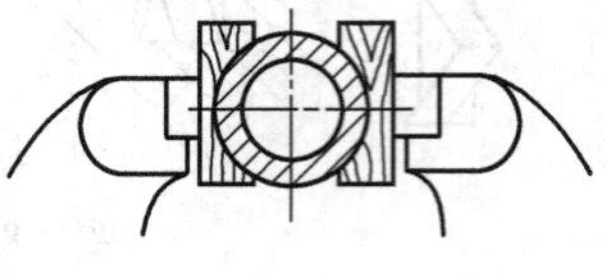

图 7-10　管子的夹持

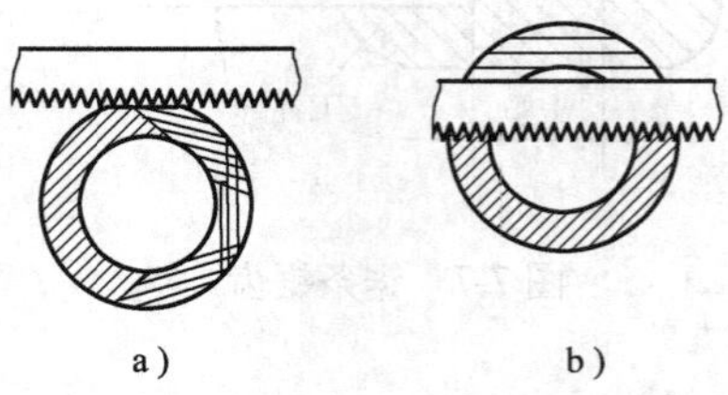

图 7-11　管子的锯割
a）转位锯割　b）不正确的锯割

（3）薄板料的锯割方法　锯割薄板料时，尽可能从宽面上锯下去。当一定要在板料的窄面上锯下去时，应该把板料夹在两块木板之间，如图 7-12、7-13、7-14 所示，连木板一起锯下去。这样可避免锯齿被钩住，同时也增加了板料的刚性，使锯割至一定深度时锯条不会颤动。

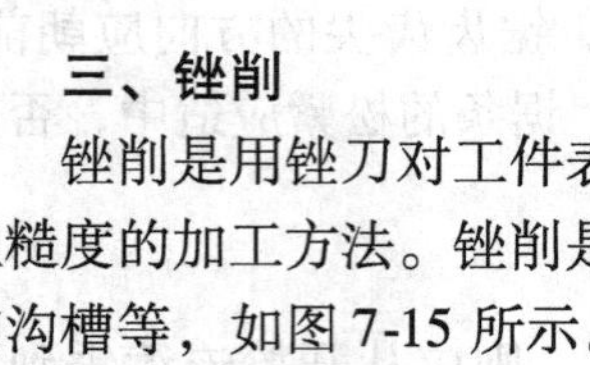

图 7-12　从宽面锯割

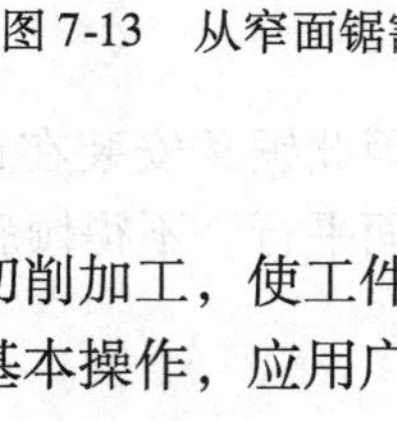

图 7-13　从窄面锯割

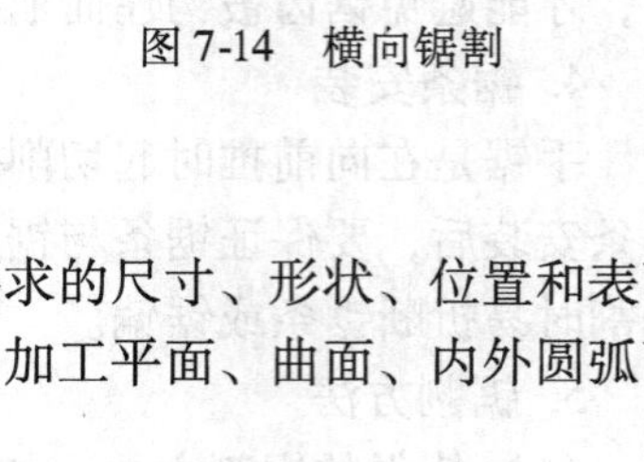

图 7-14　横向锯割

三、锉削

锉削是用锉刀对工件表面进行切削加工，使工件达到所要求的尺寸、形状、位置和表面粗糙度的加工方法。锉削是钳工的基本操作，应用广泛，可以加工平面、曲面、内外圆弧面和沟槽等，如图 7-15 所示。

1. 锉刀

锉刀是锉削常用工具，它通常是用碳素工具钢（如 T12、T12A、T13A 等）制成，并经过热处理，使其具有很高的硬度。

锉刀的规格（除圆锉的规格以直径表示、方锉的规格以方形尺寸表示外）一般用锉刀有齿部分的长度表示，有 100mm（4in）、150mm（6in）、200mm（8in）和 300mm（12in）等多种规格。

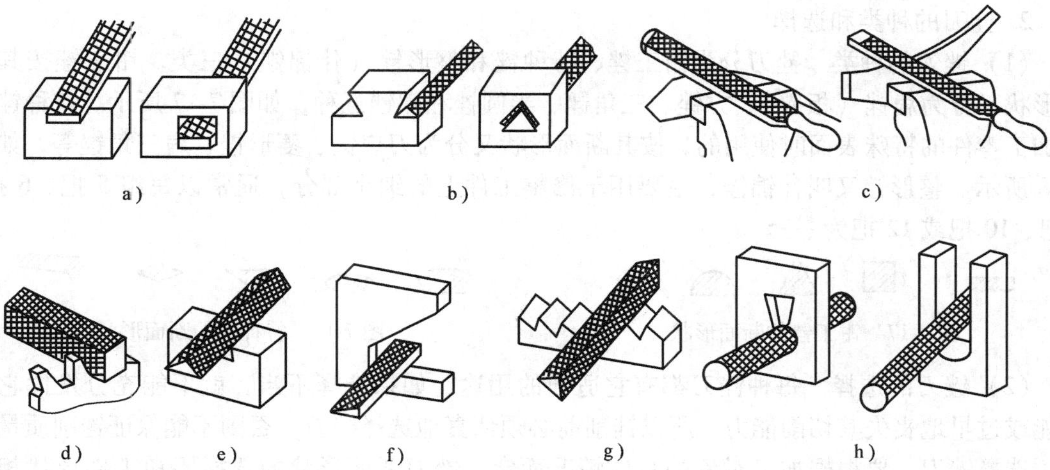

图 7-15　锉削

a）锉平面　b）锉燕尾和三角孔　c）锉曲面　d）锉楔角　e）锉内角　f）锉交角　g）锉三角形　h）锉圆孔

锉刀的各部分名称如图 7-16a 所示。

（1）锉刀面　锉刀面（上、下两面）是锉削的主要工作面。

（2）锉刀边　是指锉刀的两个侧面。有的锉刀两边都没有齿，有的其中一个边有齿。没有齿的一边称为光边，其作用是在锉削内直角形的一个面时，用光边靠在已加工的面上去锉另一直角面，防止碰伤已加工表面。

（3）锉刀舌　是指锉刀的尾部，它不经淬火处理，用来装入木柄，以便于锉削时握持传递推力。

（4）锉齿　是锉刀用以切削的齿。

（5）齿纹　齿纹是锉齿排列的图案。锉刀的齿纹有单齿纹和双齿纹两种，如图 7-16b 所示。单齿纹是指锉刀只有一个方向的齿纹。单齿纹在锉削时是全齿宽都参加切削，因此切削比较费力，不适于锉削硬材料，只适用于锉削镁、铝等软金属。单齿纹的特点是齿距较宽，形成较大的容屑空间，易于排屑，因此切削量大，效率高。双齿纹是指锉刀面有两个方向排列的齿纹，适用于锉削硬材料。

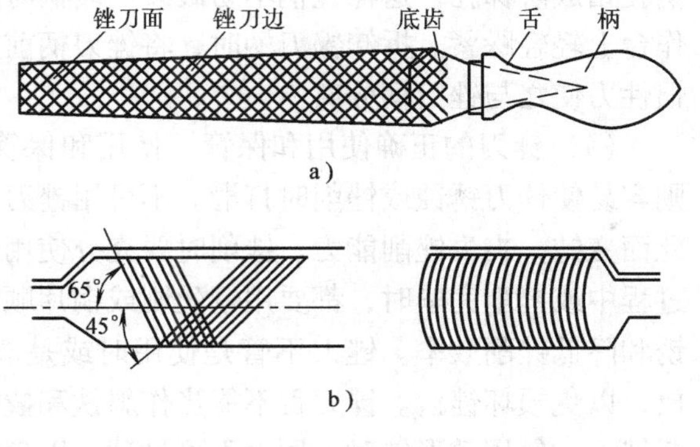

图 7-16　锉刀的各部分名称

锉齿的粗细规格是按锉刀齿纹的齿距大小来表示的，其粗细等级及应用见表 7-3。

表 7-3　锉 齿 粗 细

锉 齿 粗 细	10mm 长度内齿数	特点和应用
粗齿	4～12	齿间大，不易堵锉，适于粗加工或锉铜、铝等有色金属
中齿	13～24	齿间适中，适于在粗锉之后加工
细齿	30～40	锉光表面，锉硬金属或半精加工
油光锉	50～62	精加工时，修光表面

2. 锉刀的种类和选择

（1）锉刀的种类　锉刀分为钳工锉、特种锉和整形锉（什锦锉）三类。钳工锉按其断面形状又分为扁锉（板锉）、方锉、三角锉、半圆锉和圆锉五种，如图 7-17 所示。特种锉是在加工零件的特殊表面时使用的，按其断面形状又分为刀口锉、菱形锉、扁三角锉等，如图 7-18 所示。整形锉又叫什锦锉，主要用于修整工件上的细小部分，通常以每组 5 把、6 把、8 把、10 把或 12 把为一套。

图 7-17　钳工锉的断面形状

图 7-18　特种锉的断面形状

（2）锉刀的选择　每种锉刀都有它适当的用途，如果选择不当，就不能充分发挥它的效能或过早地丧失其切削能力。所以锉削前必须认真地选择锉刀，否则不能保证锉削质量。

选择锉刀，要根据加工对象的具体情况而定。锉刀断面形状的选择要和工件形状相适应。锉刀粗细的选择取决于工件的加工余量大小、加工精度的高低和表面粗糙度值的大小以及工件材料的软硬等。粗锉刀适用于锉削加工余量大、加工精度低和表面粗糙度值大的工件；细锉刀适用于锉削加工余量小、加工精度高和表面粗糙度值小的工件。单齿纹锉刀适用于加工软材料。

（3）锉刀柄的装拆　锉刀必须装柄后才能使用。锉刀柄安装孔的深度约等于锉舌的长度，柄孔的直径以能使锉刀舌自由地插入 1/2 的深度为宜。为了使锉刀柄装拆方便，装柄前柄孔钻成阶梯孔，这样锉柄不易破裂。装柄时，先将木柄自由插入，然后握住锉刀将柄在工作台上轻轻蹾紧。拆卸锉刀柄时，将锉刀柄前端台肩轻轻磕击台虎钳钳口，利用锉刀本身的惯性力使之与锉刀柄分离。

（4）锉刀的正确使用和保管　使用和保管锉刀时，必须做到锉刀不能沾水和沾油，否则容易使锉刀锈蚀或锉削时打滑。不可用锉刀锉削毛坯件的硬皮和淬硬表面，否则锉刀会因此而变钝，丧失锉削能力。锉削时要充分使用锉刀的有效长度，以防局部磨损。锉刀在使用过程中或锉削完毕时，都要用钢丝刷或铜片顺着锉纹及时刷去嵌入齿槽内的铁屑，以免锉生锈和降低锉削效率。锉刀不管是使用时或是放置在工具箱内，都要放置合理，不能重叠堆放，以免损坏锉齿。锉刀舌不能当作斜铁和撬杠使用，如果用其拆卸钻套或撬工件，容易折断锉刀。使用整形锉时，用力不可过猛，以免折断锉刀。

3. 锉削方法

（1）平面的锉法

1）顺向锉。锉刀的运动方向与工件夹持方向始终一致（顺着同一方向）的锉削方法称为顺向锉法，如图 7-19a 所示。顺向锉法是最普通的锉削方法，其特点是锉痕正直、整齐美观，用于锉削不大的平面和最后锉光。

2）交叉锉。锉刀从两个交叉的方向（锉刀的运动方向与工件夹持方向约成 30°～40° 角）对工件表面进行锉削的方法称为交叉锉法，如图 7-19b 所示。交叉锉法的特点是锉刀与工件的接触面大，易把平面锉平，用于粗锉。

3）推锉。两手对称地握住锉刀，两大拇指均衡地用力推着锉刀进行锉削的一种方法称为推锉法，如图 7-19c 所示。推锉法常用于较窄表面的精锉、有凸台的狭平面及圆弧面顺锉纹等精锉加工。

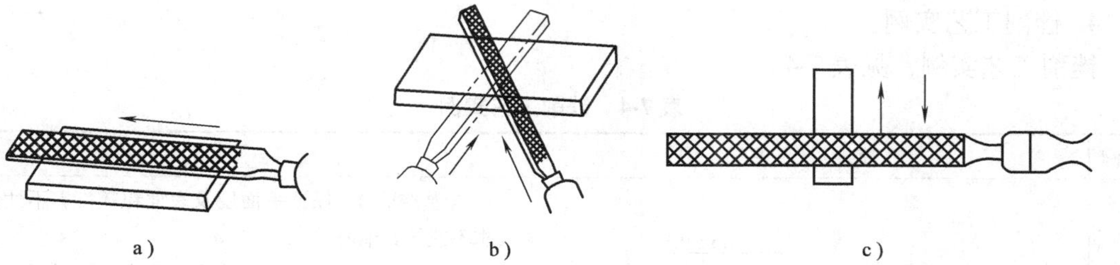

图 7-19　锉削方法
a）顺向锉　b）叉锉　c）推锉

（2）曲面的锉法　曲面是由各种不同的曲线形成面所组成，但是基本的曲面还是单一的内、外圆弧。

1）外圆弧面的锉法。选用板锉刀锉削外圆弧面，锉削时，锉刀要同时完成两个运动，即锉刀在作前进运动的同时，还绕工件圆弧的中心转动，常见的有顺着圆弧锉削和横着圆弧面锉削两种方法。顺着圆弧锉削也称为滚锉法，如图 7-20a 所示。锉削时右手把锉刀柄部往下压，左手把锉刀前端（尖端）向上抬，这样锉出的圆弧面不会出现棱边现象。其特点是不易发挥锉削力量，锉削效率不高，适用于加工余量小或精锉圆弧面时采用。横着圆弧面锉，如图 7-20b 所示。锉削时，锉刀向着图示方向作直线推进，容易发挥锉削力量，能较快地把圆弧外的部分锉成接近圆弧的多边形，适用于加工余量较大的粗加工。

图 7-20　曲面锉削
a）滚锉法　b）横锉圆弧面

2）内圆弧面的锉法。锉削内圆弧所使用的锉刀有圆锉（适用于圆弧半径较小时）、半圆锉（适用于圆弧半径较大时）。锉削时，锉刀要同时完成三个运动，即前进运动、随圆弧面向左或向右移动（约半个到一个锉刀直径）和自向转动。

如果锉刀只作前进运动，即圆锉刀的工作面不作沿工件圆弧曲线的运动，只作垂直于工件圆弧方向的运动，那么就将圆弧面锉成凹形（深坑）。

如果锉刀只作前进和向左或向右的移动，圆弧面将被锉成棱形。要得到圆滑的内弧面，锉削时只有将三种运动同时完成，才能使锉刀工作面沿工件的圆弧作锉削运动，把内圆弧面锉好。

（3）平面与曲面的连接锉法　在一般情况下，锉削时应先加工平面，然后再加工曲面，这样能使曲面与平面的连接比较圆滑。如果先加工曲面后加工平面，损伤已加工的曲面，而且很难保证对称的中心面，此外连接处也不易圆滑，或使圆弧面不能与平面很好地相切。

4. 锉削工艺实例

锉削工艺实例，见表7-4。

表7-4　锉削工艺实例

实例	简　图	工　艺
直角图	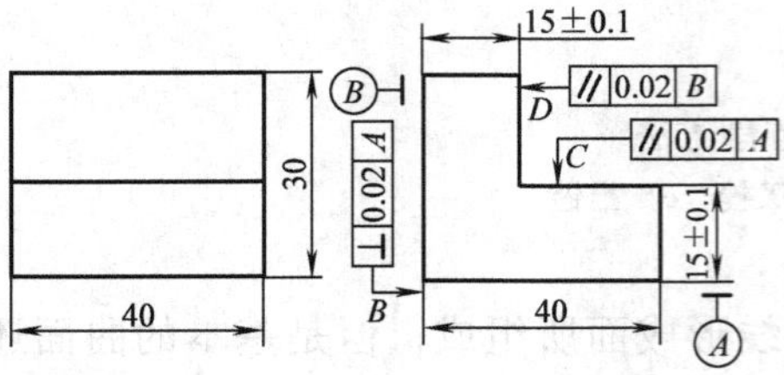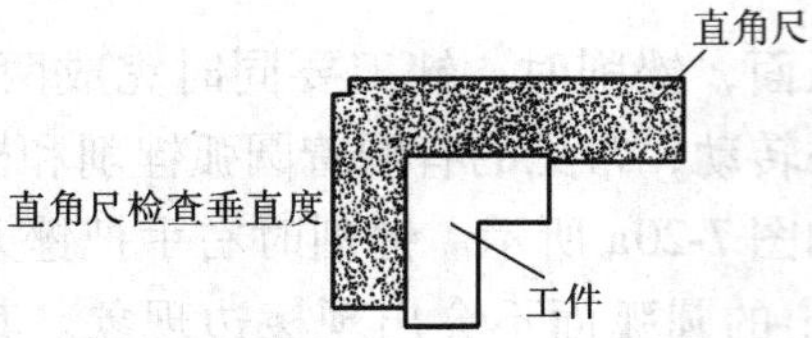	1. 锉基准面A，保证平面度及表面粗糙度，不达到要求不能锉其他面 2. 锉削平面B，保证各部分公差要求，同时用直角尺以透光法来检查B面与A面的垂直度是否保证公差 3. 锉削平面C，保证尺寸公差及与A面的平行度，同时注意防止锉坏D面 4. 锉削D面，保证尺寸及与B面的平行度，防止把C面锉坏
燕尾样板	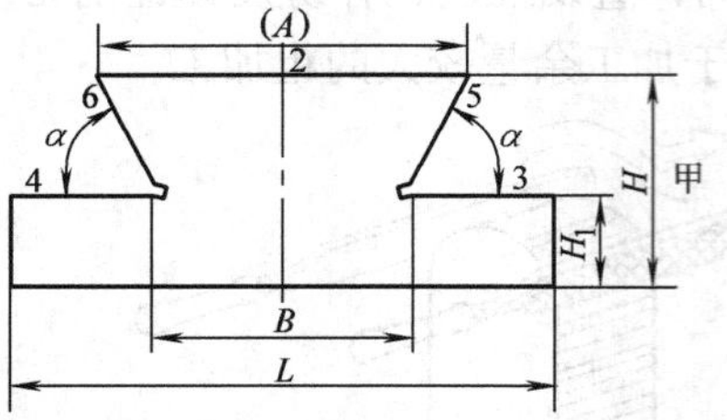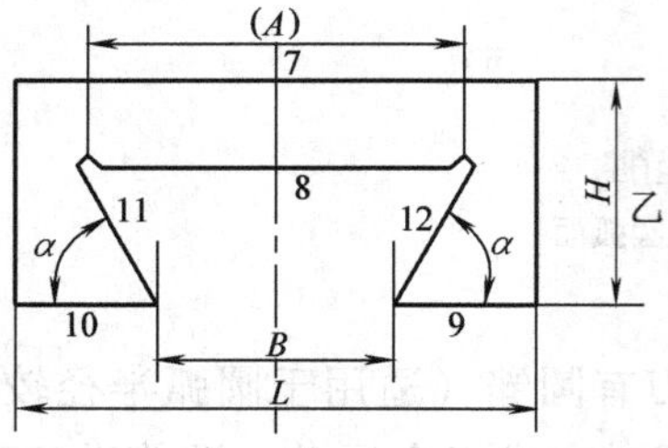	1. 根据样板尺寸及所给余量下料 2. 作甲、乙样板标记 3. 按尺寸L×H，锉准外形 4. 燕尾样板划线，转角处钻2～3mm的工艺孔，除去多余部分 5. 锉样板甲，先锉面3、4，保证与面2平行，再锉斜面5、6，用辅助样板检验，保证α角 6. 锉样板乙，先锉面8、9、10，使其与面7平行 7. 锉斜面11、12，保证尺寸B及α角，并用样板甲检验，达到要求，换位修甲、乙两侧面至尺寸L
键	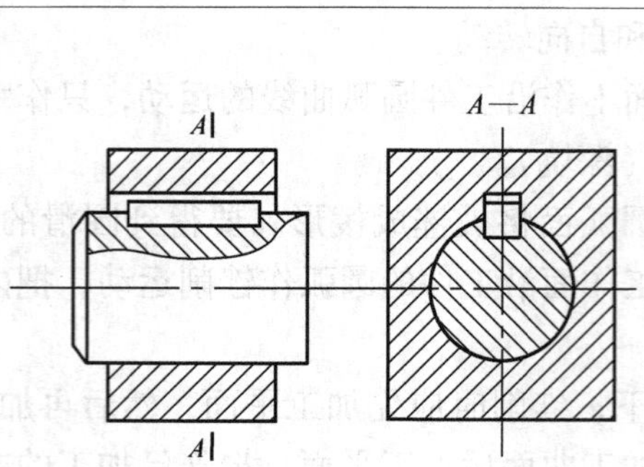	1. 修去轴键槽和轮键槽毛刺，测量槽宽 2. 按轴键槽宽锉键两侧面 3. 修锉键的长度，使之符合要求，键长应小于轴键槽0.1mm左右 4. 将键打入轴键槽，再与轮键槽试配，若配合过紧，将轮取下，修锉键与轮键槽两侧发亮部位 5. 修锉使轮键槽顶部与键之间有0.3～0.4mm间隙

5. 锉削质量分析

锉削质量分析见表 7-5。

表 7-5　锉削质量分析

形　式	原　因	形　式	原　因
表面夹出痕迹	1. 装夹时，台虎钳钳口没有垫软金属或木块 2. 夹紧力太大	工件尺寸不合格	1. 划线不正确 2. 锉削时没有及时测量或测量有误差
空心工件被夹扁	1. 装夹时，没有用 V 形铁或弧形木块 2. 夹紧力太大	表面太粗糙	1. 精锉时，采用粗锉刀 2. 粗锉刀痕太深 3. 切屑嵌在锉纹中没有清除，把表面拉毛 4. 锉直角时，没采用带光边的锉刀
平面中凸、塌边、塌角	1. 操作时，双手用力不均衡 2. 锉削姿势不准确 3. 锉刀面中凹或扭曲 4. 工件装夹不正确		

四、钻削加工

1. 钻头的组成及各部分的作用

钻头（俗称麻花钻）是由工作部分、颈部和柄部组成，如图 7-21 所示。

（1）工作部分　工作部分包括切削和导向部分。切削部分由前面、后面、横刃、两主切削刃组成，起主要切削作用；导向部分有两条螺旋形棱边，在切削过程中起导向及减少与孔壁摩擦的作用，两条对称螺旋槽起排屑和输送切削液作用。

（2）颈部　在对钻头进行磨削加工时，供砂轮退刀用，并用来刻印商标和规格等。

（3）柄部　用于装夹、传递转矩。钻头直径小于 12mm 时，柄部为圆柱形，钻头直径大于 12mm 时，柄部一般为莫氏锥度。

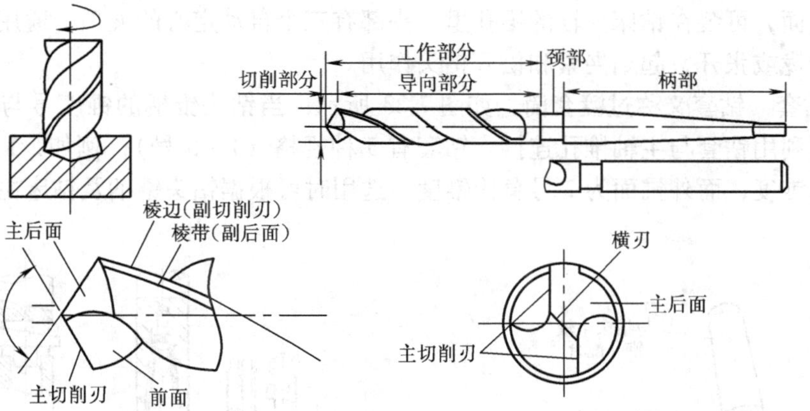

图 7-21　麻花钻

2. 钻孔精度及安全注意事项

（1）钻孔精度　钻孔精度较低，一般为 IT12 左右，表面粗糙度 R_a 值为 25 ~ 50μm。为保证孔径尺寸，要做到钻头刃磨要正确，两刃长短一致，顶角对称。在钻头边缘处磨一过渡刃。控制一定的进给力，特别是在孔将要钻穿时要减小进给力；对薄板，注意用垫板压紧钻孔。

（2）钻孔注意事项　钻孔时排出的切屑严禁用手拉、用嘴吹。操作中严禁戴手套。机床使用中若要变速换档，需在停车时进行，以防止齿轮损坏。工件装夹要牢固，同时注意压紧力作用的位置，防止压紧后工件变形。

（3）钻孔时出现的废品形式及原因　钻孔时出现的废品形式及原因见表7-6。

表7-6　钻孔时出现的废品形式及原因

废品形式	原　因	废品形式	原　因
孔呈多边形	1. 钻头后角太大 2. 钻头刃磨不正确，两主切削刃长短不一、角度不对称	孔轴线歪斜	1. 工件固定不妥，使工件表面与钻头不垂直 2. 钻头已钝，进给量过大 3. 钻头横刃太长，定心不好 4. 钻床主轴与工作台不垂直
孔径超差	1. 钻头刃磨不正确，两主切削刃长短不一、角度不对称 2. 钻头本身弯曲，钻头在钻夹头内未装好或钻套表面不清洁等 3. 钻床主轴径向摆动过大	孔壁粗糙	1. 钻头主切削刃磨损，钻头后角太大 2. 切削液浇注不足 3. 进给量过大 4. 钻头主切削刃上带有积屑瘤
孔位偏移	1. 工件装夹不稳，钻削过程中产生位移 2. 钻头横刃太长 3. 试钻偏位，未及进校正		

3. 钻孔用夹具

主要包括装夹钻头的夹具和装夹工件的夹具。钻头夹具主要有钻夹头及钻套。

（1）钻夹头　钻夹头如图7-22所示，用来夹持直径在13mm以下的直柄钻头。钻夹头尾部是圆锥面，可装在钻床主轴的锥孔里，头部有三个自动定心的夹爪，通用扳手可使三个夹爪同时合拢或张开，起到夹紧和松开钻头作用。

（2）钻套　钻套又称过渡套筒，如图7-23所示，当钻头锥柄的锥度号与主轴锥度号不一致时，可利用钻套与主轴锥孔连接。钻套有5种规格（1～5号），例如，1号钻套其内孔为1号莫氏锥度，而外锥面为2号莫氏锥度。选用时可根据钻头锥柄及钻床主轴内锥孔锥度来选择。

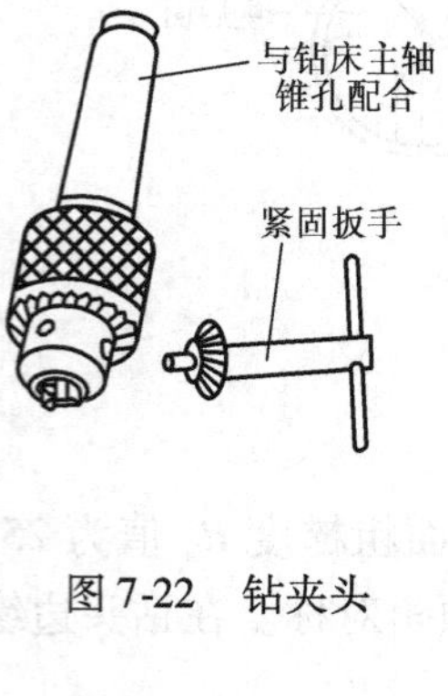

图7-22　钻夹头

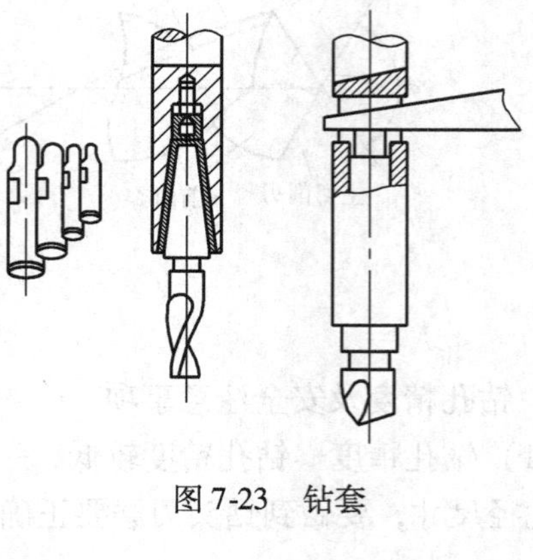

图7-23　钻套

装夹工件的常用夹具有手虎钳、机用平口钳、压板等，如图 7-24 所示。按钻孔直径、工件形状和大小等合理选择。选用夹具必须使工件装夹牢固可靠，不能影响钻孔质量。

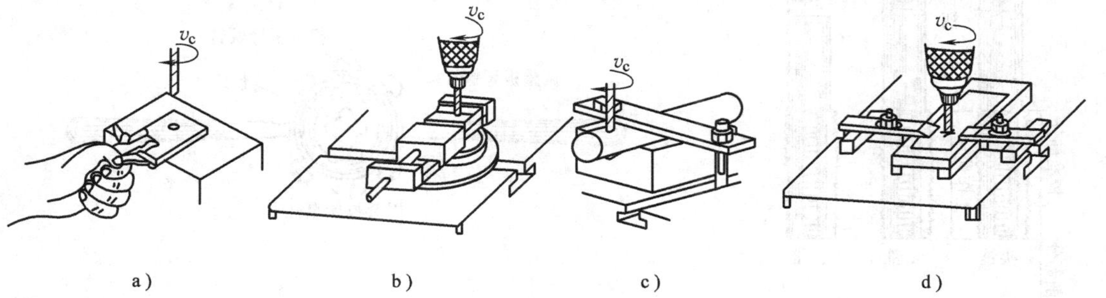

图 7-24　常用夹具

a）手虎钳　b）机用平口钳　c）V 形铁—压板夹紧　d）螺栓—压板夹紧

4. 保证钻孔中位置精度的注意事项

为保证钻孔的位置精度，要注意如下：

1）无严格位置要求时，可通过划十字中心线、划圆、打样冲眼指引钻孔加工。

2）有位置要求时，用夹具来保证。可通过正确划线，除十字中心线外，还必须划方框线。起钻时必须十分小心，将起钻小坑校正到方框线的正中位置后才能继续钻孔。采取一些测量方法，保证钻头旋转中心到相对位置的尺寸精度。

五、钳工内外螺纹加工

1. 丝锥及铰杠

（1）丝锥　丝锥是加工内螺纹的工具。丝锥结构及有关参数如图 7-25 所示，它由工作部分和柄部组成。柄部带有方头，可以与铰杠配合传递转矩。工作部分由带锥度的切削部分和不带锥度的校准部分组成。切削部分主要起切削作用，其顶部磨成圆锥形，使切削负荷由若干个刀齿分担。校准部分主要起修光和引导作用。一般丝锥有 3 ~ 4 个容屑槽，起容屑和排屑作用。

（2）丝锥种类　丝锥种类很多，钳工常用的有机用和手用普通螺纹丝锥；有粗牙、细牙之分；有粗柄和细柄之分；有单支、成组之分；有等径与不等径之分；还有长柄机用丝锥、短柄螺母丝锥、长柄螺母丝锥之分。此外，还有圆柱管螺纹丝锥和圆锥管螺纹丝锥等。

1）成组丝锥切削用量分配。通常 M6 ~ M24 的丝锥一组有两支，M6 以下及 M24 以上一组三支（分别称为头锥、二锥、三锥，如图 7-25 所示），细牙丝锥为两支一组。这样分组是由于小丝锥强度不高，容易折断；大丝锥切削量大，需要几次切削，减小切削力。

2）板牙架。板牙架是手工攻螺纹用来夹持丝锥的工具，如图 7-26 所示。

3）板牙。板牙是加工外螺纹的工具，圆板牙的结构如图 7-27 所示，其结构形状像圆螺母，中间是螺纹，其中图 7-27a 是固定式，图 7-27b 是开缝式。

2. 攻螺纹、套螺纹工艺要点

（1）螺纹的基本知识

1）螺纹的分类。螺纹分为普通螺纹、管螺纹、梯形螺纹和锯齿螺纹三大类。普通螺纹分为粗牙螺纹和细牙螺纹两类；管螺纹分为用螺纹密封的管螺纹和非螺纹密封的管螺纹两类。

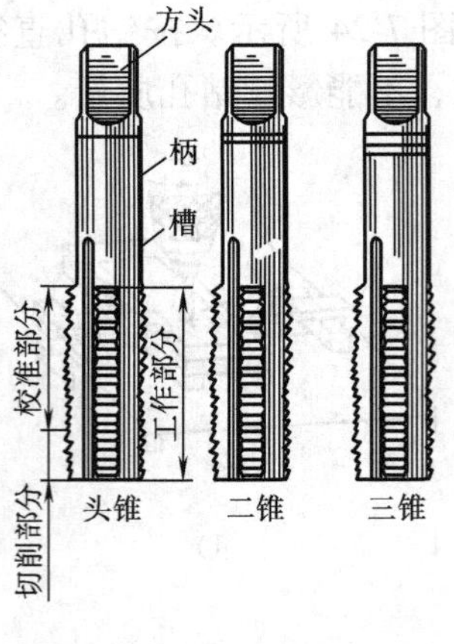

图 7-25　丝锥

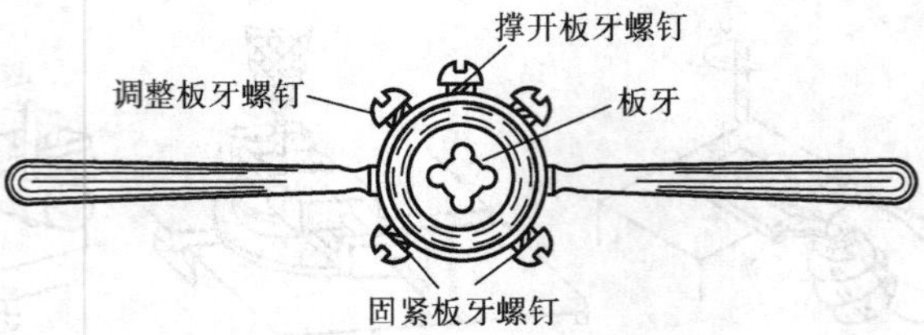

图 7-26　板牙架

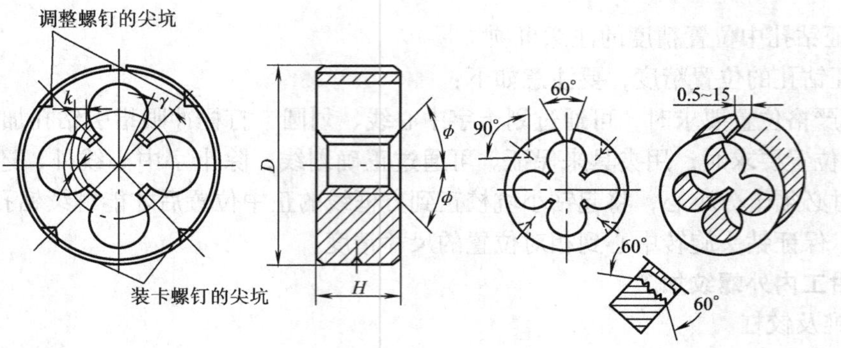

图 7-27　板牙

a）固定式　b）开缝式

2）螺纹要素。螺纹要素包括牙型、公称直径、线数、导程、螺距、旋向、旋合长度等。牙型是指螺纹轴向剖面内的牙齿形状。公称直径是代表螺纹尺寸的直径，是指螺纹大径的基本尺寸。线数是指螺纹线的数目，有单线、双线和多线螺纹。螺距是指沿螺纹轴线相邻两齿上对应的距离。导程是指螺纹上一点沿螺旋线转一周时，该点沿轴线方向所移动的距离。导程与螺纹的关系，可用下式表示：

$$Ph = ZP$$

式中　Ph——螺纹导程；

Z——线数；

P——螺距。

螺纹的旋向有左、右两种。右旋螺纹为常用螺纹，即以顺时针方向旋转为旋入的螺纹。左旋螺纹是以逆时针方向旋转为旋入的螺纹。

螺纹旋合长度分为三组，分别称为短旋合长度、中等旋合长度和长旋合长度，相应代号为 S、N 和 L。一般情况下，中等旋合长度可不加标记。螺纹公差带按短、中、长三组旋合长度，给出了精密、中等、粗糙三种精度。

3）螺纹的代号。完整的普通螺纹的代号示例：

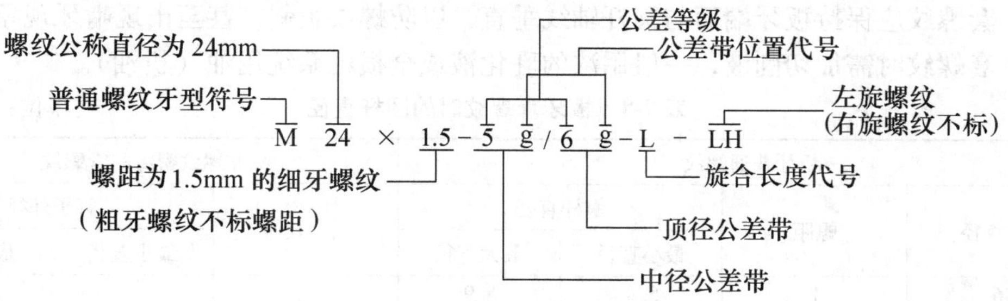

（2）攻螺纹工艺要点

1）合理选择攻螺纹前的底孔直径。底孔直径可查相关手册，见表7-7。对普通螺纹的底孔直径，也可由下列经验公式确定。

加工钢和塑性较大的工件时：

$$钻头直径\ D = 螺纹公称直径\ d - 螺距\ P$$

加工铸铁和塑性较小的工件时：

$$钻头直径\ D = 螺纹公称直径\ d - 1.1 \times 螺距\ P$$

表7-7　普通螺纹攻螺纹前底孔的钻头直径　（单位：mm）

螺纹公称直径 d	螺距 P	钻头直径 D		螺纹公称直径 d	螺距 P	钻头直径 D	
		钢、纯铜	铸铁、青铜、黄铜			钢、纯铜	铸铁、青铜、黄铜
3	0.5	2.5	2.5	14	2	12	11.8
4	0.7	3.3	3.3	16	2	14	13.8
5	0.8	4.2	4.1	18	2.5	15.5	15.3
6	1	5	4.9	20	2.5	17.5	17.3
8	1.25	6.7	6.6	22	2.5	19.5	19.3
10	1.5	8.5	8.4	24	3	21	20.7
12	1.75	10.2	10.1	30	3.5	26.5	26.2

2）钻孔后，孔口必须倒角。倒角直径可略大于螺纹孔大径，目的是使丝锥开始切削时容易切入，并可防止孔口出现被挤压出凸边。

3）用丝锥锥头切螺纹时，应保持丝锥中心与螺孔端面的垂直度。

4）攻不通孔螺孔时，应遵循下式：钻孔深 = 所需螺孔深度 + 0.7 × 螺纹大径，以防止丝锥到底了，还继续往下攻，造成丝锥折断。注意随时清除孔内切屑，防止切屑阻塞造成丝锥折断。攻螺纹时，必须以头锥、二锥、三锥顺序进行至标准尺寸。当丝锥在压力和旋转力的作用下切入底孔，一旦切入稳定后，只需两手用均衡的旋转力，不需加压，并经常倒转1/4～1/2圈，使切屑碎断，以防丝锥卡住、退不出造成丝锥折断。攻韧性材料的螺纹时，应加注合适的切削液，以减小切削阻力并提高螺纹表面质量，延长丝锥寿命。

（3）套螺纹工艺要点

1）圆杆直径的确定。套螺纹时的圆杆直径可查相关手册，见表7-8。对普通螺纹的圆杆直径，也可按经验公式确定：圆杆直径 D = 螺纹公称公称 d − 0.13 × 螺距 P。

2）圆杆端部需要倒15°～20°的斜角，使板牙容易对准工件和切入材料。

3）套螺纹应保持板牙端面与圆杆轴线垂直，以防螺纹歪斜，甚至出现啃牙现象。

4）套螺纹时需加切削液，一般用浓的乳化液或全损耗系统用油（机油）。

表7-8　板牙套螺纹时的圆杆直径　　（单位：mm）

粗牙普通螺纹

螺纹直径	螺距	螺杆直径	
		最小直径	最大直径
M6	1	5.8	5.9
M8	1.25	7.8	7.9
M10	1.5	9.75	9.85
M12	1.75	11.75	11.9
M14	2	13.5	13.85
M16	2	15.7	15.85
M18	2.5	17.7	17.85
M20	2.5	19.7	19.85
M22	2.5	21.7	21.85
M24	3	23.65	23.8
M27	3	26.65	26.8
M30	3.5	29.6	29.8
M36	4	35.6	35.8
M42	4.5	41.55	41.75
M48	5	47.5	47.7
M52	5	51.5	51.7
M60	5.5	39.45	59.7

非螺纹密封的管螺纹

尺寸代号	管子外径	
	最小直径	最大直径
1/8	9.4	9.5
1/4	12.7	13
3/8	16.2	16.5
1/2	20.5	20.8
5/8	22.5	22.8
3/4	26	26.3
7/8	29.8	30.1
1	32.8	33.1
11/8	37.4	37.7
11/4	41.4	41.7
13/8	43.8	44.1
11/2	47.3	47.6

（4）攻螺纹、套螺纹质量分析　攻螺纹、套螺纹产生废品及刀具损坏的原因见表7-9、表7-10、表7-11。

表7-9　攻螺纹产生废品的原因及防止方法

废品形式	产　生　原　因	防　止　方　法
螺纹乱牙	1. 底孔直径太小，丝锥不易切入，造成孔口乱牙 2. 攻二锥时，未按已切出的螺纹切入 3. 丝锥磨钝，不锋利 4. 螺纹歪斜过多，用丝锥强行纠正 5. 未用合适的切削液 6. 攻螺纹时，丝锥未经常倒转	1. 根据加工材料，选择合适的底孔直径 2. 先用手旋入二锥，再用铰杠攻入 3. 刃磨丝锥 4. 开始攻入时，两手用力要均匀，并注意检查丝锥与螺孔端面的垂直度 5. 选用合适的切削液 6. 多倒转丝锥，使切屑碎断
螺纹歪斜	1. 丝锥与螺孔端面不垂直 2. 攻螺纹时，两手用力不均匀	1. 开始切入时，注意丝锥与螺孔端面垂直 2. 两手用力要均匀
螺纹牙深不够	1. 底孔直径太大 2. 丝锥磨损	1. 正确选择底孔直径 2. 刃磨丝锥

（续）

废品形式	产 生 原 因	防 止 方 法
螺纹表面粗糙	1. 丝锥前、后面及容屑槽粗糙 2. 丝锥前、后角太小 3. 丝锥不锋利、磨钝 4. 攻螺纹时丝锥未经常倒转 5. 未用合适的切削液	1. 刃磨丝锥 2. 磨大前、后角 3. 刃磨丝锥 4. 多倒转丝锥，改善排屑 5. 选择合适的切削液

表 7-10　套螺纹产生废品的原因及防止方法

废品形式	产 生 原 因	防 止 方 法
螺纹乱牙	1. 塑性材料未用切削液，螺纹被撕坏 2. 套螺纹时，没有反转割断切屑，使切屑堵塞，咬坏螺纹 3. 圆杆直径太大 4. 板牙歪斜太多而强行纠正	1. 根据材料，正确选用切削液 2. 应经常倒转，使切屑断碎，及时排出 3. 正确选择圆杆直径 4. 开始套时就应注意板牙平面与圆杆轴线垂直，同时注意两手用力相等
螺纹歪斜	1. 圆杆倒角过小，φ 角过大，或倒角歪斜 2. 两手用力不均匀	1. 倒角要正确、无歪斜 2. 起套要正，两手用力均衡
螺纹太瘦	1. 铰杠摆动太大，或由于偏斜多次纠正，切削过多，使螺纹中径偏小 2. 起套后，仍用压力扳动	1. 要摆稳板牙，用力均衡 2. 起套后去除压力，只用旋转力
螺纹太浅	圆杆直径太小	根据材料正确选择圆杆直径

表 7-11　丝锥和板牙损坏原因及防止方法

损坏形式	损 坏 原 因	防 止 方 法
崩牙或扭断	1. 螺纹底孔直径过小，或圆杆直径太大，切削负荷大 2. 工件材料中夹有杂质或有较大砂眼 3. 工件材料硬度太高，或硬度不均匀 4. 丝锥或板牙切削部分的前、后角太大 5. 铰杠或板牙架过大，掌握不稳或用力过猛 6. 韧性材料（不锈钢等）不用切削液，使工件与丝锥或板牙咬住 7. 攻不通螺孔时，丝锥顶住孔底，还继续用力旋转 8. 丝锥或板牙没有经常倒转，致使切屑将容屑槽堵塞 9. 刀齿磨钝或丝锥或板牙位置不正，单边受力过大	1. 根据加工材料，合理选择底孔直径和圆杆直径 2. 加工前检查材料中的砂眼、夹渣等情况，如有上列情况应小心加工 3. 加工前检查材料硬度，采用热处理措施，小心加工 4. 刃磨丝锥或板牙 5. 选择合格的铰杠或板牙架，小心加工 6. 应用切削液，注意经常倒转切断切屑 7. 注意不通深度及丝锥攻入深度，注意应经常倒转排屑 8. 刃磨丝锥和板牙 9. 注意或检查起切时丝锥或板牙对工件平面或圆杆轴线的垂直度

第三节　机 械 装 配

机械装配是按规定的技术要求，将零件或部件进行配合和连接，使之成为半成品或成品的工艺过程。

一般按先下后上，先内后外，先难后易，先精密后一般，先重后轻的顺序进行装配。

装配是机器制造过程的最后阶段。装配工作的好坏对产品的质量有很大影响。若零件加工精度很高，而装配不正确，机器将达不到规定的技术要求；反之，虽然有些零件精度不高，经过修配和调整，仍能装出符合要求的机器。装配工件的劳动量在机器制造过程中所占的比重较大。在大量生产时，装配工时约为机械加工工时的20%；而在单件、小批生产时，装配工时则为机械加工工时的40%～60%，甚至更高。

一、装配方法

1. 装配前的准备

1）熟悉产品装配图、装配工艺文件和产品精度验收标准等，分析产品结构，了解零件、相互连接关系和装配技术要求。

2）确定装配的顺序、方法，准备所需的专用工具。

3）对装配的零件进行清洗，去掉零件上的毛刺、切屑和油污等。

2. 装配

（1）组件装配　将若干零件连接成组件的装配过程。如装配车床主轴变速箱中某一根传动轴等。

（2）部件装配　将若干零件和组件连接成部件的装配过程，如车床的主轴变速箱、进给箱和溜板箱的装配等。

（3）总装配　将若干零件和部件装配成最终产品的装配过程。如完整的机床、汽车和汽轮机的装配等。

3. 调整精度、检验和试车

（1）调整精度　指调节零件或机构间的结合松紧、配合间隙和相互位置精度，使产品各机构能协调地工作，如轴承间隙、镶条位置、蜗轮轴向位置的调整等。

（2）精度检验　包括几何精度检验和工作精度检验。前者主要是检验产品静态时的精度，如检验车床主轴中心线和床身导轨的平行度、中滑板导轨和主轴中心线的垂直度、前后两顶尖是否等高等；后者检验产品在工作状态下的精度状态，对机床主要是切削试验，如车床的车外圆和车端面试验等。

（3）试车　指检验产品的运转灵活性、工作温升、密封性能、振动、噪声、转速和输出功率等是否达到设计要求。

4. 装配方法

装配工作的主要任务是保证机械在装配后达到规定的各项精度要求。因此，必须采取合理的配合方法。保证装配精度的配合方法主要有如下几种：

（1）完全互换法　在同类零件中，任选一个装配零件，不经修配，就能达到规定的装配要求，这种装配方法称为完全互换法。其优点是装配操作简便，生产效率高，适用于组成环数少、精度要求不高或大批量生产。

（2）分组装配法　将零件的制造公差适当放大到经济可行的程度，并将各配合零件按实测尺寸分组，然后一组一组地进行装配，以达到规定的配合要求。选择装配法的优点是降低加工成本，分组选择后零件的配合精度高。常用于大批量生产中装配精度要求很高、组成环数较少的场合。

（3）修配法　修配法是指修去指定零件上预留修配量以达到装配精度的装配方法。修配法的优点是可降低对零件的制造精度要求，适用于单件小批量生产以及装配精度要求高的场合。

（4）调整法　调整某个零件的位置或尺寸以到达装配精度的装配方法，如调换垫片、套筒等控制调整件的尺寸。调整法的优点是零件可按经济公差精度加工。适用于除必须采用分组选配的精密配件外的各种装配场合。

常用的固定调整件有垫圈、垫片等。预先做好各种尺寸，装配时根据不同的误差情况，选定所需尺寸的调整件装入，使部件达到装配精度。如选用垫圈调整轴向间隙。

常用的可动调整件有螺钉、螺母、楔块等。装配时转动或移动该件，使部件达到装配精度。如用螺钉、楔块调整丝杠螺母轴向间隙，可通过调整螺钉使楔块向上移动，将两螺母间距拉开，以消除传动丝杠和螺母间的轴向间隙。

二、装配工艺过程实例分析

以减速器装配过程为例介绍装配工艺过程。

1. 减速器的结构

1）减速器装在原动机与工作机之间，用来降低转速和相应地增大转矩。如图7-28所示的减速器为蜗轮与锥齿轮减速器。它的特点是外廓尺寸较小，能获得较大的降速比，工作平稳，噪声较小。蜗杆采用浸油润滑，轮齿啮合和轴承的润滑及冷却良好。

2）减速器的运动由联轴器传来，经蜗杆轴传至蜗轮、蜗轮安装在装有锥齿轮的轴上，借助于轴上的平键将运动传给锥齿轮副，最后由安装在锥齿轮轴上的圆柱齿轮传出。

2. 减速器装配的技术要求

1）零件和组件必须安装在规定位置，不得装入未规定的垫圈、衬套之类零件。

2）各轴线之间应该有相对正确的位置，如平行度、垂直度等。

3）锥齿轮副、蜗轮蜗杆的啮合接触面积应符合技术要求。

4）旋转件转动灵活，滚动轴承间隙合适，润滑良好，不漏油。

5）固定连接牢固、可靠。

3. 减速器的装配工艺过程

减速器部件的装配工作主要有：零件的清洗、整形和补充加工，零件的预装、组装、部件的总装配、调整等。

（1）零件的清洗、整形和补充加工　为了保证部件的装配质量，在装配前必须对待装的零件进行清洗、整形和补充加工。

1）清洗。用清洗剂清除零件表面的防锈油、灰尘、切屑等污物，以防装配时划伤、研损配合表面。

2）整形。主要是修锉箱盖、轴承等铸件的不加工面，使其与箱体结合的部件外形一致，同时锉去零件上锐边、毛刺和工序运转中因碰撞而产生的印痕。

3）补充加工。零件上某些部位需要在装配时补充加工。如对箱体与箱盖、箱盖与箱

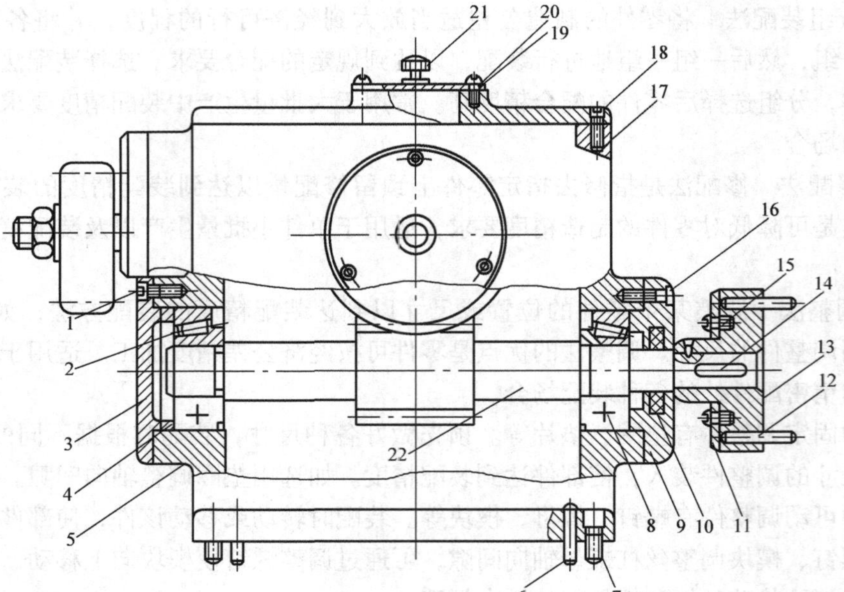

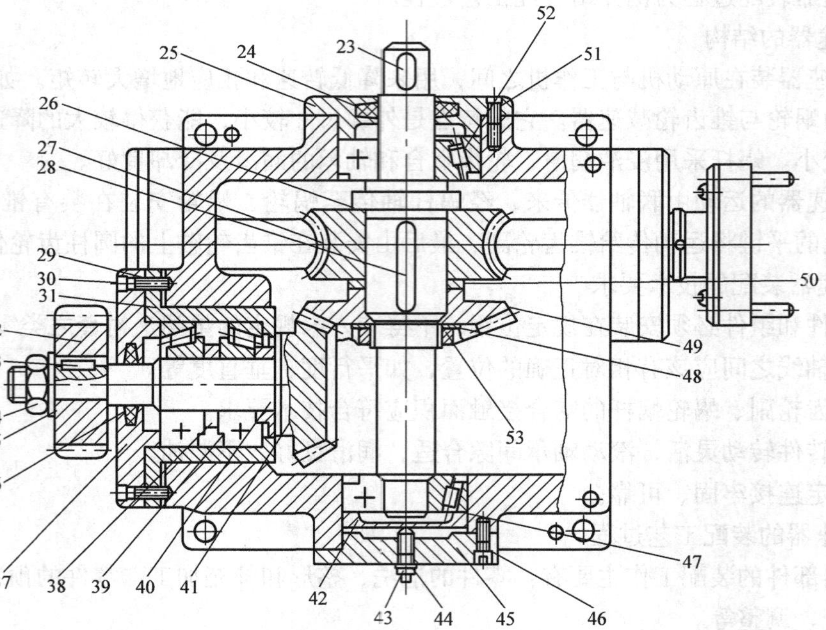

图 7-28 减速器组件部件装配图

1、7、15、16、17、20、30、43、46、51—螺钉 2、8、39、42、52—轴承 3、9、25、37、45—轴承盖
4、29、50—调整垫圈 5—箱体 6、12—销钉 10、24、36—毛毡 11—环 13—联轴器
14、23、27、33—键 18—箱盖 19—盖板 21—手把 22—蜗杆轴 26、40—轴 28—蜗轮
31—轴承套 32、41、49—齿轮 34、44、53—螺母 35、48—垫圈 38—隔圈 47—压盖

板、各轴承盖与箱体等的连接孔、螺孔进行配钻孔、攻螺纹等。

（2）零件的预装配 零件的预装又叫试装。为了保证装配精度，某些相配零件应先试装。若未达到要求，须更换零件或进行调整。如图7-29a所示为蜗杆轴装配平键，与联轴器试配；图7-29b为蜗轮轴装配平键，与蜗轮、调整垫圈及锥齿轮试配；图7-29c为锥齿轮轴装配平键，与圆柱齿轮试配。零件试配后一般仍要卸下，并打好配套标记，待进行部件装配时再重新安装。

（3）组件装配　由减速器的装配图7-28可以看出，减速器装配可以划分为锥齿轮轴套、蜗杆轴、蜗轮轴等组件。其中锥齿轮轴套组件（见俯视图）可以单独地进行装配，因为轴承套内所装的各个零件，其外径都小于箱体孔，其余组件都不能单独地进行装配。

锥齿轮轴套组件的装配顺序如图7-30所示，锥齿轮轴是装配基准件。图7-31为该件的装配系统图，简略说明零件间的相互装配关系和装配流程。由图7-31可知，装配时先将衬套装在轴上构成201锥齿轮轴分组件；再将圆锥滚子轴承外圈B-1压入轴承套底部构成202轴承套分组件，套到圆锥齿轮轴上；然后依次将轴承内圈B-1、隔圈、圆锥滚子轴承内圈B-1压装在轴上；将轴承外圈B-1轻压至轴承套内；将含有毛毡的203轴承盖分组件装入，调整端面高度，在轴承间隙符合要求后拧紧三个螺钉；最后安装平键，套装齿轮、垫圈，拧紧螺母。装配完成后，进行检验，要求锥齿转动灵活，无轴向窜动。

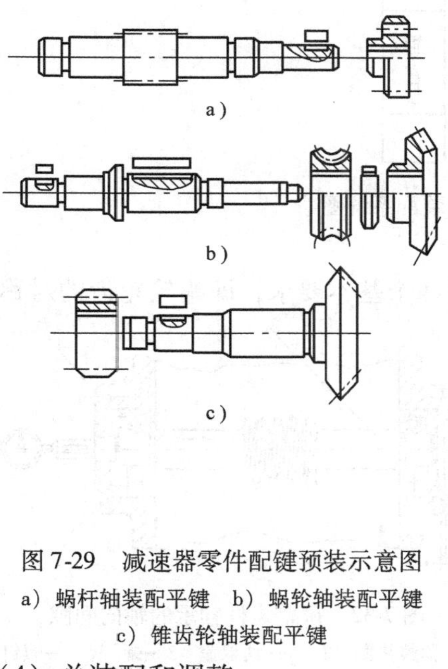

图7-29　减速器零件配键预装示意图
a）蜗杆轴装配平键　b）蜗轮轴装配平键
c）锥齿轮轴装配平键

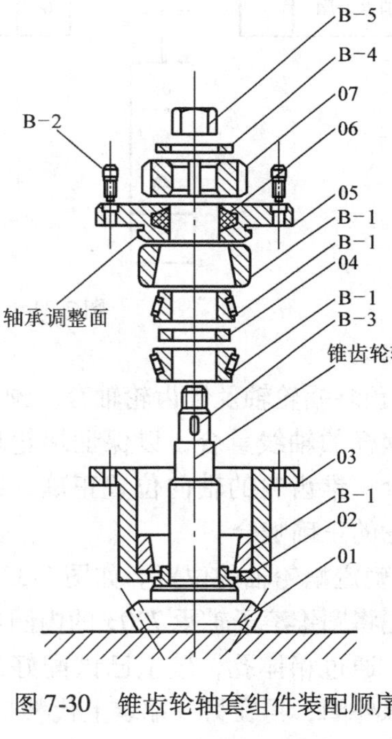

图7-30　锥齿轮轴套组件装配顺序

（4）总装配和调整

1）装配蜗杆组件。如图7-32所示，先将蜗杆与两轴内圈组成的分组件装入箱体，然后从箱体两端装入两轴承的外圈，再装上该轴承组件，并用螺钉拧紧。这时可轻敲蜗杆右端，使左端轴承消除游隙并贴紧轴承盖。再在左端试装调整垫圈和轴承盖，并测量间隙Δ，以便确定调整垫圈的厚度；最后将上述零件装入，用螺钉拧紧。装成后在蜗杆外端放置一百分表，检查轴向间隙Δ，Δ值应在0.01～0.02mm之间。

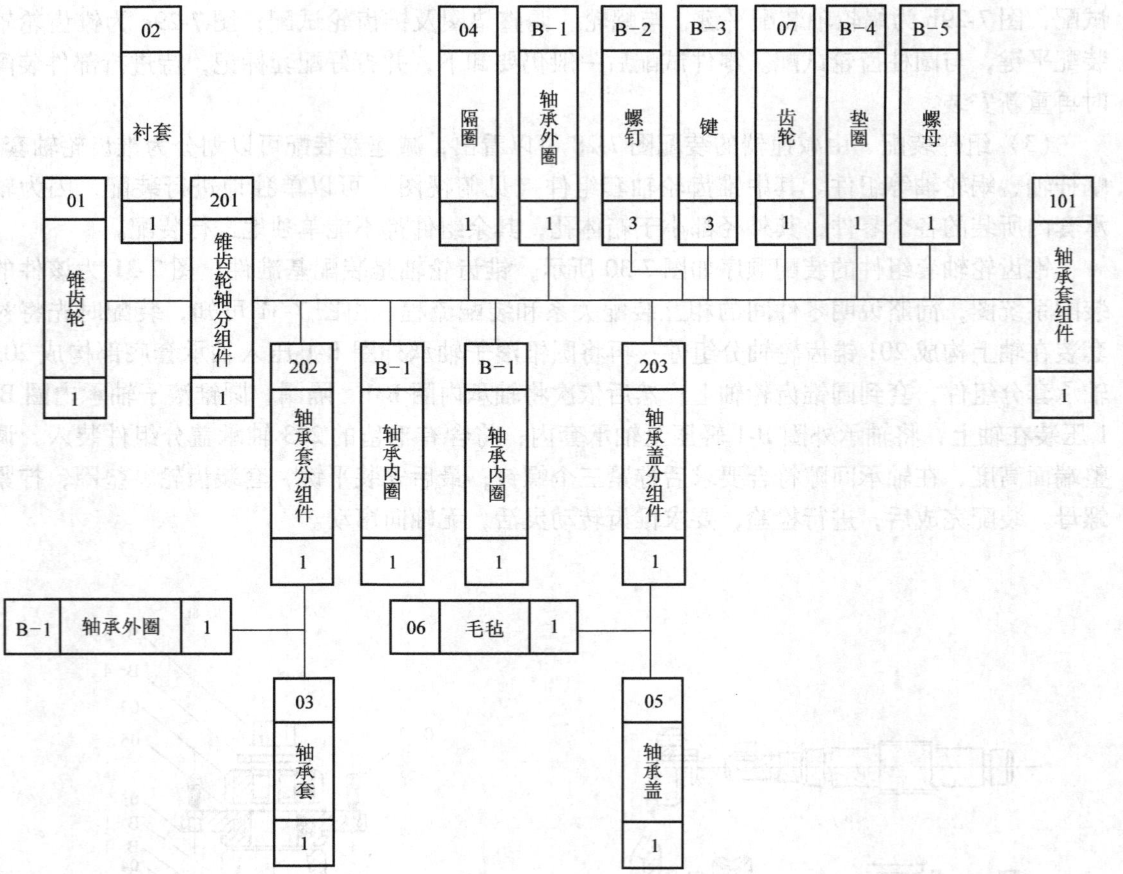

图 7-31　锥齿轮轴套件的装配系统图

2）预装蜗轮轴及锥齿轮轴套。预装是为了实现两个基本要求，即蜗轮轮齿的对称中心平面与蜗杆的轴线重合，以保证蜗轮蜗杆的正确啮合；锥齿轮的轴向位置正确，以保证两锥齿轮的正确啮合。

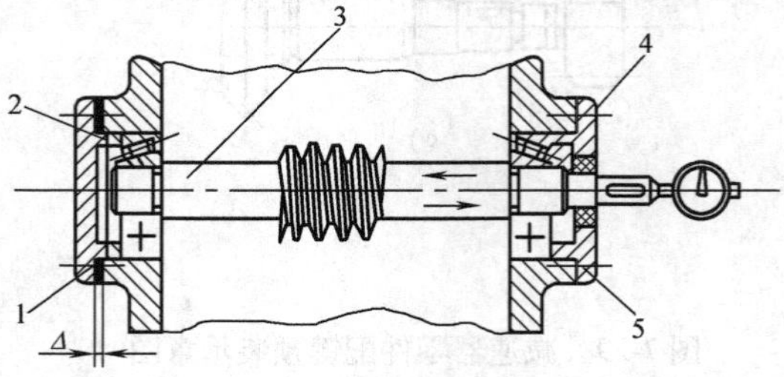

图 7-32　调整蜗杆轴承的轴向间隙

1—调整垫圈　2、5—轴承盖　3—蜗杆　4—螺钉

3）确定蜗轮轴的位置。如图 7-32、7-33 所示，先将圆锥滚子轴承 7203 的内圈压入轴的大端，通过箱体孔，装上已试配好的蜗轮以及轴承外圈，再在另一端装上代替 7202 轴承的轴套（为了便于拆卸）。移动蜗轮轴，在蜗轮与蜗杆正确啮合的位置上测量尺寸 H，并以此来调整轴承盖的台肩尺寸（台肩尺寸为 $H_{-0.02}^{\ 0}$）。

4）确定锥齿轮的安装位置。如图 7-34 所示，先在蜗轮轴上安装锥齿轮，再装上锥齿轮轴套组件，调整两锥齿轮的轴向位置，使其正确啮合，分别测量 H_1 和 H_2，并选定调整垫圈厚度。

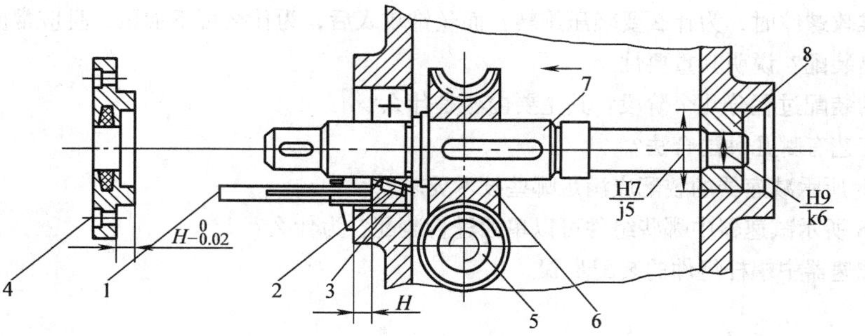

图 7-33　调整蜗轮轴的安装位置

1—游标卡尺　2—滚动体　3—外圈　4—轴承盖　5—蜗杆　6—蜗轮　7—轴　8—轴承

5）装配蜗轮轴组件，装入锥齿轮轴套。如图 7-34 所示，先经大轴孔将装有 7203 内圈和平键的蜗轮轴分组件放到箱体中，同时依次将蜗轮、调整垫圈、锥齿轮、垫圈和止动螺母装在轴上。再在大轴孔装入 7203 外圈和轴承盖，在小轴承孔处装入 7202 轴承、凸缘垫片和轴承盖，两端均用螺钉紧固。然后用螺钉通过凸缘垫片调整好圆锥滚子轴承的游隙，转动蜗杆时要灵活无阻滞。最后将锥齿轮轴套组件与调整垫圈一起装入箱体，用螺钉紧固。

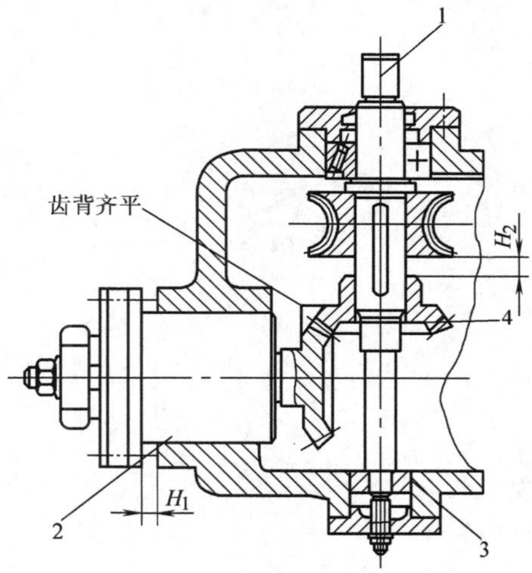

图 7-34　确定锥齿轮的安装位置

1—轴　2—锥齿轮轴套组件　3—轴套　4—锥齿轮

6）安装联轴器和箱盖组件。

（5）运转试验　装配完毕后要进行运转试验。先清洗内腔，注入润滑油，转动联轴器使润滑油均匀分配到轴承等处。而后装上箱盖，连上电动机，并用手转动联轴器试转。一切符合要求后，接上电源，进行空转试车。运转 30min 后，轴承温度不能超过规定要求，齿轮无显著噪声，传动性能符合要求。

思考与练习

1. 试述划线的作用。
2. 什么叫锯条的锯路？锯路有何作用？
3. 锯条装得太紧或太松，在锯割时会产生什么影响？
4. 起锯时有哪几种方法？其中哪一种方法最好？为什么？
5. 试分析锯条折断的原因。
6. 顺向锉、交叉锉和推锉的锉法各有何优点？怎样正确选用？
7. 怎样根据加工对象正确选用锉刀？
8. 锉削平面不平的原因是什么？
9. 使用标准麻花钻钻孔时，当孔将要钻穿时，为什么要减小进给量？
10. 保证钻孔中的位置精度要做到哪几点？
11. 当丝锥断在工件里，如何取出？

12. 用头锥攻螺纹时，为什么要轻压旋转？而丝锥攻入后，为什么可不加压，且应常反转？
13. 什么是装配？说明其重要性。
14. 产品的装配过程分几个阶段？其主要内容是什么？
15. 装配工艺有哪几种配合法？
16. 图 7-28 所示减速器的装配应满足哪些技术要求？
17. 图 7-28 所示减速器中哪些组件可以单独进行装配？为什么？
18. 试述减速器中蜗杆组件的装配步骤。

第八章　金属切削机床与切削加工

【本章要点】 机床的分类及编号、金属切削加工的基本知识及车床、铣床、磨床加工特点与应用。

切削加工是指用刀具并使它相对于工件运动，以切去毛坯或半成品上多余的材料，使其形状尺寸和表面粗糙度等达到预定要求的加工方法。切削加工分为钳工加工和机械加工两大类。钳工加工（简称钳工）已在第七章叙述；而机械加工是利用机械力对各种工件进行加工的方法，它一般是通过工人操纵机床设备进行加工的。切削加工包括工件（加工对象）、刀具（切削工具）和金属切削机床等三个要素。

金属切削机床简称机床，本章中所指的机床，凡未加注的，均指金属切削机床。它是用切削加工方法，将金属（或其他材料）的毛坯或半成品加工成零件的机器。

在一般的机械制造工厂中，机床是主要的加工设备。机床的技术性能直接影响机械工业产品的质量和劳动生产率。高精度机床和大型、重型机床在高技术产品、尖端武器和大型设备的制造中，还起着关键作用。

第一节　金属切削机床的分类及型号

一、金属切削机床分类

目前，我国按机床的加工对象可分为通用机床、专门化机床和专用机床。通用机床是指可加工多种工件，完成多种工序、使用范围较广的机床；专门化机床是指用于加工形状相似而尺寸不同的工件上特定工序的机床；专用机床是指用于加工特定工件的特定工序的机床。按机床精度等级标准可将机床分为普通机床、精密机床和高精度机床三种。根据国家标准的金属切削机床型号编制方法（GB/T 15375—1994），按机床原理不同，把机床分车床、铣床、钻床、镗床、磨床、齿轮加工机床、螺纹加工机床、刨插床、拉床、锯床和其他机床共11大类。

二、金属切削机床型号的编制方法

机床型号表示机床的类型、主要技术参数、使用及结构特性等。在国家标准的金属切削机床型号编制方法中，通用机床型号的表示方法如图8-1所示。“（　）”内的代号或数字，若无内容则不表示；若有内容则不带括号；有“○”符号者为大写的汉拼音字母；有“△”符号者为阿拉伯数字。

通用机床的型号由基本部分和辅助部分组成，中间用“/”隔开，读作“之”。基本部分需统一管理，辅助部分纳入型号与否由生产厂家自定。

1. 机床的类代号

机床的类代号用汉语拼音字母（大写）表示，位于型号的首位，机床的类别及分类代号见表8-1。

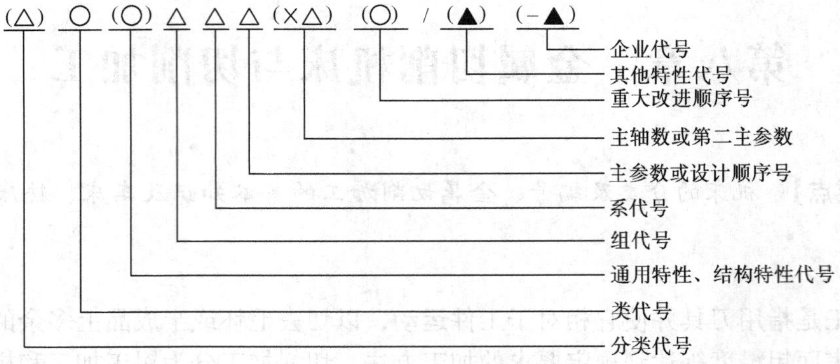

图 8-1 通用机床型号的表示方法

表 8-1 机床类代号和分类代号

类　别	车床	钻床	镗床	磨床			齿轮加工机床	螺纹加工机床	铣床	刨插床	拉床	特种加工机床	锯床	其他机床
代　号	C	Z	T	M	2M	3M	Y	S	X	B	L	D	G	Q
参考读音	车	钻	镗	磨	二磨	三磨	牙	丝	铣	刨	拉	电	割	其

2. 通用特性、结构特性代号

当某类型机床，除有普通型式外，还具有表 8-2 所列的通用特性，则在类代号之后，用大写的汉语拼音字母予以表示，例如，精密车床，在 C 后面加 M。

表 8-2 机床通用特性代号

通用特性	高精度	精密	自动	半自动	数控	加工中心（自动换刀）	仿型	轻型	加重型	简式
代号	G	M	Z	B	K	H	F	Q	C	J
参考读音	高	密	自	半	控	换	仿	轻	重	简

对主参数值相同而结构、性能不同的机床，在型号中用汉语拼音字母的大写区分并排在通用特性代号之后，表示结构特性代号。通用特性用过的字母以及 I、0 两字母不能用作结构特性代号。常用的结构特性代号有 A、D、E、L、N、P、S、R、T、P、U、V、W、X、Y 等。

3. 机床的组、系代号

每类机床划分为十个组，每组又划分为十个系（系列）。在同类机床中，主要布局或使用范围基本相同的机床，即为同一组；在同一组机床中，其主参数相同，主要结构及布局型式相同的机床，即为同一系。例如，CD6150 型普通卧式车床型号中的“61”，说明它属于车床类 6 组、1 系。具体的组、系的编号见相关资料。

机床的组用一位阿拉伯数字表示，位于类代号或通用特性代号、结构特性代号之后；机床的系，用一位阿拉伯数字表示，位于组代号之后。

4. 机床的主参数和第二主参数

型号中的主参数用折算值（一般为机床主参数实际数值的 1/10 或 1/100）两位数表示，位于组、系代号之后。它反映机床的主要技术规格，其尺寸单位为 mm，如 C6150 车床，主参数折算值为 50，折算系数为 1/10，即主参数（床身上最大回转直径）为 500mm。

第二主参数加在主参数后面，用“ ×”加以分开，读作“乘”。例如，CD6150 × 750，“750”表示最大工件长度为 750mm。

5. 机床重大改进的序号

当机床的结构、性能有重大改进和提高时，按其设计改进的次序分别用汉语拼音“A、B、C、D、…”表示，附在机床型号的末尾，以示区别。例如，C6140A 是 C6140 型车床经过第一次重大改进的车床。

6. 其他特性代号

其他特性代号主要用以反映各类机床的特性。例如，对一般机床，可反映同一型号机床的变形；对于数控机床，可用来反映不同的控制系统等。其他特性代号在改进序号之后，用汉语拼音字母或阿拉伯数字表示，前面用“/”分开。

7. 企业代号

企业代号包括机床生产厂家和研究单位代号，用“-”与前面代号分开。例如，X6132，X 表示铣床类，6 表示卧式升降台铣床组，1 表示万能升降台铣床系，32 表示工作台面宽度为 320mm；CM6132-A，C 表示车床类，M 表示车床为精密型，6 表示卧式车床组，1 表示卧式车床系，32 表示加工工件最大回转直径为 320mm，A 表示为第一次重大改进。

第二节 金属切削加工基本知识

切削加工的目的是要使工件的加工精度和表面质量，达到图样所规定的有关技术要求。进行切削加工，除了要有一定切削工具外，还要有机床来提供工件与切削工具间所必需的相对运动，而且这种运动还应与工件各种表面的形成规律和几何特征相适应。切削加工的具体方法主要有车削、刨削、钻削、铣削和磨削等。

一、切削运动与切削要素

1. 切削运动

机械零件一般由外圆面、内圆面、平面和成形面等基本几何形状组成。要完成零件表面的切削加工，刀具和工件之间必须有一定的相对运动，即切削运动。切削运动可分为主运动和进给运动，如车床主轴的旋转运动为主运动、刀架的横、纵向运动为进给运动；钻床主轴的旋转运动为主运动、刀具的转动为进给运动等。

（1）主运动　主运动是切除工件表面多余材料所需的主要运动。例如，车削时工件的旋转运动、钻削时刀具的旋转运动等。通常主运动所消耗的功率最大，线速度也较高。

（2）进给运动　进给运动是保证切削继续进行的运动。例如，车削外圆时车刀的纵向移动、钻孔时钻头的轴向移动等。进给运动的速度较低，消耗的功率较小。

2. 切削要素

（1）切削加工表面　在切削加工过程中，工件会形成三种表面，以车床为例，如图 8-2 所示。

1）待加工表面。工件上有待切削的表面。

2）加工表面。工件上正被切削刃切削的表面。

3）已加工表面。工件上经刀具切削后产生的表面。

（2）切削用量三要素　在切削加工中，切削用量包括切削速度、进给量和背吃刀量三要素。

1）切削速度（v_c）。它是切削刃上选定点在主运动中的线速度，单位为 m/min。

2）进给量（f）。进给量是指工件或刀具每转一周或往复一次或刀具每转过一齿时，工件与刀具在进给运动方向上相对的位移量。

3）背吃刀量（a_p）。切削深度是指在垂直于进给方向上所量得的待加工表面与已加工表面间的距离。例如，车外圆时，它就是待加工表面与已加工表面半径之差。

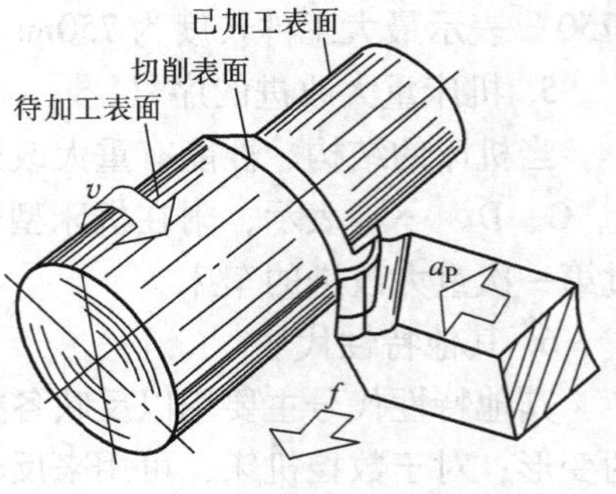

图 8-2　切削加工表面

二、车刀的切削部分以及车刀主要角度

1. 车刀切削部分组成

外圆车刀切削部分由三面二刃一尖组成，即一点二线三面，如图 8-3 所示。

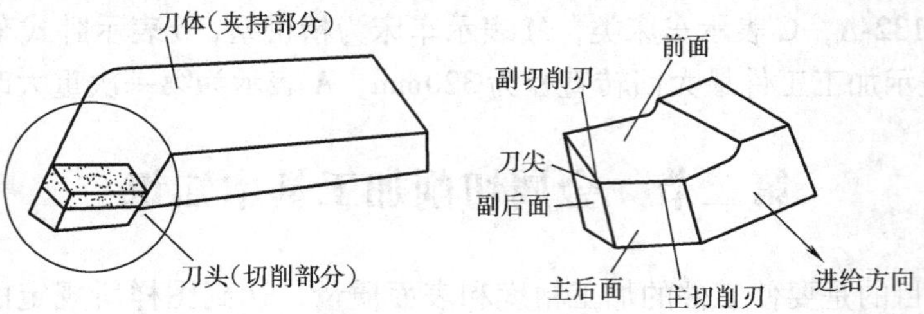

图 8-3　车刀的切削部分

三面即前面（前刀面）——刀具上切屑流过的表面；主后面（主后刀面）——与工件加工表面相对着的表面；副后面（副后刀面）——与工件已加工面相对着的表面。

二刃即主切削刃——前面与主后面相交的切削刃，担负主要切削工作；副切削刃——前面与副后面相交的切削刃，担任小部分切削工作。

一尖即刀尖——主切削刃与副切削刃连接处的一部分切削刃，一般为一段过渡弧或直线。

2. 车刀的辅助平面

为了确定车刀的角度，需要建立三个辅助平面，即基面、切削平面和正交平面，如图 8-4 所示。

1）基面。该面是通过切削刃上选定点且平行于车刀安装底面（水平面）的平面。

2）切削平面。该面是通过主切削刃上选定点且与切削刃相切，并与基面垂直的平面。

3）正交平面。该平面是通过主切削刃上选定点且同时垂直于基面和切削平面的平面。

3. 车刀主要角度及作用，如图 8-5 所示。

（1）前角（γ_0） 指前面与基面的夹角，在平行于主切削速度并与主切削刃垂直的主剖面内测量。前角会影响切削刃锋利程度及强度。增大前角可使刃口锋利，切削力减少，切削温度降低，但过大的前角会使刃口强度降低，容易造成刃口损坏。

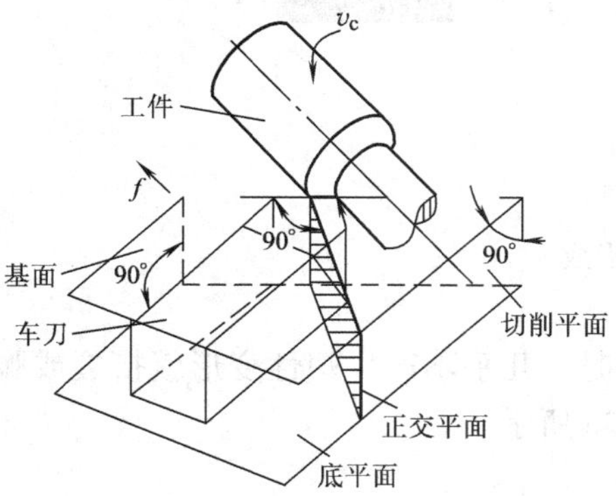

图 8-4 车刀的辅助平面

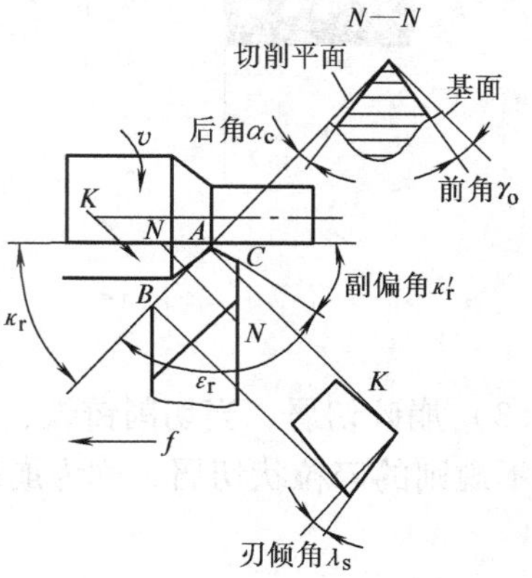

图 8-5 车刀角度

（2）后角（α_0） 指后面与切面平面的夹角。后角可减少后面与工件之间的摩擦，也和前角一样影响刃口强度和锋利程度。

（3）主偏角（κ_r） 指主切削刃与进给方向在基面上投影的夹角。主偏角会影响切削刃工作长度、进给力、刀尖强度和散热条件。主偏角越小，吃刀抗力越大，切削刃工作长度越长，散热条件越好。

（4）副偏角（κ_r'） 指副切削刃与进给反方向在基面上投影的夹角。副偏角会影响已加工表面的粗糙度，减小副偏角可使被加工表面光洁。

（5）刃倾角（λ_s）指主切削刃与基面的夹角。刀尖为切削刃最高点时为正，称为正刃倾角，反之为负刃倾角。刃倾角直接影响切屑流向。正刃倾角把切屑引向待加工表面，避免切屑擦伤工件表面，但降低刀头强度。负刃倾角把切屑推向已加工表面，可能使已加工表面造成损伤，但增加刀头强度。

三、金属切削机理分析

1. 切削过程及切削种类

金属切削过程实际上就是切屑的形成过程。在切削过程中，被切金属层在刀具切削刃和前刀面的作用下经受挤压，开始产生弹性变形；随着刀具的继续切入，切应力达到屈服点时开始产生塑性变形；刀具再继续切入，切应力达到强度极限，金属层因塑性变形增加产生裂痕而被挤裂，挤裂的金属从刀具前面滑出而形成切屑，如图 8-6 所示。

由于工件材料和切削条件不同，切削过程中变形程度也不同，从而产生多种切屑。根据变形特点和切屑的外形，切屑分为三种基本类型。

（1）带状切屑 当用较大前角、较高的切削速度和较小的进给量去切削塑性材料时，金属层发生较大的塑性变形，在未挤裂前就形成了切屑。其内表面光滑，外表面呈微小的锯齿形，是一种常见的切屑，称带状切屑，如图 8-7a 所示。

（2）节状切屑 当用较低的切削速度、较大的切削厚度和较小的前角加工中等硬度的钢材料时，容易得到节状切屑，如图 8-7b 所示。

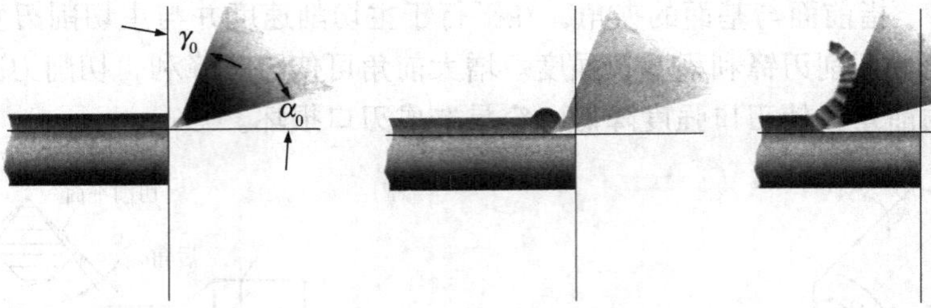

图 8-6　切屑的形成

（3）崩碎切屑　当切削铸铁、青铜等脆性材料时，几乎不产生塑性变形就挤裂或脆裂，形成不规则的碎粒状切屑，称为崩碎切屑，如图 8-7c 所示。

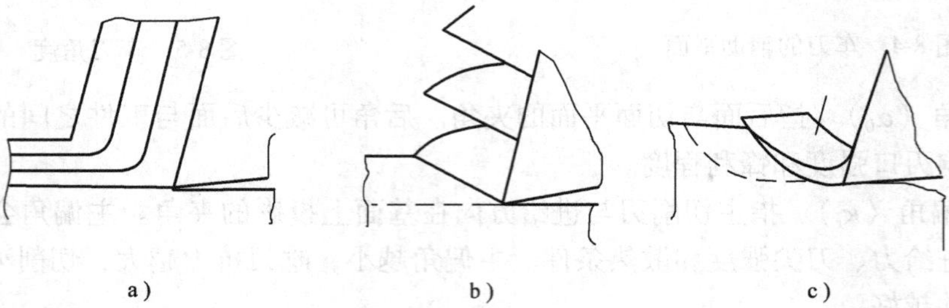

图 8-7　切屑形状
a）带状切屑　b）节状切屑　c）崩碎切屑

2. 积屑瘤及其形成

在一定的切削速度下切削塑性材料时，常常发现靠近切削刃部位粘附着一块很硬的楔形金属，称为积屑瘤（即刀瘤），如图 8-8 所示。从前面流出的底层金属，有一定温度与压力作用并受到很大的摩擦阻力，致使金属流速降低形成很薄的滞流层。当滞流层与前刀面的摩擦力超过切屑材料分子间结合力时，就会有一部分金属粘附在切削刃附近，形成积屑瘤。

积屑瘤形成后会不断增大，到一定高度后在外力或振动作用下会断裂或脱落，嵌附在切屑或工作表面上。

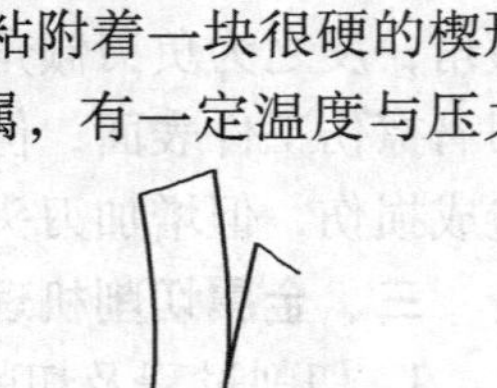

图 8-8　积屑瘤

（1）积屑瘤的影响　积屑瘤经过变形，硬度很高，可代替切削刃进行切削，起到保护刀刃和增大前角的作用。它有利于减少刀具磨损和减小切削力，所以粗加工时应利用这一点。但积屑瘤在切削过程中，时而形成，时而脱落，会使已加工表面留下不均匀的沟痕，还有一些粘附在工件表面上，影响加工精度和表面粗糙度。因此在精加工时，应尽量避免积屑瘤的产生。

（2）积屑瘤的控制　精加工时，需要避免积屑瘤。首先，对塑性金属材料（如低碳钢）进行正火或调质处理，提高其硬度，降低其塑性。其次，当工件材料已确定时，要考虑切削速度，它是形成积屑瘤的一个主要因素。切削速度是通过温度和摩擦来影响积屑瘤的。此外，使用切削液能使切削温度降低，也是减少或避免积屑瘤产生的一项有效措施。

四、切削力与切削温度

1. 切削合力（F）

为了使切削过程得以进行，必须克服材料弹性和塑料变形的抗力、摩擦阻力。在刀具的作用下，切削层金属、切屑和工件表面层金属都要产生弹性和塑性变形，此时刀具上所有参与切削的切削部分施加于工件上的总的力称为切削合力。

切削合力主要来源于两个方面：一是切削层金属、切屑和工件表面层金属的弹性变形、塑性变形所产生的抗力；二是刀具与切屑、工件表面间的摩擦力。进给力 F' 与切削合力，大小相等，方向相反，具有不同作用对象，如图 8-9 所示。

（1）切削合力的分力　切削合力是一个空间矢量。为了便于分析它对加工质量的影响，可根据具体需要，将其进行分解。以车外圆为例，切削合力可分解为如图 8-10 所示的三个相互垂直的分力。

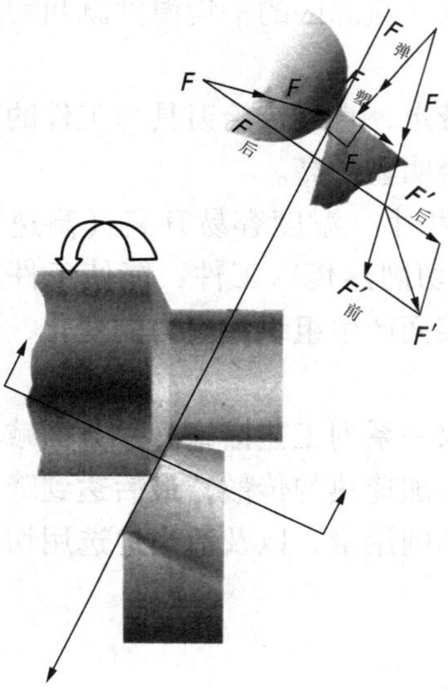

图 8-9　切削合力来源

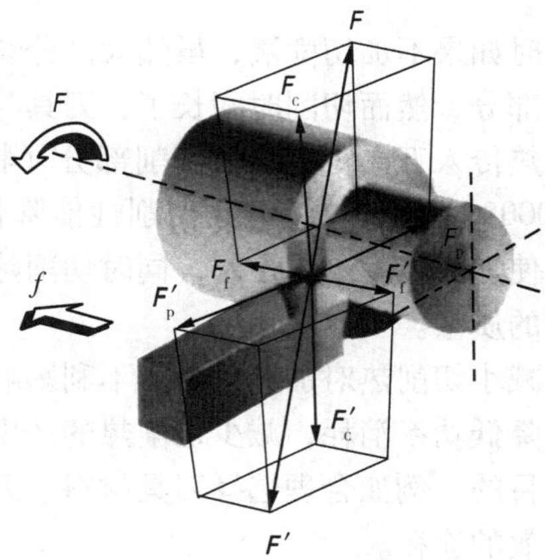

图 8-10　切削合力的分解

1）切削力 F_c　它是切削合力在主运动方向（v_c 方向）上的分力。它消耗的功率最多，为

$$P_c = \frac{F_c v_c}{60 \times 1000}$$

式中　P_c——切削力消耗功率（kW）；

F_c——切削力（N）；

v_c——切削速度（m/min）。

2）背向力 F_p。切削合力在垂直于工作平面上的分力。由于车外圆时，刀具与工件在这个力的方向上无相对运动，故背向力不消耗功率。

3）进给力 F_f。它是切削合力在进给方向上的分力。由于进给力远小于切削力，进给速度 v_f 远远小于切削速度，所以它消耗的功率非常小。

（2）影响切削力的主要因素

1）工件材料。工件材料的硬度、强度越高，切削力也越大。在材料的硬度，强度相近的情况下，材料的塑性、韧性越大，则切削力也越大。

2）切削用量。切削深度和进给量增大时，切削横截面积也增大，切屑粗壮，对刀具的挤压变形抗力和摩擦力也会大些。因此，粗加工时的合成切削抗力大于精加工时的合成切削抗力。

3）刀具角度。前角越大，切削层的变形越小，切削力越小。其他几个角度根据被加工材料情况而变化，详细情况参见相关资料。

4）切削液。合理使用切削液，可以减小工件材料的变形抗力和摩擦力，使合成进给力减小。

2. 切削温度

在切削过程中，由于被切削层材料的变形、分离及刀具与切削材料间摩擦而产生的热量叫切削热。工件与刀具相互挤压、摩擦的区域，便是热源区。热源区的平均温度就叫切削温度。

加工时如果不加切削液，虽然大部分切削热会由切屑带走，直接传给刀具与工件的只占很小的一部分，然而切削时间长了，刀具与工件的温度也会明显升高。

切削热传入刀具时，由于切削部分（特别是刀尖）体积小，温度容易升高（高速切削时可达1000°C以上），使刀具切削性能降低，磨损加剧。切削热传入工件，能使工件发生热变形，使加工精度难以控制；同时切削热也可使已加工表面产生组织和应力的变化，影响加工表面的质量。

为了减小切削热对加工质量的不利影响，应尽可能采取一系列工艺措施。一方面减小切削抗力，降低功率消耗，减少切削热的产生；另一方面则要加速热的传散，最后达到降低切削温度的目的。例如合理选择刀具材料、刀具几何形状和切削用量，以及适当地选用切削液等都是有效的途径。

第三节　车 削 加 工

在车床上利用工件的旋转运动和刀具的移动来完成零件切削加工的方法称为车削加工。它是加工回转面的主要方法，而回转面是机械零件中应用最广的表面形式，所以车削加工是各种加工方法中最常用的方法。车床的种类很多，按用途和结构的不同可分为普通卧式车床、立式车床、转塔车床、仿形车床、自动车床、数控车床以及各种专用车床等。车削加工的尺寸公差等级范围为IT6～IT11，表面粗糙度 R_a 值为0.8～12.5μm。

一、车床的加工范围

车削加工过程连续平稳，车削加工的范围也很广，如图8-11所示。

二、车刀

车刀是金属切削加工中应用很广的一类刀具。按其结构形式可分为整体式车刀（刀具材料为高速钢）、焊接式车刀、机夹式车刀、可转位式车刀等，如图8-12所示。车刀结构类型特点及用途见表8-3。目前，应用最多的是以硬质合金作为切削部分材料的车刀，以上几种刀具切削部分所采用的材料常为硬质合金。

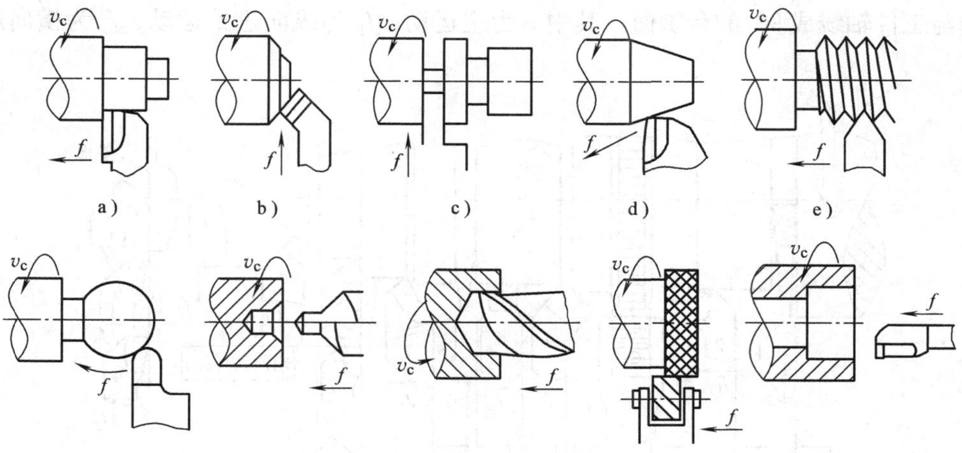

图 8-11　车床加工范围

a）车外圆和圆台　b）车端面和倒角　c）车槽和车断　d）车锥体
e）车螺纹　f）车成形面　g）车孔　h）钻孔　i）滚花　j）扩孔

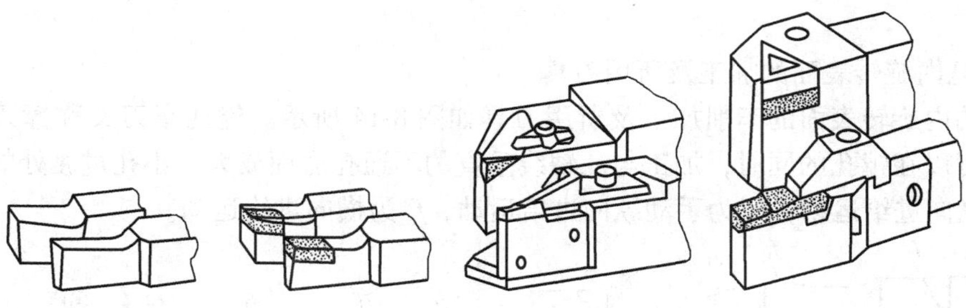

图 8-12　车刀结构形式

a）整体式车刀　b）焊接式车刀　c）机夹式车刀　d）可转位式车刀

表 8-3　车刀结构类型、特点及用途

名称	特　点	适用场合
整体式	用整体高速钢制造，刃口可磨得较锋利	小型车床加工非铁金属
焊接式	焊接硬质合金或高速钢刀片，结构紧凑，使用灵活	适用于各类车刀，特别是小刀具
机夹式	避免了焊接产生的应力、裂纹等缺陷，刀杆利用率高。刀片可集中刃磨获得所需参数。使用灵活方便	外圆、端面、镗孔、切断、螺纹车刀等
可转位式	避免了焊接刀的缺点，刀片可快换转位。生产率高，断屑稳定，可使用涂层刀片	大中型车床加工外圆、端面、镗孔。特别适用于自动线、数控机床

三、常见表面的车削方法及所用车刀

1. 外旋转表面的车削及车刀

常见的外旋转面的车削及所用刀具如图 8-13 所示，其中 90°偏刀 2、9 及端面 90°偏刀 8 可车削与工件轴线成 90°的台阶面。其中 v 为主运动，f_1 为纵向进给运动，f_z 为横向进给运动。

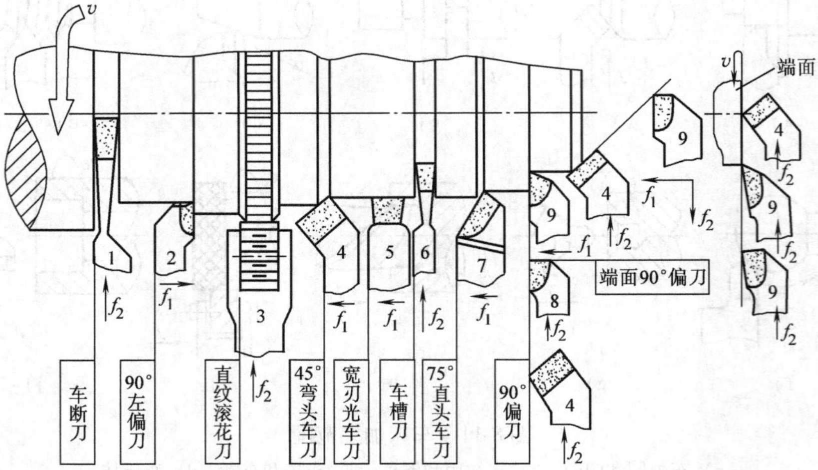

图 8-13　常见的外旋转表面的车削及所用刀具（同一编号为相同刀具）

v—主运动　f_1—纵向进给　f_2—横向进给

2. 常见内旋转表面的加工及所用刀具

常见的内旋转表面的车削加工及所用刀具如图 8-14 所示。镗孔车刀又称镗刀，利用不通孔车刀可以在镗孔的同时，加工与孔轴线垂直的不通孔底面或大、小孔过渡处的直角台阶面。f_1 为纵向进给运动，f'_1为手动纵向进给运动，f_z 为横向进给运动。

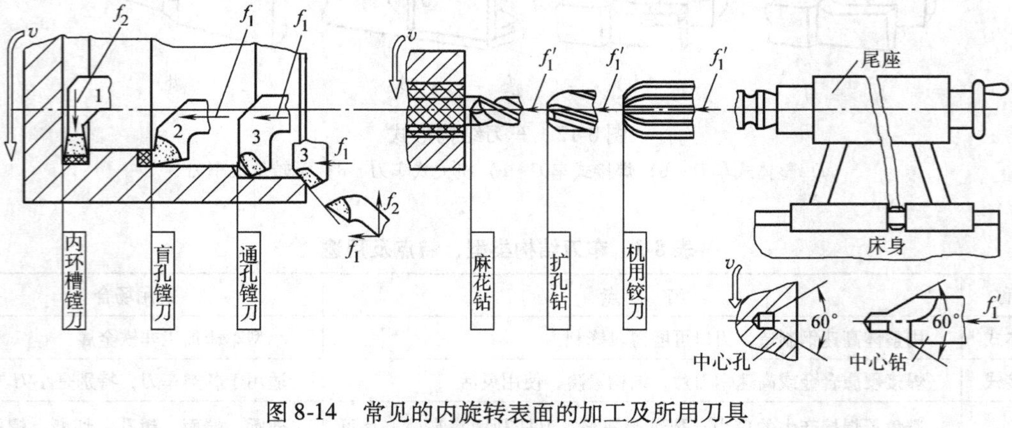

图 8-14　常见的内旋转表面的加工及所用刀具

f_1—纵向进给运动　f'_1—手动纵向进给运动　f_2—横向进给运动

四、其他表面的车削

1. 车锥体

车锥体的方法有几种，这里仅介绍两种。

（1）采用宽刃刀　将宽刃车刀的刀刃搬至所需要的角度，工件作旋转运动，车刀作纵向或横向移动，即可车出锥体，如图 8-15a 所示。这种方法只能车锥度要求不高的短锥面。

（2）转动小滑板　搬动刀架小滑板使其转角等于工件圆锥斜角 α，工件作旋转运动，转动小滑板手柄作手动进给，就可以车出所需要的锥体，如图 8-15b 所示。

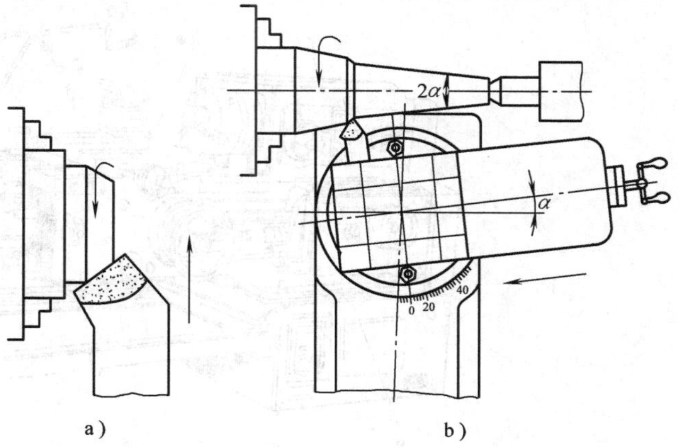

图 8-15　车锥体

a）车短锥　b）转动小滑板车锥体

2. 车螺纹

螺纹车刀的刃口形状决定了螺纹端面的形状，采用某种形状的螺纹车刀，就相应地车出这种截面形状的螺纹。车削螺纹时，必须严格保证车床主轴转一周，刀架移动一个导程，如图 8-16 所示。

3. 车成形面

对要求不高的成形面，可以同时转动中、小滑板手柄，通过纵、横进给运动的配合来加工出所需要的成形面；对于尺寸和形状要求较高的成形面，应采用成形车刀（将刀刃磨成与成形面截面形状相符的形状）。工件作旋转运动，成形车刀作横向移动，就可以车出成形面，如图 8-17 所示。

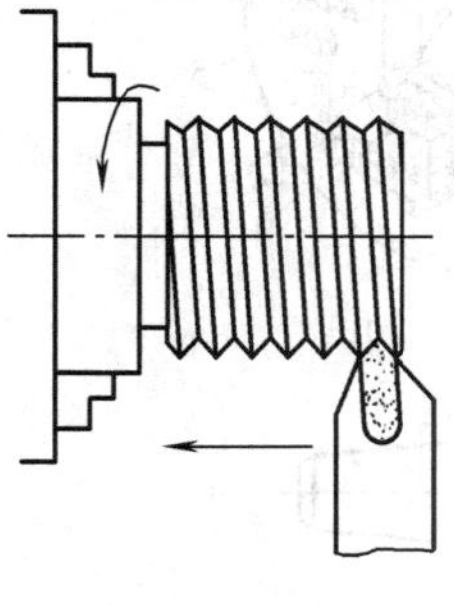
图 8-16　车螺纹

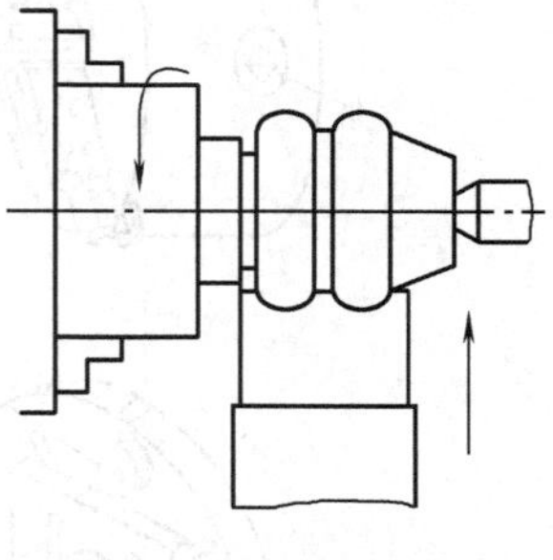
图 8-17　车成形面

五、车削加工的特点

车削加工与其他加工形式相比有如下特点：

1）车削是最常见的一种加工形式，它的加工范围较大。

2）一般情况下，车削过程是连续切削，切削力比较稳定，加工比较平稳，有利于提高生产率。

3）车刀是刀具中最简单和通用性较强的一种，其制造、刃磨、安装均较方便，这就便于根据具体加工要求选用合理的刀具几何角度，以利于提高生产率。

4）车削加工多用于粗加工或半精加工，也可用于非铁金属的精加工。

六、CA6140 型普通卧式车床

CA6140 型普通卧式车床的加工范围较大，适应性较广，主要用于单件、小批量生产。

1. 机床的组成

CA6140 型普通卧式车床的主要组成部件如图 8-18 所示，其附件如图 8-19 所示。

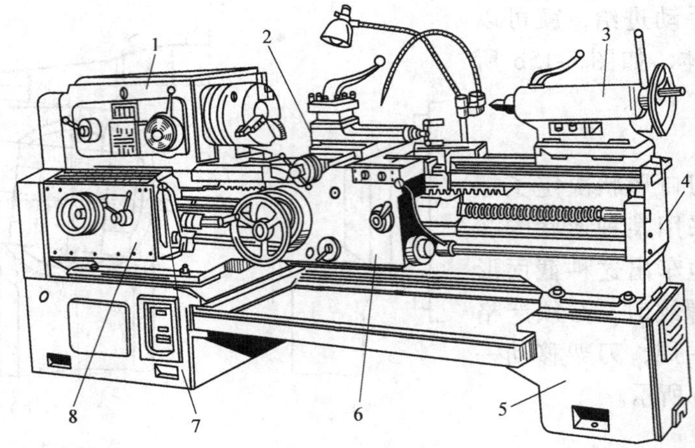

图 8-18　CA6140 型普通卧式车床

1—主轴变速箱　2—刀架　3—尾座　4—床身　5—右床腿

6—溜板箱　7—左床腿　8—进给箱

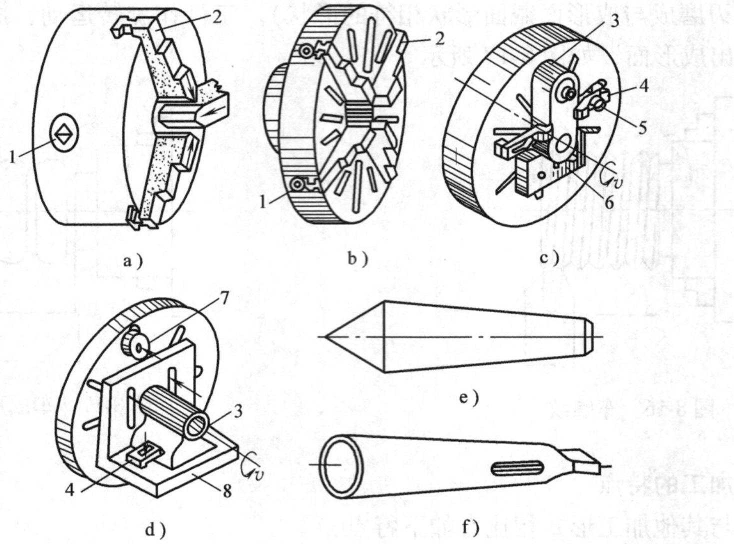

图 8-19　车床的常用附件

a）三爪自定心卡盘　b）四爪单动卡盘　c）花盘　d）花盘与弯板　e）固定顶尖

f）莫氏锥套“←”表示用螺栓压紧

1—调整螺钉　2—卡爪　3—工件　4—压板　5—螺钉、螺母

6—V 形块　7—配重　8—弯板

（1）三爪自定心卡盘　三爪自定心卡盘又称自动定心卡盘，一般用来夹持圆形、正三角形、正六角形工件。

（2）四爪单动卡盘　四爪单动卡盘的每一个卡爪可独立作径向移动，所以可装夹较复杂形状的工件。这种卡盘在使用时，需分别调整各卡爪，使工件轴线和主轴轴线重合。

（3）花盘　不对称的或具有复杂外形的工件，通常用花盘装夹加工。花盘的表面开有穿透沟槽和T形沟槽，以便安装装夹工件用的螺栓。用花盘装夹不规则形状的工件时，常会产生重心偏移，所以需要加平衡铁予以平衡。

（4）弯板　弯板用于工件的定位与夹紧，弯板与花盘配合使用。

（5）顶尖　顶尖头部一般都制成60°锥度，可和工件中心孔吻合，后端制成莫氏锥度。可插入主轴锥孔或尾座锥孔中，或与莫氏锥套配合使用。顶尖有固定顶尖和活顶尖之分。

2. 机床的主要技术规格

CA6140型普通卧式车床的主要技术规格如下：

床身上最大工件回转直径	400mm
刀架上最大工件回转直径	210mm
最大工件长度	750mm、1000mm、1500mm
主轴中心至床身平面导轨距离	205mm
最大车削长度	650mm、900mm、1400mm
主轴孔径	48mm
主轴孔前端锥度	Morse No. 6
主轴转速	
正转(24级)	10～1400 r/min
反转(12级)	14～1580 r/min
刀架纵向及横向进给量	各64种
纵向:一般进给量	0.08～1.59mm/r
小进给量	0.028～0.054mm/r
加大进给量	1.71～6.33mm/r
横向:一般进给量	0.04～0.79mm/r
小进给量	0.014～0.027mm/r
加大进给量	0.86～3.16mm/r
刀架纵向及横向快速移动速度	
纵向	0.06m/s
横向	0.03m/s
车削螺纹范围	
米制螺纹(44种)	1～192mm
英制螺纹(20种)	2～24牙/in
模数螺纹(39种)	0.25～48mm
径节螺纹(37种)	1～96牙/in
尾座顶尖套锥孔锥度	Morse No. 5
主电动机	
功率	7.5kW
转速	1450r/min
快速电动机	
功率	250W
转速	1360r/min

七、其他车床简介

1. 立式车床

如图 8-20 所示为立式车床外观图。工作台安装在底座上，工件装夹在工作台上并由工作台带动作主运动；进给运动由垂直刀架和侧刀架来实现。侧刀架可在立柱的导轨上移动作垂直进给，还可沿其刀架滑座的导轨作横向进给。垂直刀架可在横梁的导轨上移动作横向进给，还可沿其刀架滑座的导轨作垂直进给。垂直刀架上通常带有转塔刀架，在转塔刀架上可安装几组刀具，供轮流切削之用。横梁可根据工件的高度沿立柱导轨调整位置。

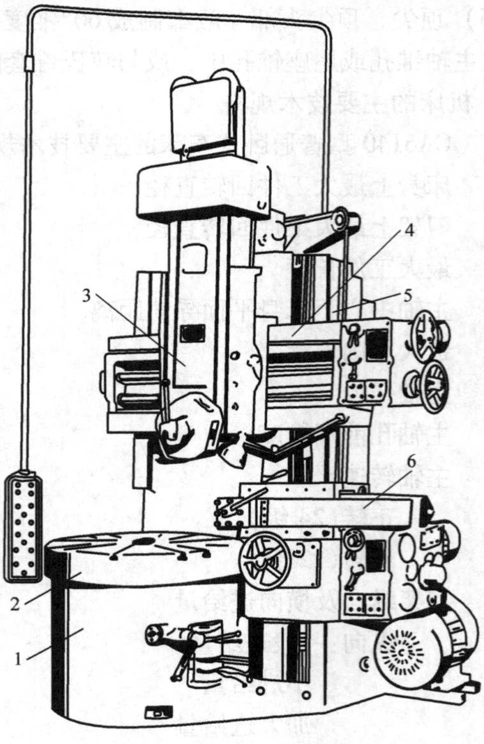

图 8-20 立式车床

1—底座 2—工作台 3—垂直刀架 4—横梁 5—立柱 6—侧刀架

立式车床加工时，工件水平放置（轴线处于垂直位置），装夹和找正都比较方便、安全，同时运转也较平稳。立式车床可以加工大型圆盘类零件，适合单件、小批量生产。

2. 转塔车床

转塔车床又称六角车床，如图 8-21 所示，用于中、小型复杂零件的批量生产。其结构是没有尾座，但有一个能旋转的六角刀架；而刀架上安装在溜板上，随着溜板作纵向移动。旋转的六角刀架又称转塔，可绕自身的轴线回转，有 6 个方位，可安装 6 把不同的刀具。此外，还有一组与普通卧式车床相似的四方刀架，有的还一前一后。两种刀架配合使用，可以装较多的刀具，以便在一次装夹中完成较复杂零件各个表面的加工。

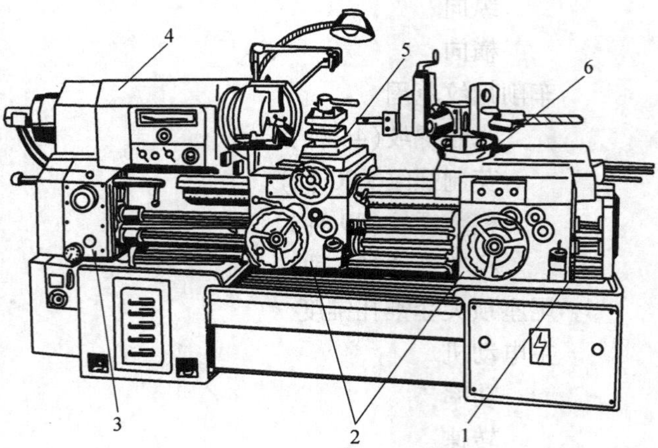

图 8-21 转塔车床

1—床身 2—溜板箱 3—进给箱 4—主轴变速箱 5—前刀架 6—转塔刀架

转塔车床的主运动是由电动机通过主轴箱变速使主轴带动卡盘来实现的；进给运动是通过进给箱经光杠带动两溜板箱使两刀架移动来实现的。前溜板上的前刀架既可以在床身的导轨上作纵向移动，也可作横向移动，以适应加工大直径的外圆柱面、内外端面及环槽的需要。

第四节 铣削加工

在铣床上用铣刀对工件进行切削加工称为铣削加工。铣削时，工件用机用平口钳或专用夹具固定在铣床工作台上，而铣刀安装在铣床主轴的前端刀杆上或直接安装在主轴上。铣刀的旋转运动为主运动，工件相对于刀具的运动（如纵向、横向、垂直方向的移动）为进给运动。

1. 常见铣削方法及铣刀

在铣床上利用各种铣刀可以加工平面、沟槽、成形表面及齿轮等。以下是几种常见的铣削方法：

（1）铣水平面　在卧式铣床上用圆柱形铣刀来铣削水平面，如图 8-22a 所示；也可以在立式铣床上用端铣刀来铣水平面，如图 8-22b 所示。

（2）铣垂直面　在卧式铣床上用端铣刀铣垂直面，如图 8-23a 所示；也可以在立式铣床上用立铣刀铣垂直面，如图 8-23b 所示。

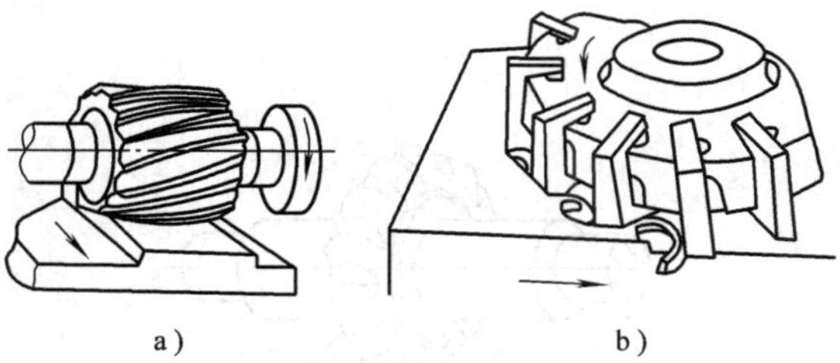

图 8-22　铣水平面

a）用圆柱形铣刀铣削　b）用端铣刀铣削

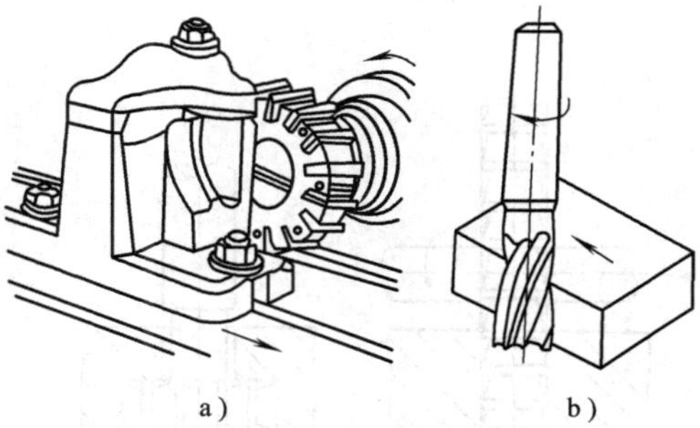

图 8-23　铣垂直面

a）用端铣刀铣削　b）用立铣刀铣削

（3）铣斜面　在卧式铣床上用角度铣刀直接铣出斜面，如图 8-24a 所示；或者在立式铣床上将铣头转至所需要的角度来铣削斜面，如图 8-24b 所示；还可以将工件转至所需要的角度来铣削斜面。

（4）铣直槽　在卧式铣床上用盘形铣刀铣直槽，如图 8-25a 所示；也可以在立式铣床上用立铣刀铣直槽，如图 8-25b 所示。

（5）铣 T 形槽　铣 T 形槽时先用圆盘铣刀或立铣刀铣出直槽，如图 8-26a 所示，然后用 T 形槽铣刀铣出 T 形槽，如图 8-26b 所示。

（6）铣成形面　铣成形面采用成形铣刀铣削，如图 8-27 所示。

2. 铣削加工的特点

1）在铣削加工过程中，铣刀的旋转为主运动，装在工作台上的工件相对刀具的运动为进给运动。

2）铣刀是多齿刀具，每个刀齿在一转中参加切削的时间较短，因而刀齿冷却条件较好，有利于延长铣刀的使用寿命。

3）刀齿每次切入工件时会引起冲击，使刀齿磨损加快，甚至会引起崩刃，而且还使切削过程不平稳。

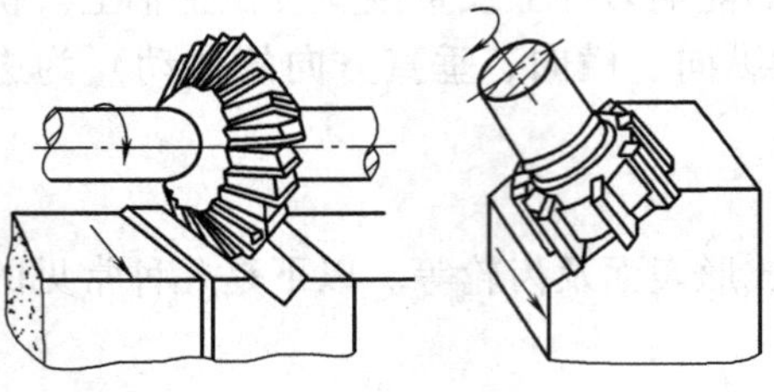

a）　b）

图 8-24　铣斜面

a）用角度铣刀铣削　b）转动铣头铣削

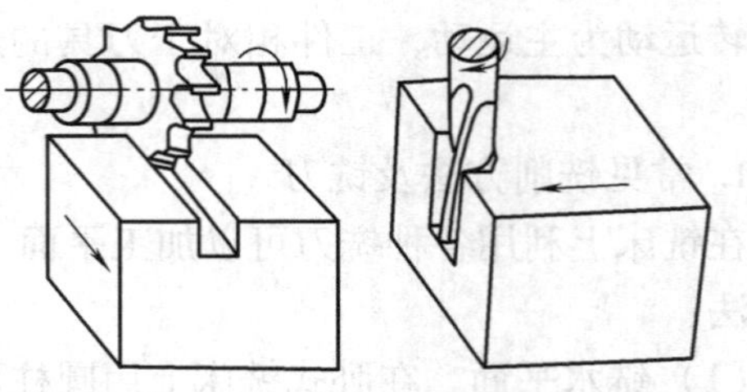

a）　b）

图 8-25　铣直槽

a）用盘形铣刀铣削　b）用主铣刀铣削

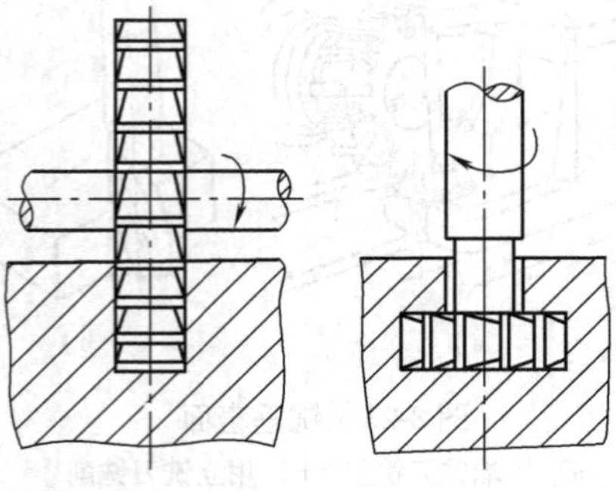

a）　b）

图 8-26　铣 T 形槽

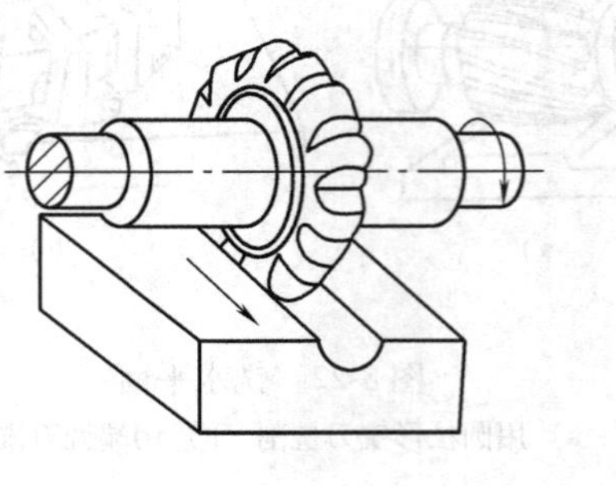

图 8-27　铣成形面

4）由于总切削面积是变化的，因而铣削力也是变化的，这将会使机床和刀具发生振动，影响工件的加工质量。

5）铣削主要用于粗加工或半精加工。

3. 铣床

铣床的种类很多，下面介绍几种应用较为广泛的铣床。

（1）X6132 型铣床　X6132 型铣床如图 8-28 所示。加工时，工件安装在纵向工作台上，铣刀装在与主轴连接的铣刀杆上。铣刀仅作旋转运动；工件可随工作台作纵向进给，可随横向工作台作横向进给，也可随升降台作垂直方向的进给。主轴水平放置，工作台可随升降台在垂直方向上下运动的铣床叫卧式升降台铣床。另外，工作台能在水平面内旋转一定角度的铣床叫万能铣床。

（2）立式升降台铣床　立式升降台铣床如图 8-29 所示，立铣的主轴垂直布置。与卧铣比较，立铣除主轴位置及其结构不同和无横梁及支架外，其余的组成部分、运动及功用等均与卧铣相同。此外，有些立铣的主轴还可沿轴向进给和调位，并可在垂直平面内绕水平轴转动，使主轴轴线与工作台面倾斜一定角度，以铣削斜面和加工斜孔。立式铣床主要采用立铣刀、端铣刀及大飞盘和孔加工刀具等进行加工。

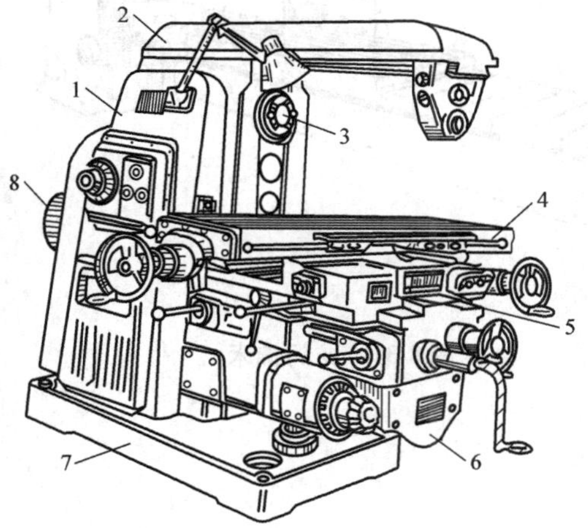

图 8-28　X6132 型铣床

1—床身　2—横梁　3—主轴　4—纵向工作台

5—横向工作台　6—升降台　7—底座　8—主电动机

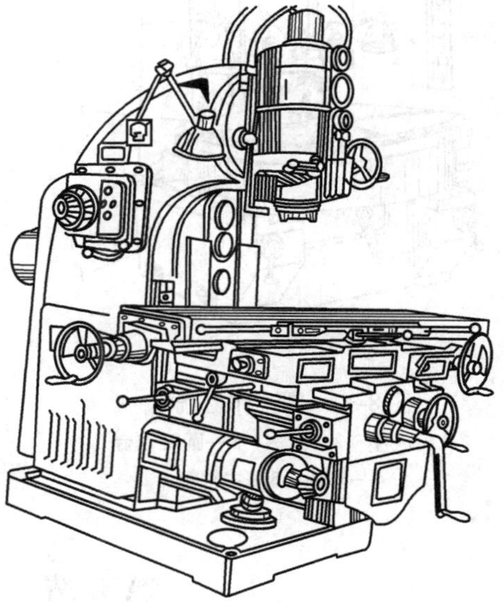

图 8-29　立式升降台铣床

（3）圆工作台铣床　圆工作台铣床的工作台不能升降，属工作台不升降铣床，如图 8-30 所示。

机床的主运动是主轴的旋转运动，进给运动是圆工作台连续缓慢的转动。除此以外，滑座可以在底座的导轨上作横向调整运动，用来调整工作台与主轴间的横向相对位置，主轴变速箱可沿立柱导轨作升降调整运动，用于加工时对刀。有的圆工作台铣床有二个垂直主轴，可同时用两把刀加工。

圆工作台上可安装多个工件，它们在一次装夹中随工作台连续慢速转动（圆周进给），从铣刀下经过后完成平面的粗、精铣。由于工件可在加工时装卸，故装卸时间与切削时间重合，又因是粗、精铣一次完成，故生产率高，适用于汽车、摩托车及纺织机械等大批量生产的行业中加工中、小型零件。

（4）龙门铣床　如图 8-31 所示，为龙门铣床外观图。龙门铣床是一种大型机床，它有四个铣头（两个立式铣头，两个卧式铣头），可以同时加工几个平面，生产效率较高。它主要用于单件小批量生产中。加工大型及（超）重型零件，也可用于中、小型零件的成批生产（工作台上放若干个零件）。

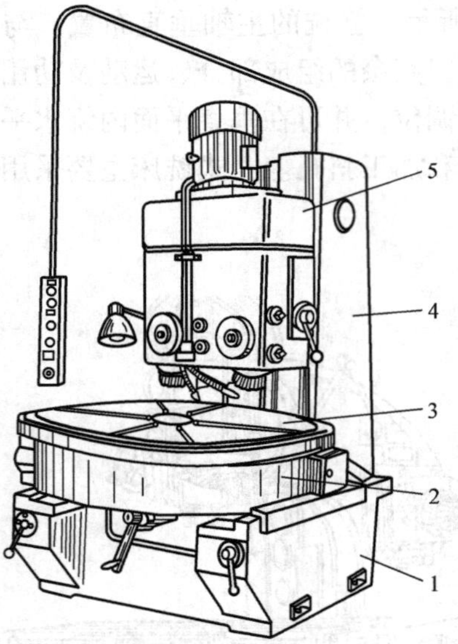

图 8-30　圆工作台铣床
1—底座　2—滑座　3—圆工作台
4—立柱　5—主轴箱

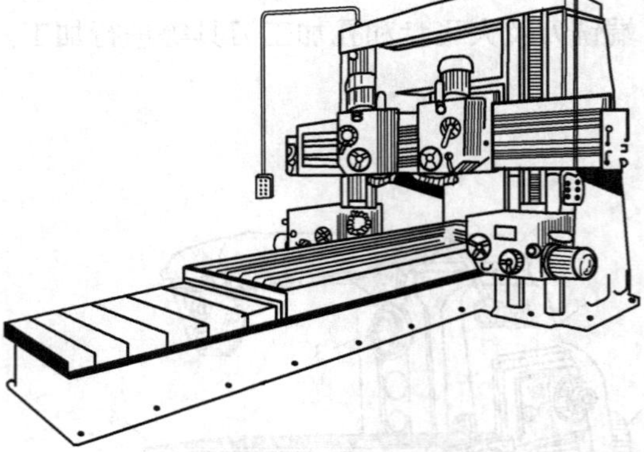

图 8-31　龙门铣床

第五节　钻削及镗削加工

一、钻削

用钻头或铰刀、锪刀等刀具在工件上加工孔的方法，统称钻削加工。它可在钻床上进行，也可以在车床、铣床和镗床上进行。

1. 钻床的加工范围

钻床的加工范围较广，在钻床上采用不同的刀具，可以完成钻孔、扩孔、铰孔、攻螺纹、钻沉孔和刮平面等工作。加工时，主运动是钻床主轴带动刀具的旋转运动，进给运动是主轴的轴向移动，如图 8-32 所示。

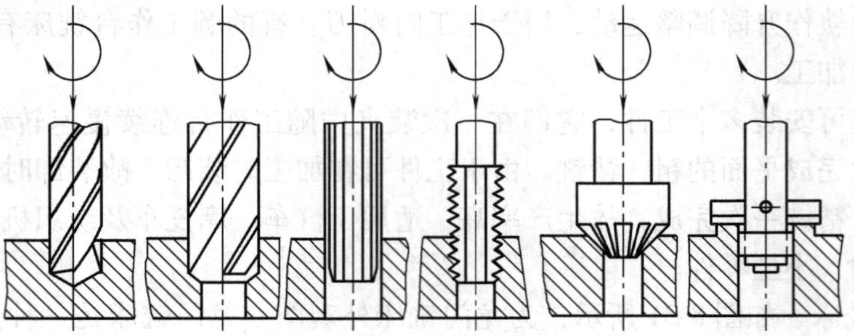

a)　b)　c)　d)　e)　f)

图 8-32　钻床所能完成的工作
a) 钻孔　b) 扩孔　c) 铰孔　d) 攻螺纹　e) 钻埋头孔　f) 刮平面

2. 钻削加工的特点

1）钻孔时，钻头易产生“引偏”现象。

2）钻孔排屑困难，难于冷却润滑，故钻削温度较高。

3）钻削力较大，钻头易磨损。

3. 钻床

（1）立式钻床　图8-33所示为立式钻床的外观图。加工时，工件直接或通过夹具安装在工作台上，刀具安装在主轴的锥孔内。进给箱和工作台可沿立柱的导轨调整上下位置，以适应加工不同高度的工件。

在立式钻床上，加工完成一个孔再钻另一孔时，需要移动工件，使刀具与另一个孔对准。这对于大而重的工件来说，操作很不方便。因此，立式钻床仅适用于在单件、小批量生产中加工中、小型零件。

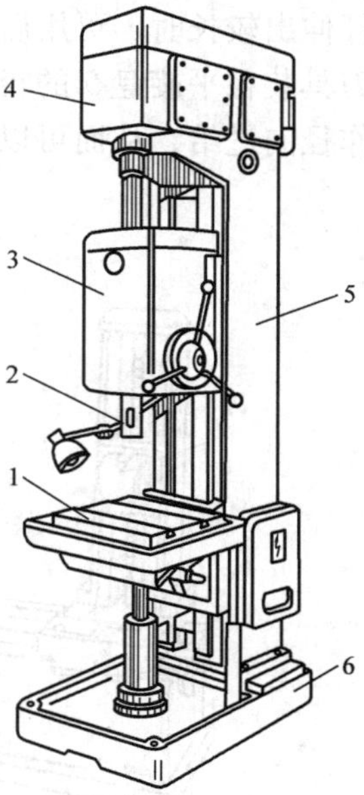

图8-33　立式钻床

1—工作台　2—主轴　3—进给箱　4—主轴变速箱　5—立柱　6—底座

（2）摇臂钻床　图8-34所示为摇臂钻床，加工时，摇臂钻床的主轴箱可沿摇臂的导轨横向调整位置；而摇臂又可沿立柱的圆柱面上下调整位置。此外，摇臂还可绕立柱转动到不同位置。

（3）台式钻床　台式钻床是一种放在钳工台上使用的小型钻床，简称台钻，如图8-35所示。它实质上是一种加工小孔的立式钻床，钻孔直径一般在12mm以下。由于加工的孔径很小，所以台钻的主轴转速较高，最高的甚至可达每分钟几万转。台钻小巧灵活，使用方便，主要用于仪表制造、钳工和装配工作。

二、镗削加工

镗刀旋转作主运动，工件或镗刀作进给运动的切削加工方法称为镗削加工。镗削加工主要在铣镗床、镗床上进行，是常用的孔加工方法之一。

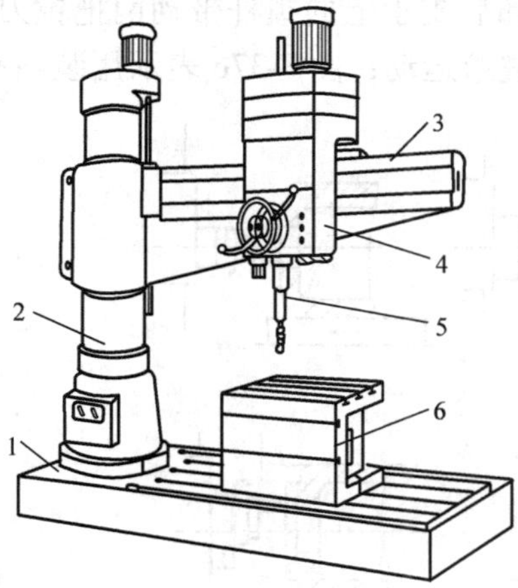

图8-34　摇臂钻床

1—底座　2—立柱　3—摇臂　4—主轴箱　5—主轴　6—工作台

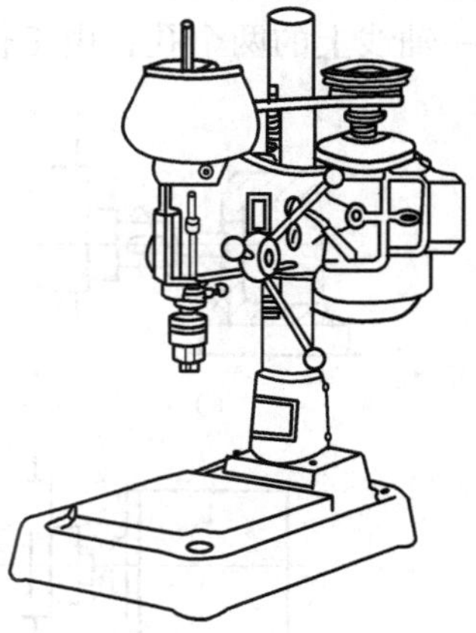

图8-35　台式钻床

图 8-36 是卧式铣镗床的外观图，加工时，镗刀装在主轴箱的镗轴 4 或平旋盘 5 上，由主轴箱获得各种转速和进给量。主轴箱可沿前立柱 7 的导轨上下移动。工件安装在工作台 3 上，可与工作台一起随下滑座或上滑座作纵向或横向移动。此外，工作台还可绕上滑座的圆导轨在水平面内调整至一定的角度位置，以便加工互成一定角度的孔。装在镗轴上的镗刀还可随镗轴作轴向运动（由尾筒 9 内的机构完成），以实现轴向进给或调整的轴向位置。当镗杆及刀杆伸出较长时，可用后立柱上的后支承 1 来从左端加以支承，以增加刀杆及镗轴的刚性。当刀具装在平旋盘 5 的径向刀架（图中未示出）上时，径向刀架还可带着刀具沿径向导轨 6 作径向进给，从而可以镗削端面。

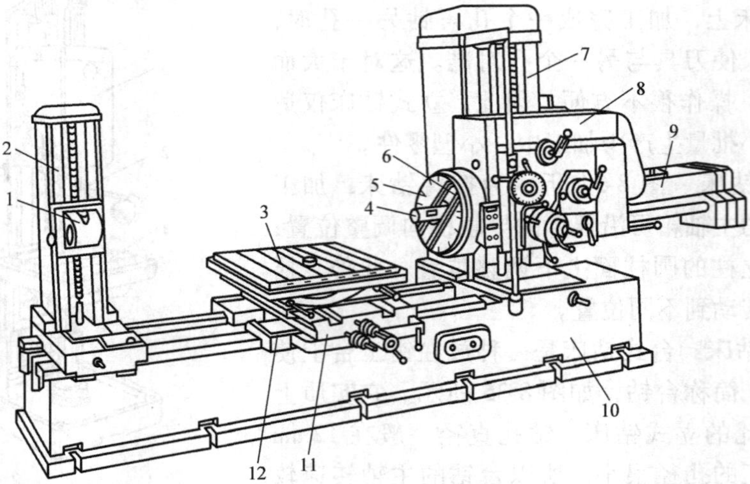

图 8-36　卧式铣镗床

1—后支承　2—后立柱　3—工作台　4—镗轴　5—平旋盘　6—径向导轨
7—前立柱　8—主轴箱　9—尾筒　10—床身　11—下滑座　12—上滑座

卧式铣镗床的典型加工方法如图 8-37 所示。图 8-37a 表示用装在镗轴上的镗刀镗孔，由镗轴移动完成纵向进给运动；图 8-37b 表示装在镗轴和后支承上的镗杆带动两把镗刀旋转，以镗削同一轴线上的两个孔，由工作台移动完成纵向进给运动；图 8-37c 表示用装在平旋盘

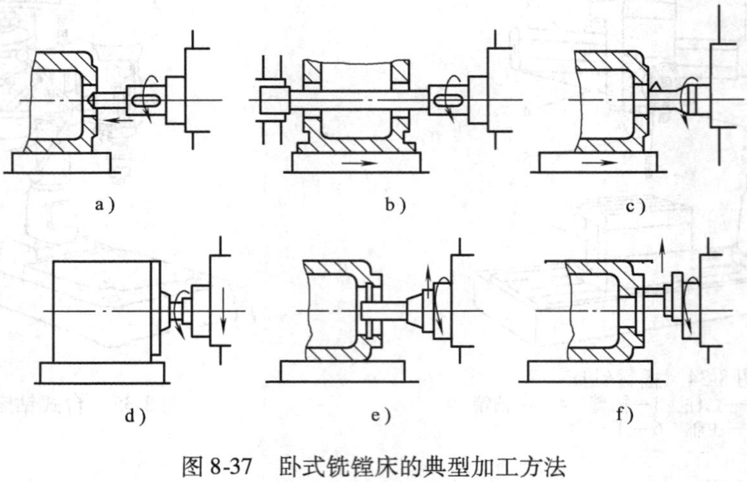

图 8-37　卧式铣镗床的典型加工方法

上的悬伸镗刀镗削大直径孔，由工作台移动完成纵向进给运动；图 8-37d 表示用装在镗轴上的端铣刀铣平面，由主轴箱移动完成垂直进给运动；图 8-37e、f 表示用装在平旋盘径向溜板上的镗刀镗内沟槽和端面，由径向溜板移动完成径向进给运动。

铣镗床镗孔主要用于机座、箱体、支架等大型零件上孔和孔系的加工。此外，铣镗床还可以加工外圆和平面。由于一些箱体和大型零件上的一些外圆和端面与它们上的孔有位置精度要求，所以在镗床上加工孔的同时，也希望能在一次装夹工位内把这些外圆和端面都加工出来。

第六节　磨削加工

在磨床上用砂轮以较高线速度对工件进行切削加工的方法称为磨削加工。磨削加工是零件的精加工主要方法，能获得高精度和低粗糙度的表面。能加工硬度高的材料及某些难加工的材料。

一、砂轮

砂轮是磨床的主要切削工具。它是由许多硬度很高的颗粒状的磨料，用结合剂粘合，再经烧结或其他方法处理而成的。砂轮（包括其他磨具）均由磨粒、结合剂及孔隙等部分组成，如图 8-38 所示。磨粒相当于小铣刀；孔隙相当于一般金属刀具的容屑槽，兼有容屑和贮存切削液的作用。

二、磨削过程的实质

磨粒的切削过程如图 8-39 所示。砂轮表面凸起高度较大的和较为锋利的磨粒，切入工件较深且有切屑产生，起切削作用，如图 8-39a 所示；凸起高度较小和较钝的磨粒，只能在工件表面刻划细微的沟痕，工件材料被挤向两旁而隆起，此时无明显切削产生，仅起刻划作用如图 8-39b 所示；比较凹下和已经钝化的磨粒，既不切削也不刻划，只是从工件表面滑擦而过，起摩擦抛光作用如图 8-39c 所示。由此可见，磨削过程的实质是切削、刻划和摩擦抛光的综合作用过程。

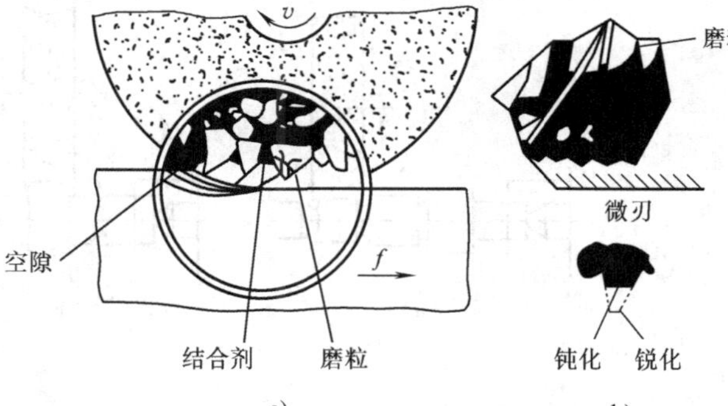

图 8-38　砂轮的组成及磨粒的形状
a）砂轮的组成及磨削示意图
b）磨粒的形状

三、常见的磨削加工方法

1. 磨外圆（包括外锥面）

磨外圆在普通外圆磨床和万能外圆磨床上进行，具体方法有纵磨法（图 8-40）和横磨法（图 8-41）两种。纵磨法就是磨削时工件作圆周进给运动，同时随工件台作纵向进给运动；横磨法就是磨削时无纵向进给运动，砂轮连续地向工件作横向进给运动。两种方法相比较，纵磨法加工精度较高，表面粗糙度值较小，但生产率较低；横磨法生产率较高，但加工精度较低，表面粗糙度值较大。因此，纵磨法广泛应用于各种类型的生产中，而横磨法只适用于大批量生产中磨削刚度较好、精度较低、长度较短的轴类零件上的外圆表面和成形面。

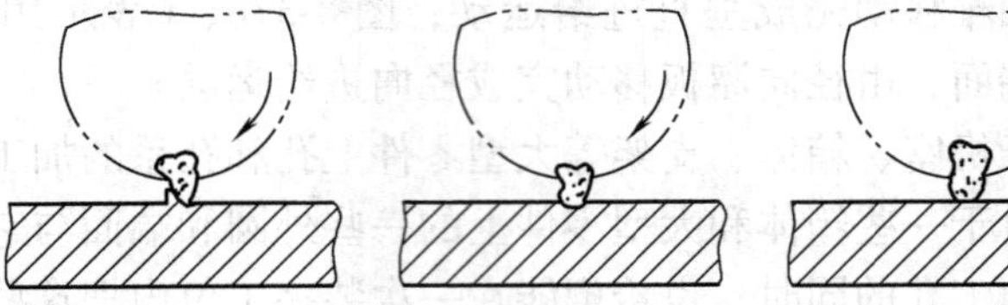

图 8-39　磨粒的磨削过程

a）切削作用　b）刻划作用　c）摩擦抛光作用

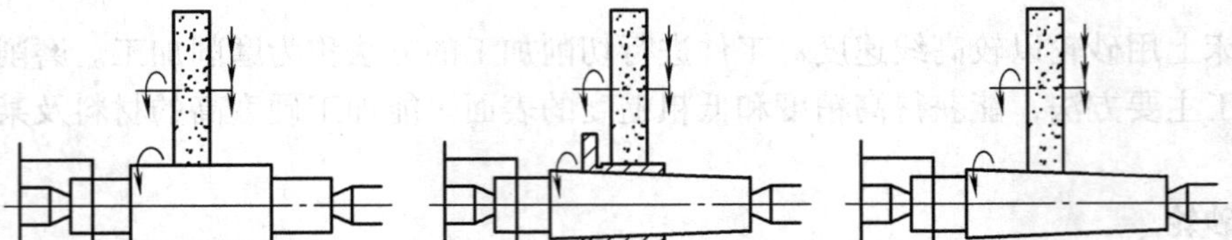

图 8-40　纵磨法磨外圆

a）磨轴零件外圆　b）磨盘套零件外圆　c）磨轴零件锥面

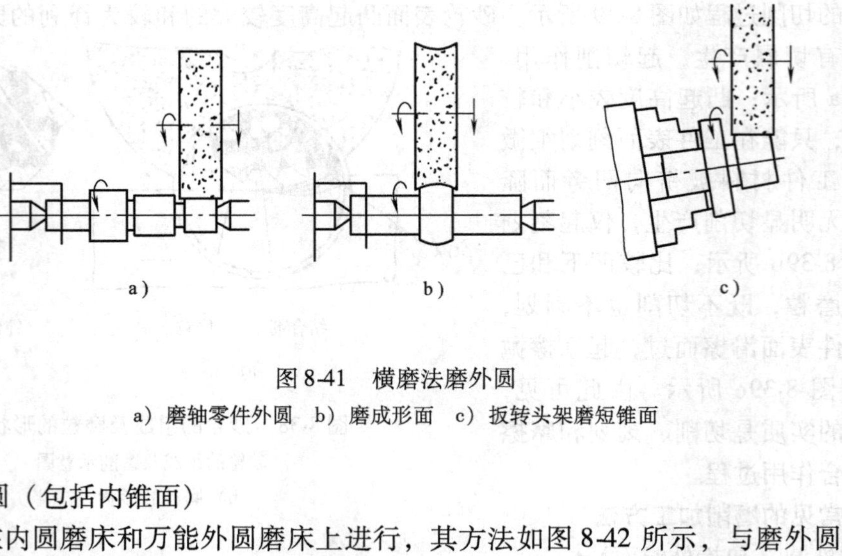

图 8-41　横磨法磨外圆

a）磨轴零件外圆　b）磨成形面　c）扳转头架磨短锥面

2. 磨内圆（包括内锥面）

磨内圆在内圆磨床和万能外圆磨床上进行，其方法如图 8-42 所示，与磨外圆相比，磨内圆生产率低，加工精度和表面质量也较难控制。

3. 磨平面

磨平面在平面磨床上进行，其方法有周磨法和端磨法两种，如图 8-43 所示。周磨法加工精度高，表面粗糙度小，但生产率较低，多用于单件、小批生产中，大批量生产中亦可采用。端磨法生产率较高，但加工质量略差于周磨法，多用于大批量生产中磨削精度要求不太高的平面。

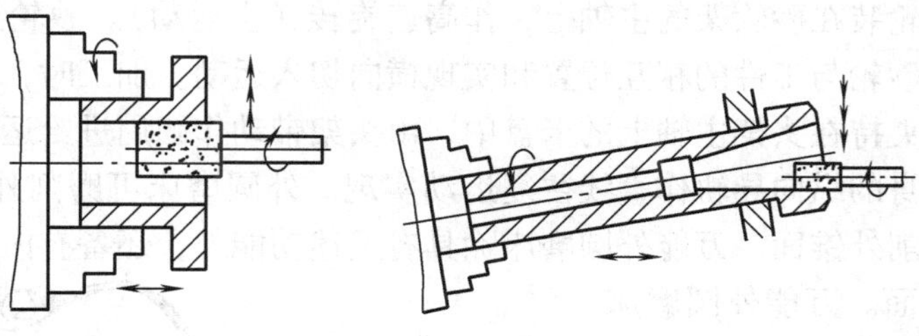

图 8-42　磨内圆的方法

a）磨内圆　b）扳转上工作台磨锥孔

四、磨削加工的特点

1）磨削可以加工普通刀具难以完成的高硬度、高脆性材料的切削，如淬硬钢、硬质合金、不锈钢、玻璃、陶瓷等，但磨削不适宜加工硬度低而塑性很好的非铁金属。

2）能获得很高的加工精度和很小的表面粗糙度值。

3）速度快、效率高，尤其是外圆磨和平面磨。高速切削时导致磨削区的瞬时高温可达近千摄氏度。因此，磨削时通常使用切削液，以帮助散热降温并冲走磨屑。

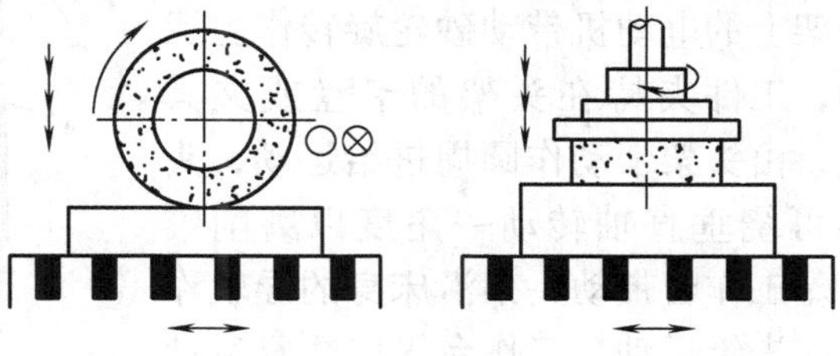

图 8-43　磨平面的方法

a）周磨法　b）端磨法

五、磨床

为了适应各种不同表面加工的需要，磨床可分为外圆磨床、内圆磨床、平面磨床、工具磨床以及各种专门化磨床等。

1. 外圆磨床

外圆磨床又分普通外圆磨床和万能外圆磨床。图 8-44 所示的是万能外圆磨床的外观图。

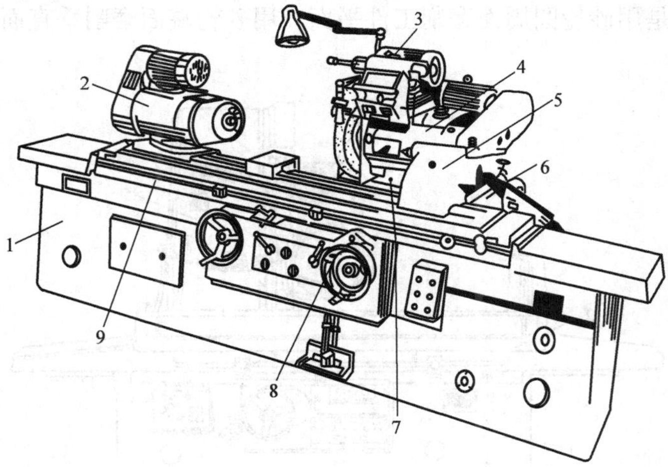

图 8-44　万能外圆磨床

1—床身　2—头架　3—内圆磨具　4—砂轮架　5—尾座

6—床身垫板　7—滑鞍　8—主操纵箱　9—工作台

外圆磨床的砂轮装在砂轮架的主轴上，作高速旋转（主运动）。砂轮架可沿床身的横向导轨移动，以调整砂轮与工件的相互位置和实现横向切入运动。加工时，工件支承在头架和尾座的顶尖上，或夹持在头架主轴上的卡盘中，由头架带动作圆周进给运动。工件轴向进给运动是由工作台床身的纵向导轨作直线往复运动实现。外圆磨床可磨削外圆及外台肩端面，并可扳转工作台磨削外锥面。万能外圆磨床除具有上述功能外，还备有内圆磨具，用以磨削内圆柱面和内圆锥面。万能外圆磨床主要适于单件小批量生产。

2. 内圆磨床

内圆磨床如图 8-45 所示，它主要由床身 1、工作台 2、头架 3、砂轮架 4 和滑座 5 等部分组成。加工时，砂轮架上的电动机带动砂轮旋转作主运动，工件夹持在头架的卡盘或夹具上，由头架带动作圆周进给运动，头架可绕垂直轴转动一角度以磨削锥孔。工作台带动头架沿床身的导轨作纵向进给运动，工作台纵向往复运动一次，砂轮架沿滑鞍横向进给一次。内圆磨床主要用于磨削圆柱孔和圆锥孔。适用于单件小批量生产。

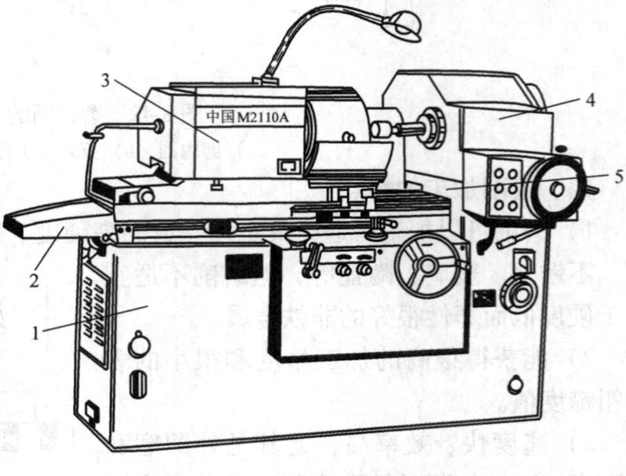

图 8-45　内圆磨床

1—床身　2—工作台　3—头架　4—砂轮架　5—滑座

3. 平面磨床

如图 8-46 所示，平面磨床主要由床身 1、工作台 2、砂轮 3、滑座 4 和立柱 5 等部分组成。加工时，工件用电磁吸盘及夹具装夹在工作台上，砂轮架可沿滑座的燕尾导轨作横向间歇进给（手动或液动），滑座和砂轮架一起沿立柱的导轨作垂直间歇进给运动（手动）。平面磨床的主要工作是用砂轮圆周面磨削工件平面，用砂轮端面磨削垂直面。

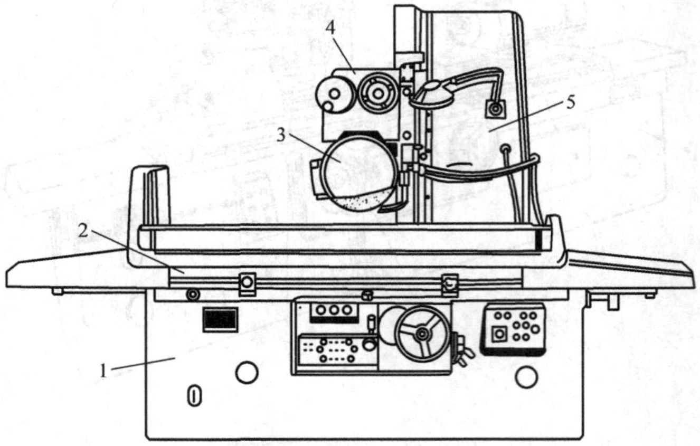

图 8-46　平面磨床

1—床身　2—工作台　3—砂轮架　4—滑座　5—立柱

思考与练习

1. 金属切削机床是怎样分类的？
2. 指出下列机床型号的含义：CW6163；XK5040；Z5130；T4240B；B1016A；MG1432；YC3180。
3. 什么叫切削加工？进行切削加工需要哪些运动？
4. 主运动与进给运动有何区别？
5. 切削用量三要素是指什么？单位是什么？试绘制外圆车削简图说明。
6. 什么叫切削合力？它可分解为哪三个力？
7. 什么叫切削力和切削热？
8. 什么叫切削温度？切削温度高对加工质量有哪些不利影响？
9. 积屑瘤有何影响？如何控制积屑瘤？
10. 简述车削加工的特点及车床的加工范围。
11. 说明在卧式车床上加工旋转表面及圆锥面的方法，并比较其异同点。
12. 简述铣削加工的特点及铣床的加工范围。
13. 简述钻削加工的特点及钻床的加工范围。
14. 简述镗削加工的特点及镗床的加工范围。
15. 试比较在车床上镗孔与在镗床上镗孔的异同。
16. 试比较在车床上钻孔与在钻床上钻孔的异同。
17. 磨削加工有什么特点？
18. 能否认为各种零件上的外圆、内圆、平面都能在磨床上进行磨削？可能会受到哪些因素的限制？

第九章　现代制造技术

第一节　特 种 加 工

传统的切削加工是通过刀具利用机械能，切去工件上多余材料完成加工的，因而刀具的硬度必须高于被加工工件的硬度，否则无法进行加工。

随着科学技术的进步，对许多现代工业产品提出了更高的要求（如高精度、高速度、高强度、高温、高压、大功率和小型化等）。其零件或者选用了难加工材料（如硬质合金、高强度合金、特种钢、陶瓷及金刚石等）；或者具有特殊复杂表面的设计（如叶片、模具型面、喷丝头的小孔窄缝等）；或者具有特殊要求（如高精度的薄壁零件、弹性元件等）。对它们用传统的切削加工方法进行加工，已很困难甚至是无法实现的。特种加工是为了满足这些生产要求而产生和发展起来的。特种加工与传统的切削加工的不同点是：

1）不是主要依靠机械能，而是主要利用电、化学、光、声、热等能量来去除金属材料。

2）工具硬度可以低于被加工材料的硬度。

3）加工过程中工具和工件之间不存在显著的机械切削力。

目前用于生产（尺寸加工）的特种加工方法主要有电火花加工、电子束加工、离子束加工、等离子束加工、电解加工、超声加工、激光加工、化学加工、液力加工等。本章主要介绍电火花加工、电解加工、超声加工和激光加工。

一、电火花加工

1. 电火花加工的原理和特点

电火花加工是在一定的介质中通过工具电极和工件电极之间脉冲性的火花放电，靠放电时局部、瞬间产生的高温把金属切除下来的一种加工方法。

电火花加工原理如图 9-1 所示。工件 1 与工具 4 分别与脉冲电源 2 两输出端相连接。自动进给调节装置 3（此处为液压及活塞）使工具和工件间始终保持一很小的放电间隙，当脉冲电压加到两极之间，使工具与工件间的“相对最近点”（微观不平的凸点之间）处的介质或绝缘强度最低处击穿介质，在该局部产生火花放电，瞬间高温（中心温度 10000°C 左右）使工件表面局部熔化，甚至汽化蒸发而电蚀掉一小部分金属，各自形成一个小坑，如图 9-2 所示。图 9-2a 表示多次脉冲放电后的电蚀坑，图 9-2b 表示多次脉冲放电后的电极表面。脉冲放电结束后，经过一段间隔时间（即脉冲间隔），使工作液恢复绝缘后，第二个脉冲电压又加到两极上，又会在当时极间距离相对

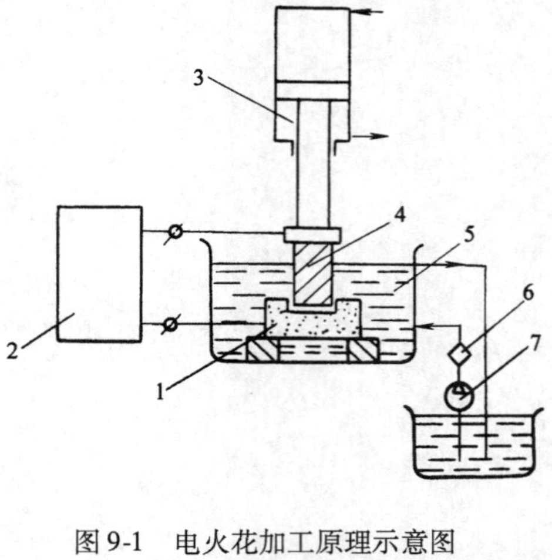

图 9-1　电火花加工原理示意图

1—工件　2—脉冲电源　3—自动进给调节装置
4—工具　5—工作液　6—过滤器　7—工作液泵

最近或绝缘强度最弱处击穿放电，又电蚀出一个小凹坑。这样随着相当高的频率，连续不断地重复放电，工具电极不断地向工件进给，就可逐渐地把工具电极的轮廓形状，较精确地“复印”在工件上，从而完成预定的加工。

要将脉冲放电现象用于尺寸加工，并能达到工件的尺寸精度、形状精度以及表面质量的预定要求。应具备以下条件：

1）必须有足够的火花放电强度，否则金属只能发热而不能被熔化和汽化。

2）火花放电必须是瞬间的脉冲性放电，把每一次放电点局限于很小范围，使产生的热量来不及扩散到非加工区。

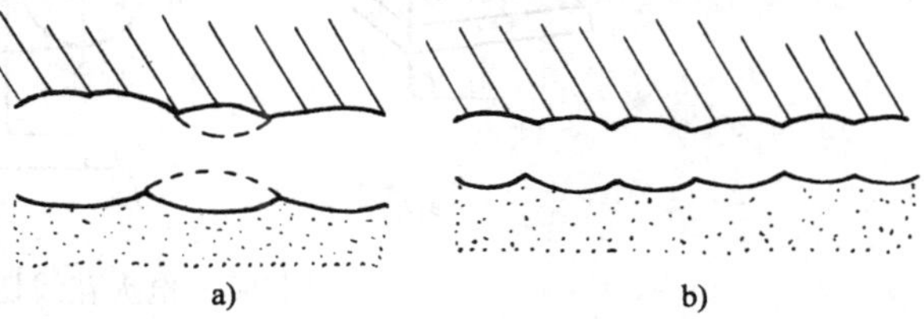

图 9-2　电火花加工表面局部放大图

3）火花放电必须在有一定绝缘性能的液体介质（煤油、皂化液、离子水等）中进行，以利于产生脉冲放电，排出切屑和冷却电极。

4）工具电极和工件电极间必须保持一定的间隙（数微米至数百微米），也就是使工具电极随金属蚀除而连续地送进，并始终保持这一间隙。间隙过小易形成短路，间隙过大则不能击穿放电。

电火花加工的主要特点：

1）可以加工传统切削加工方法难以加工或无法加工的特殊材料、复杂形状的工件。

2）加工时工具电极与工件不直接接触，两者之间无“切削力”，不受工具和工件刚度的限制，有利于实现微细加工。

3）工具电极可用较软的纯铜、石墨等容易加工的材料制造。

4）工件几乎不受热影响。

2. 电火花加工方法及应用

（1）电火花成形加工　电火花成形加工是利用火花放电蚀除金属的原理，用工具电极对工件进行复制加工的工艺方法。其应用范围可归纳如下：

- 电火花成形加工
  - 穿孔加工
    - 冲模（包括凸凹模及卸料板、固定板）
    - 粉末冶金模
    - 挤压模（型孔）
    - 型孔零件
    - 小孔（ϕ0.01～ϕ3mm 小圆孔和异形孔）
  - 型腔加工
    - 型腔（锻模、压铸模、塑料模、胶木模等）
    - 型腔零件
  - 切断加工

（2）电火花线切割加工　电火花线切割加工是电火花加工的一种专门方式，它与电火花成形加工一样，都是利用工具电极对工件材料进行脉冲放电去除金属的。它无需制作成形电极，而是采用细的电极丝（铜丝或钼丝）对工件进行切割成形的。图 9-3 所示为电火花切削工艺及装置的示意图。在电极丝与工件之间浇上工作液介质，传动轮使电极丝作正反向交替移动。当电极丝与工件（分别接脉冲电源负极与正极）接近到一定距离时，便发生火花放电而蚀除金属。只要有效地控制电极丝相对工件的运动轨迹，就能切割出一定形状和尺寸的工件。

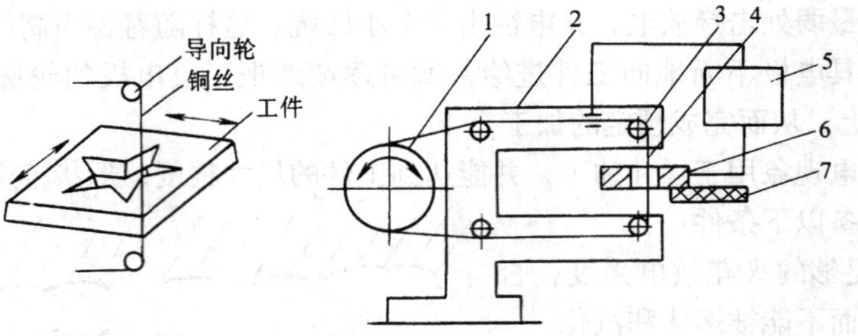

图 9-3 电火花线切割加工示意图

1—传动轮 2—支架 3—导向轮 4—钼丝 5—脉冲电源
6—工件 7—绝缘底板

电火花线切割由于省掉了成形的工具电极，切缝窄，只对工件材料进行图形的轮廓加工，因而蚀除量小，材料利用率高，加工成本低，可加工微细异形孔、窄缝和复杂形状的工件。目前这类线切割机床多采用微机数控，对于不同轮廓的图形只需编制不同程序，即可实现自动化加工。

（3）其他电火花切割加工 随着科学技术和生产的发展，除上述两种方法外，还出现了许多其他方式的电火花加工方法。主要包括：

1）利用工具电极相对工件以不同的运动方式相组合，可实现包括齿轮和螺纹加工及电火花磨削等，见表 9-1。微机控制的五坐标数控电火花机床，可把各种运动方式和成形、穿孔加工组合在一起。

表 9-1 其他电火花加工方法的图示及说明

图 示	说 明	图 示	说 明
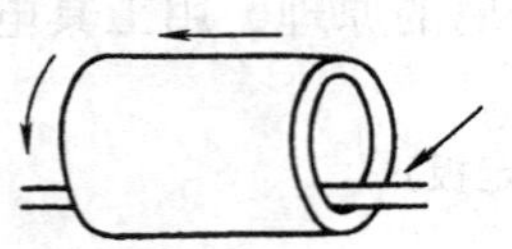	内圆磨削 工件旋转、轴向运动并作径向进给		刃磨 工具电极旋转运动，刀具横向往复运动、纵向直线运动
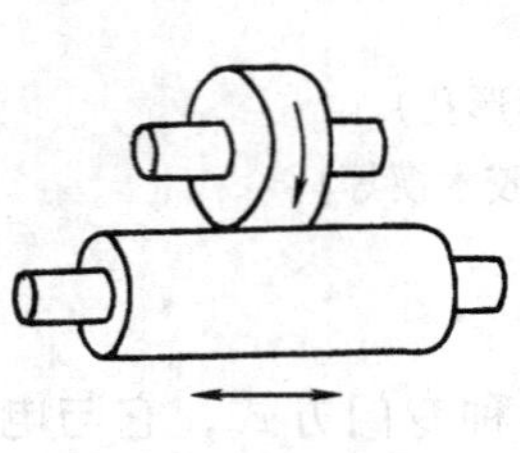	外圆磨削 工具电极旋转和直线运动，工件旋转和往复运动	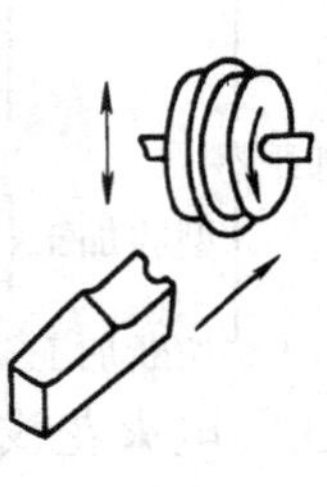	成形刀具的刃磨 工具电极旋转和直线运动，工件直线运动
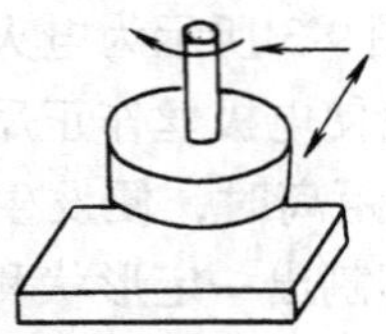	平面磨削 工具电极旋转运动，工件三个互相垂直方向直线运动	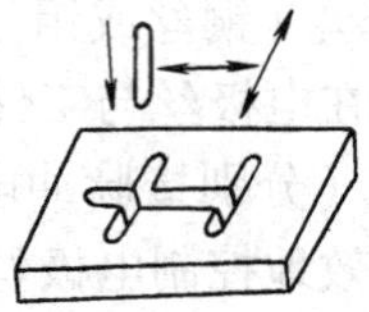	铣沟槽 工具电极旋转和一个方向直线运动，工件两个互相垂直方向直线运动

（续）

图　　示	说　　明	图　　示	说　　明
	回转齿轮加工 工具电极与工件作共轭展成运动，工具电极作径向进给运动	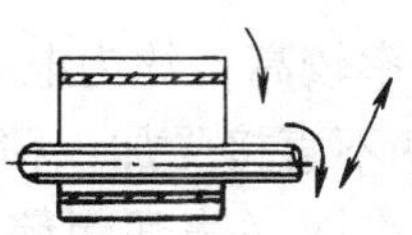	回转螺纹加工 工具电极与工件同步旋转运动，工件作径向进给运动
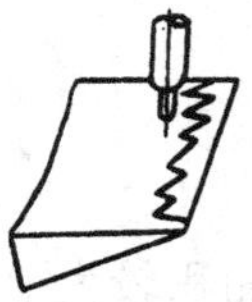	金属表面强化 电极振动，并沿金属表面作进给运动	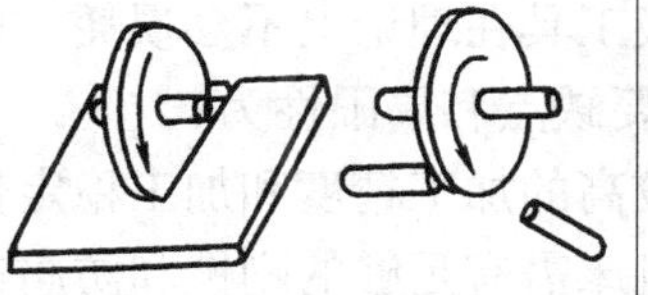	材料切断 工具电极旋转和直线运动

2）工具电极和工件在气体介质中进行放电的电火花加工方法，如金属电火花表面强化，电火花刻字等。

3）工件为非金属材料的加工方法，如半导体与高阻抗材料的加工等。

二、电解加工

电解加工是继电火花加工之后应用较广泛的一项新工艺。目前在国内外已成功地应用于枪炮、航空发动机、火箭等制造业。在汽车、拖拉机、采矿机械的模具制造中也得到了应用，故在现代机械制造业中，已成为一种不可缺少的新工艺方法。

1. 电解加工的原理及其特点

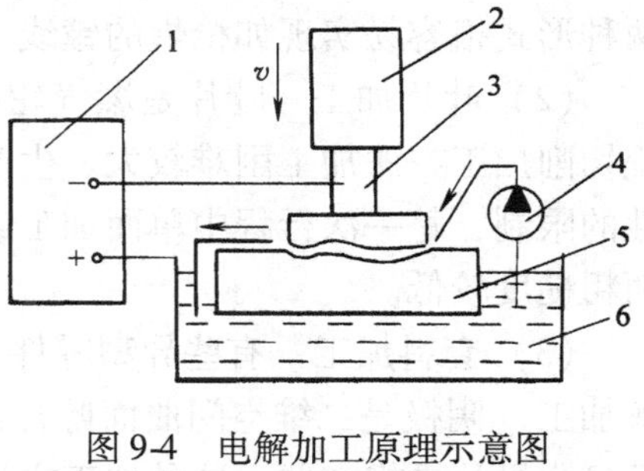

图 9-4　电解加工原理示意图
1—直流电源　2—进给机构　3—工具
4—电解液泵　5—工件　6—电解液

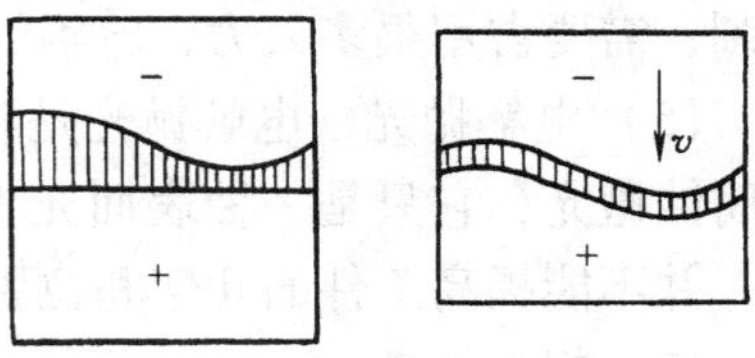

a)　　b)
图 9-5　电解加工成形原理

电解加工是利用金属在电解液中的“电化学阳极溶解”来将工件加工成形的。电解加工原理如图 9-4 所示。加工时，工件 5 接直流电源 1（电压为 5 ~ 25V，电流密度为 10 ~ 100A/cm^2）的阳极，工具 3 接电源的阴极。进给机构控制工具向工件缓慢进给，使两极之间保持较小的间隙（0.1 ~ 1mm），用电解液泵 4 泵出的电解液以一定的压力（0.5 ~ 2MPa）和速度（5 ~ 50m/s）从间隙中流过，这时阳极工件的金属被逐渐电解腐蚀，电解产物被高速流过的电解液带走。

电解加工成形原理如图 9-5 所示，图中细竖线表示通过阴极（工具）与阳极（工件）间的电流，竖线的疏密程度表示电流密度的大小。在加工刚开始时，工具与工件相对表面之间是不等距的，如图 9-5a 所示，阴极与阳极距离较近的地方通过的电流密度较大，电解液的流速也较高，阳极溶解速度也就较快。随着工具相对工件不断进给，工件表面就不断被电解，电解产物不断被电解液冲走，直至工件表面形成与阴极工作面基本相似的形状为止，如图 9-5b 所示。

电解加工与其他加工方法相比较，具有以下优点：

1）加工范围广。既不受金属材料本身硬度和强度的限制，可以加工硬质合金、淬火钢、耐热合金等高硬度、高强度及韧性金属材料，也可加工各种复杂型面工件，如叶片、模具等。

2）电解加工的生产率较高，约为电火花的5~10倍，在某些情况下，比切削加工的生产率还高，且加工生产率不直接受加工精度和表面粗糙度的限制。

3）可以达到较好的表面（表面粗糙度 $R_a 1.25 \sim 0.2\mu m$）和0.2mm左右的平均加工精度，且不产生毛刺。

4）加工中无热作用及机械切削力的作用，加工面不产生应力、变形及变质层。

5）加工中阴极工具在理论上不会损耗，可长期使用。

电解加工的主要缺点和局限性为：

1）不易达到较高的加工精度和加工稳定性。

2）电解加工机床需有足够的刚性和防腐蚀性能，附属设备多，占地面积较大。

3）电解产物需进行妥善处理，否则将污染环境。

2. 电解加工的应用

电解加工在机械制造业中已广泛应用于下述几方面：

（1）深孔扩孔加工　深孔的扩孔加工按工具的运动方式可分为固定式和移动式，用这两种形式很容易实现如枪炮的镗线、花键孔等零件表面的加工。

（2）叶片加工　叶片是燃气轮机、汽轮机中的重要零件。叶片型面形状复杂，采用传统切削加工方法加工困难较大、生产率低、周期长。而采用电解加工，则不受材料硬度和韧性的限制，每一次行程中单面加工或双面加工就可以加工出复杂的叶身型面、生产率高、表面粗糙度较低。

（3）套料加工　有些异型零件为二维空间曲面（即横截面在纵向不变）采用套料法电解加工（阴极是二维空间曲面叶片结构），加工零件的尺寸精度由阴极片内腔口尺寸保证，而且阴极片更换方便，这种加工方法也常用来加工等截面的汽轮机的叶片。

（4）电解倒棱去毛刺　切削加工中去除毛刺的工作量很大，尤其是去除硬而韧的金属毛刺，需要占用很多人力，电解倒棱去毛刺可以大大提高工效和节省费用。

（5）电解抛光　电解抛光是利用金属在电解液中的“电化学阴极溶解”对工件进行表面腐蚀抛光，它只是一种表面光整加工方法，用于改善工件的表面质量和表面物理力学性能，并不能提高工件的几何和位置精度。

三、超声加工

超声加工也称为超声波加工。超声波是指频率大于16000~20000Hz的振动波。它区别于普通声波的特点是频率高、波长短、能量大，传播过程中反射、折射、共振、损耗等现象显著。它可使传播方向上的障碍物受到很大的压力，超声加工就是利用这种能量进行加工的。

1. 超声波加工的工作原理

超声加工是利用工具端作超声频振动，通过磨料悬浮液加工使工件成形的一种方法，工作原理如图9-6所示。加工时，在工具1和工件2之间加入液体（水或煤油等）和磨料混合的悬浮液3，并使工具以很小的力 F 轻轻压在工件上。超声发生器7将工频交流电能转变为有一定功率输出的超声频电振荡，通过换能器6将超声频电振荡转变为超声机械振动。其振幅很小，一般只有0.005～0.01mm，再通过一个上粗下细的变幅杆4、5，使振幅增大到0.01～0.15mm，固定在变幅杆上的工具即产生超声振动（频率在16000～25000Hz之间）。迫使工作液中悬浮的磨粒高速不断地撞击、抛磨被加工表面，把加工区域的材料粉碎成很细的微粒，从材料上被打击下来。虽然每次打击下来的材料很少，但由于每秒钟打击的次数多达16000次以上，所以仍有一定的加工速度。与此同时，工作液受工具端面超声振动作用而产生的高频、交变的液压正负冲击波和"空化"作用，促使工作液钻入被加工材料的微裂缝处，加剧了机械破坏作用。加工中的振荡还强迫磨料液在加工区工件和工具间的间隙中流动，使变钝了的磨粒能及时更新。随着工具沿加工方向以一定速度移动，实现有控制的加工，逐渐将工具的形状"复制"在工件上，加工出所要求的形状。

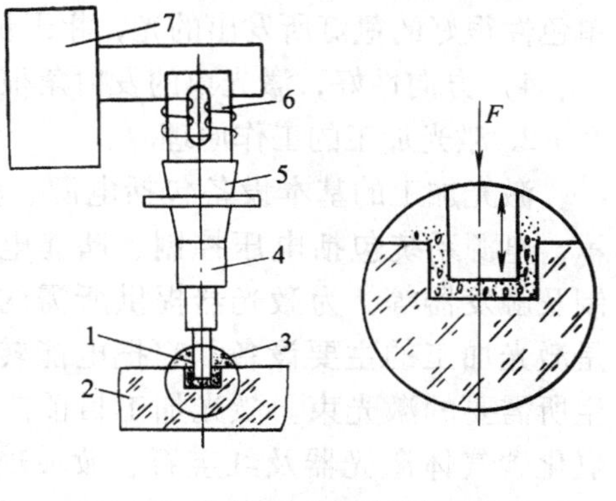

图9-6　超声加工原理示意图
1—工具　2—工件　3—磨料悬浮液　4、5—变幅杆　6—换能器　7—超声发生器

2. 超声加工的特点与应用

1）适合于加工各种硬脆材料，特别是不导电的非金属材料，如玻璃、陶瓷（氧化铝、氮化硅）石英、锗、硅、石墨、玛瑙、宝石、金刚石等。对于导电的硬质金属材料如淬火钢、硬质合金等，也能进行加工，但加工生产率较低。

2）由于工具可用较软的材料，做成较复杂的形状，故不需要使工具和工件作比较复杂的相对运动，因此超声加工机床的结构比较简单，操作、维修方便。

3）由于去除加工材料是靠极小磨料瞬时局部的撞击作用，故工件表面的宏观切削力很小，切削应力、切削热很小，不会引起变形及烧伤，表面粗糙度也较低（R_a0.1～1μm），加工精度可达0.01～0.02mm，而且可以加工薄壁、窄缝、低刚度零件。

超声加工除用于工件的成形加工外还可以用于清洗、焊接和探伤等。近年来超声加工和其他加工方法结合进行的复合加工也发展很快，如超声电火花加工、超声电解加工、超声调制激光打孔、超声振动切削加工等。这些复合加工方法，由于把两种或两种以上加工方法的工作原理结合在一起，起到取长补短的作用，使生产率、加工精度及工件表面质量都有显著提高，因此这种加工方法的应用越来越广泛。

四、激光加工

1. 激光的特性

普通光源（如白炽灯、日光灯、氙灯、氪灯等）的发光是以自发辐射为主。而激光则是由处于激发状态的原子、离子或分子受激辐射而发出的得到加强的光。与普通光比较，激光具有以下几个基本特性：

1）强度高，红宝石脉冲激光器的亮度比高压脉冲氙灯高370亿倍，比太阳表面的亮度也要高200多亿倍。

2）单色性好，激光的波长（或者频率）是某一确定的数值，或严格地讲是波长的范围（谱线宽度）非常小。

3）相干性好，激光源先后发出的两束光波，在空间产生干涉现象的时间或所走的路程（相干长度）很长。某些单色性很好的激光器所发出的光，其相干长度可达到几十公里。而单色性很好的氪灯所发出的光，相干长度仅为78cm。

4）方向性好，激光束的发射角很小，几乎是一束平行光。

2. 激光加工的工作原理

激光加工的基本设备包括电源、激光器、光学系统及机械系统等四部分。如图9-7所示，电源系统包括电压控制、储能电容组、时间控制及触发器等，为激光器提供所需的能量。激光器是激光加工的主要设备，它把电能转变成光能，产生所需要的激光束。激光加工目前广泛采用的是二氧化碳气体激光器及红宝石、钕玻璃、YAG（掺钕钇铝石榴石）等固体激光器。光学系统将光束聚焦并观察和调整焦点位置，包括显微镜瞄准、激光束聚焦及加工位置在投影仪上显示等。机械系统主要包括床身、能在三坐标范围内移动的工作台及机电控制系统等。加工时，激光器产生激光束，通过光学系统把激光束聚焦成一个极小的光斑（直径仅有几微米到几十微米），获得$10^8 \sim 10^{10}$ W/cm^{2}的能量密度以及10000°C以上的高温，从而能在千分之几秒甚至更短的时间内使材料熔化甚至汽化，以蚀除被加工表面，通过工作台与激光束间的相对运动来完成对工件的加工。

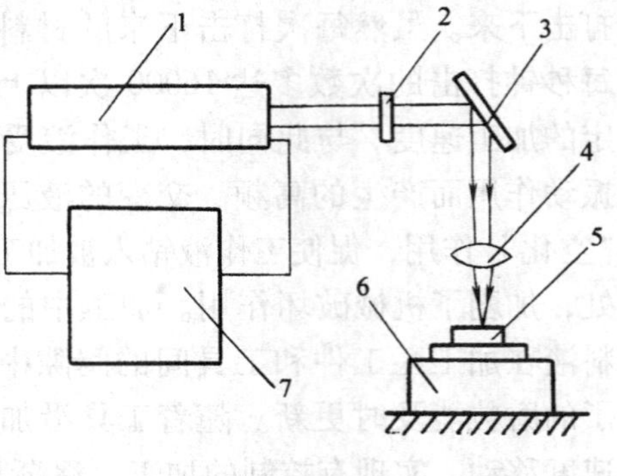

图9-7　激光加工的工作原理示意图

1—激光器　2—光阑　3—反射镜　4—聚焦镜　5—工件　6—工作台　7—电源

3. 激光加工的特点及应用

1）不需要直接接触的加工工具，所以不存在工具损耗问题，适宜自动化生产系统。

2）由于激光的功率密度高，几乎能加工所有的材料，如各种金属材料、陶瓷、石英、金刚石及半导体等。

3）激光加工是非接触加工，加工速度快，热影响区小，适用于微细加工，如加工深而小的微孔和窄缝（直径可小至几微米，深度与直径之比可达100以上）。

4）通用性强。同一台激光加工装置，可做多种加工用。如打孔、切割、焊接等就可以在同一台机床上进行。

激光技术的发展，正在改变着某些领域的生产方式，使其生产效率大大提高，而随着激光技术与数控技术的密切结合，激光加工技术的应用将会得到更快、更广泛的发展。对于一般的加工方法难以实现其工艺要求的零件，如火箭发动机喷嘴、柴油机喷嘴、人造纤维喷丝头，尺寸在1 ~ 20μm左右的精密仪表上的宝石轴承以及正向纳米级发展的超大规模集成电路中的元件等，激光加工技术将占有越来越重要的地位。

第二节　数 控 加 工

数控加工技术是为了实现机床控制自动化要求而发展的。它把零件图样的相关信息转化为数控加工代码，通过控制介质输入到控制装置，经过微机进行处理与计算，发出各种控制信号与数据，使机床各部件自动协调运动，实现自动加工的技术。

用数控化信息对机床进行控制的机床称为数控机床。数控机床的发展经历了五个阶段，即电子管元件数控（NC）、晶体管电路数控（NC）、中小规模集成电路数控（NC）、小型通用电子计算机数控（CNC）和微型电子计算机数控（MNC）。目前数控机床以 MNC（Microcomputer Numerical Control）为主流，在一些工业发达国家已得到普遍应用，微型机数控的主要优点是可靠性好、灵活性强、易于实现机电一体化、价格低等。

一、数控机床的组成

1. 控制介质

数控机床工作时，不要工人去直接操作机床，但又必须执行人们的意图，这就必须在人和数控机床之间建立某种联系，这种联系的媒介物称为控制介质。

在普通机床上加工零件时，由工人按图样和工艺要求进行加工。在数控机床上加工时，则要把加工零件所需的全部动作及刀具相对于工件的位置等内容，用数控装置所能接受的数字和文字代码来表示，并把这些代码存储在控制介质上。控制介质通常是磁带或磁盘等。

2. 数控装置

数控装置是数控机床的中枢，在普通数控机床（NC 机床）中一般由输入装置、存储器、控制器、运算器和输出装置组成。在计算机数控机床（CNC 机床和 MNC 机床）中，由于计算机本身即含有运算器、控制器等上述单元，因此其数控装置就是一台计算机。数控装置接收控制介质的信息，并将其代码加以识别、储存、运算，输出相应的指令脉冲以驱动伺服机构，进而控制机床动作。

3. 伺服机构

伺服机构的作用是把来自数控装置的脉冲信号转换为机床执行机构运动部件的运动，实现对加工轨迹的控制，最后加工出符合图样要求的零件。常用的伺服驱动元件有步进电动机、直流伺服电动机、交流伺服电动机、电液脉冲马达以及各种电磁阀、电液比例阀等。

4. 机床执行机构

机床执行机构包括机床上的工作台、刀架、主轴、机动夹具、冷却系统等，用于实现加工零件时工件相对于刀具的运动和冷却等。

5. 检测反馈系统

检测反馈系统的作用是测量运动部件位移量并反馈到数控装置，形成闭环系统。系统中若没有检测装置，也没有反馈信号，则形成开环系统。

二、数控加工技术的特点

数控加工技术的主要特点如下：

1）零件的加工精度高，尺寸一致性好　由于数控机床本身的精密度高，特别是有的数控机床具有加工过程自动检测和误差补偿等功能，因而能可靠地保证加工精度和尺寸的稳定性。

2）生产效率高。数控加工过程是一种自动加工过程，不需要工人直接操作机床。加工中零件的装夹次数少。一次装夹可加工出很多表面，可省去划线找正和检测等许多中间工序。加工复杂零件时，效率可提高 5 ~ 10 倍，劳动强度也低。

3）特别适合加工形状复杂的轮廓表面。可加工如叶片、叶轮及成形模具等具有复杂空间曲面的零件。

4）有利于实现计算机辅助制造。目前在机械制造业中，CAD/CAM 的应用日趋广泛，而数控机床及其加工技术正是计算机辅助制造系统的基础。

5）对操作者（不含编程人员）技术水平的要求相对较低。

6）初始投资大，加工成本高。数控机床的价格一般比同规格的普通机床高出许多，机床备件的价格也很高，加上零件加工进行编程、调整和试加工等的准备时间较长，因而使零件的加工成本大大高于普通机床。

此外，数控机床是技术密集型的机电一体化产品，数控加工技术的复杂性和综合性加大了维修工作的难度，需要配备素质较高的维修人员和维修装备。

三、柔性制造系统（FMS）

众所周知，高度机械化的自动线具有很高的生产率，但缺乏柔性，不允许加工对象的设计有任何变化。单台数控机床（数控加工中心）的柔性很大，能适应加工对象结构外形的变化，适于单件和小批量生产，但生产率不如自动线高。将上述自动线的生产率与数控机床的灵活性结合起来，组成一种"柔性制造系统（FMS）"，其实质就是用一台计算机集中管理和控制数台加工中心及输送装置等的自动化生产系统。

柔性制造系统的适应范围很广，它主要解决了单件小批生产的自动化和中、大批，多品种生产的自动化。与传统的制造系统比较，具有下列突出的特点：

1）能适应加工零件生产数量和工艺要求的变化。

2）具有高度的自动化程度、稳定性和可靠性，能实现24h无人自动连续运转。

3）提高设备的利用率，减少调整、准备等辅助时间，提高生产率。

4）降低直接劳动成本，提高经济效益。

四、计算机辅助制造（CAM）**和计算机集成制造系统**（CIMS）

1. 计算机辅助制造（CAM）

把计算机用于毛坯制造、机械加工、热处理、表面处理、装配、运输、质量管理、生产计划、作业调度、工艺生产准备等有关制造过程的各个阶段，称为计算机辅助制造CAM（Computer Aided Manufacturing）。计算机用于制造过程可分为两种情况：

1）直接应用，即用于制造过程的监视和控制。

2）间接应用，例如，用计算机制订工艺规程，编制数控程序、切削加工数据库和各种标准文件库的管理、仓库管理、生产管理、成本核算等。

2. 计算机集成制造系统

数控机床，仅是一个实现了操作循环自动化的零件加工机床；数控加工中心由于能自动换刀，是实现零件部分或全部机械加工过程的自动化；柔性制造系统是灵活可变，能适应加工多种产品的自动化生产系统；计算机辅助制造则是把所有较低的各级手段集成为统一的自动化制造过程。这些计算机化的自动化的系统或设备对制造业发展起着至关重要的作用。但是，由于它们大都是单独建立起来的"孤岛"，彼此之间的功能耦合并不紧密，因而会产生各系统间信息和数据的不一致等不应有的矛盾，或者存在不必要的重复劳动（如相同信息的重复输入等），无法做到系统信息和数据处理具有充分的及时性、正确性、一致性和共享性。为了使各部门功能间的信息和数据传递不再需要人的重复介入，使企业获得更大的整体效益，计算机集成制造系统CIMS（Computer Integrated Manufacturing System），就成为当前各先进工业国家研究和发展的主要方向。

CIMS的这一概念模型是由美国的麦钦特（M. E. Merchant）最早提出的。它是一个机械工厂全盘集成自动化的设想，即借助于计算机技术，使机械制造生产过程的各个组成部分（从经营决策、产品开发、生产准备、生产实施到生产经营管理全部过程）有机地结合成一个整体，以实现生产的柔性化、优化、自动化和集成化，达到高效率、高质量、低成本和灵活生产的目的。

目前，CIMS 还在发展和完善之中。人们普遍认为，它是机械制造业自动化的发展方向，是 21 世纪工厂的模式。

思考与练习

1. 与传统机械加工相比，特种加工的主要特点是什么？
2. 电火花加工的基本原理和主要特点是什么？
3. 电火花加工有哪些用途？
4. 电解加工的原理是什么？试举例说明其实际用途。
5. 超声加工的原理是什么？有哪些用途？
6. 激光加工的特点是什么？有哪些用途？
7. 简述数控系统的组成及加工过程。
8. 柔性制造系统的主要特点是什么？
9. 什么是计算机集成制造系统？为什么说它是机械工业自动化发展的方向？

附　录

实验一　低碳钢的拉伸试验

一、实验目的

1）测定金属长试样和短试样在拉伸时的屈服点 σ_s、抗拉强度 σ_b、断裂后伸长率 δ 和断面收缩率 ψ，比较长、短试样的性能特点。

2）观察拉伸过程的几个阶段及出现的现象，加深理解拉伸曲线。

3）了解材料试验机的主要结构和使用方法。

二、实验设备、量具及试样

1）液压式万能材料试验机。

2）刻线机或小钢冲。

3）游标卡尺。

4）低碳钢圆试样（长、短试样两种）。

三、实验设备简介

1. 材料试验机分类

根据加载方式分为机械式、液压式和电子式三种；根据用途分为拉力试验机和万能试验机两种，其中液压式万能材料试验机应用最为广泛。

2. WE 型液压式万能材料试验机的结构

WE 型液压式万能材料试验机的结构如附图 1 所示，可见试验机分为主体部分和测力部分两大部分。

（1）主体部分　包括机座 11、立柱 10、大横梁 4、工作台 7、拉杆 33、小横梁 1、工作活塞 2、工作缸 3、上夹头 8、下夹头 9 和丝杠 32 等。

（2）测力部分　包括试验力指示机构（测力度盘、主动指针、从动指针），自动描绘器（记录筒 25、描绘笔 24），液压传动系统（油箱 12，送油管 30、28，送油阀 29，工作缸 3，回油管 26、27、18，回油阀 19，液压泵 14），测力机构（测力缸 17、测力活塞 16、连杆 15、摆杆 21、摆砣 20、齿杆 23、平衡锤 22）及操作部分（送油阀手轮、回油阀手轮）等。

3. 工作原理

接通试验机电源开动液压泵电动机 13 后，油箱 12 内的油液被吸入液压泵 14 中，经送油管 30 送入送油阀 29 内。当送油阀手轮打开时，油液经送油管 28 至工作缸 3 推动工作活塞 2 向上移动，并带动拉杆 33、工作台 7、上夹头 8 一起向上移动，使试样受到拉伸力。关闭送油阀手轮打开回油阀手轮后，则工作缸 3 中的油液通过回油管 26 流回油箱 12，此时工作活塞 2、拉杆 33、工作台 7、上夹头 8 一起下落。下夹头上下升降，是由电动机 31 或手轮，通过蜗杆带动蜗轮旋转，使丝杠 32 带动下夹头 9 上下移动来实现的。

在工作活塞向上移动时，如果回油阀 19 处于关闭状态，则部分油液通过回油管 26、油管

18 流入测力缸 17 中，推动测力活塞 16 向下移动，通过连杆 15 及上部的方铁使主轴带动摆杆 21、摆砣 20 产生一角位移，同时推动压杆、齿杆 23 使测力度盘指针转动，由于角位移的大小和加在测力活塞上的载荷大小成正比例，这样指针就可指出作用在试样上拉伸力数值。

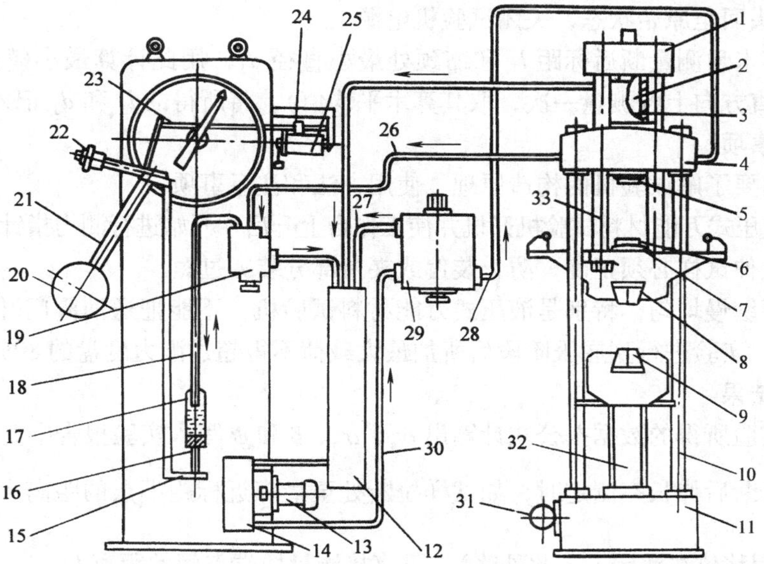

附图 1　WE 型液压式万能材料试验机外形结构示意图

1—小横梁　2—工作活塞　3—工作缸　4—大横梁　5—上压力板　6—球座压力板　7—工作台　8—上夹头　9—下夹头　10—立柱　11—机座　12—油箱　13、31—电动机　14—液压泵　15—连杆　16—测力活塞　17—测力缸　18—回油管　19—回油阀　20—摆砣　21—摆杆　22—平衡锤　23—齿杆　24—描绘笔　25—记录筒　26、27—回油管　28、30—送油管　29—送油阀　32—丝杠　33—拉杆

四、实验内容及步骤

1. 内容：低碳钢的拉伸试验

2. 具体步骤

1）检验试样。检查试样表面有无显著横向刀痕或机械损伤，试样尺寸是否符合 GB/T 228—2002 规定。

2）打标记。用小钢冲打小冲点，标出标距 l_0。

3）调整试验机和自动绘图装置。根据低碳钢的抗拉强度 σ_b 和原始横截面积 A_0 估算试样的最大载荷，配置相应的摆砣，选择合适的测力度盘。开动试验机，使工作台上升 10mm 左右，以消除工作台系统自重的影响。调主动指针对准零点，从动指针与主动指针靠拢，调整好自动绘图装置。

4）装夹试样。先将试样装夹在上夹头内，再将下夹头移动到合适的夹持位置，夹紧试样下端。

5）检查与试车。以上步骤完成后，开动试验机，预加少量载荷（载荷的大小不得超过 F_p），然后卸载到零，以检查试验机工作是否正常。

6）进行实验。开动试验机，缓慢而均匀地加载，仔细观察测力指针转动和绘图装置绘制拉伸曲线的情况，注意捕捉屈服载荷，将其记录下来用以计算屈服点 σ_s。过了屈服阶段，加载速度可以较快些。达到最大力时，注意观察“缩颈”现象。试样断后立即停车，记录最大力 F_b 值。

7）试验机复原。试样拉断后，关闭送油阀，取下试样和记录纸，打开回油阀使工作台，上、下夹头回至原始状态，关闭试验机电源。

8）用游标卡尺测量断后标距 l_1 和缩颈处最小直径 d_1，用此计算最小横截面积 A_1（应在两个相互垂直方向上各测量一次，取其算术平均值），将所得的 l_1 和 d_1 记入实验报告中。

五、注意事项

1）使用前要了解试验机的构造原理、使用方法和注意事项。

2）应在液压式万能材料试验机开机并使工作台上升后才开始进行测力指针的调零操作。

3）装夹拉伸试样必须正确，防止装偏或夹持部分装夹过短。

4）加载要缓慢均匀，特别是液压式万能材料试验机，不能把送油阀门开得过大。为防止损伤试验机，实验进行到屈服阶段后所加最大载荷不得超过测力度盘的80%。

六、实验结果

1）根据实验所得的数据按公式计算出 σ_s、σ_b、δ 和 ψ 写入实验报告中。

2）在进行断后伸长率测定时，如试样拉断处至最邻近标距端点的距离大于$\frac{1}{3}l_0$ 时（如小于$\frac{1}{3}l_0$ 时可用移位法测定 l_1，此处略），可直接测量两端点间的距离 l_1。

3）实验出现下列情况之一者结果无效：

①试样断后在标距标记上或标距外。

②实验记录有误，或计算错误，或设备发生故障影响实验结果准确性。

③试样断处有缺陷。

七、实验报告内容

1）写出实验目的。

2）写出实验设备及量具。

3）实验记录和计算结果：

①试样原始尺寸记录

材料	标距 l_0 /mm	直径 d_0/mm						最小横截面积 A_0/mm
		截面 1			截面 2			
		1	2	平均	1	2	平均	
低碳钢长试样								
低碳钢短试样								

②载荷和试样断后尺寸记录

材料	屈服力 F_s/kN	最大力 F_b/kN	断后标距 l_1/mm	缩颈处直径 d_1/mm			缩颈处横截面面积 A_1/mm^2
				1	2	平均	
低碳钢长试样							
低碳钢短试样							

③计算。分别计算长、短试样的σ_s、σ_b、δ和ψ。

④实验结果讨论。影响材料伸长率δ和断面收缩率ψ的因素分别是什么？低碳钢试样拉伸时出现缩颈后，为什么测力度盘主动指针会出现回转现象？

实验二　硬 度 试 验

一、实验目的

1）进一步了解硬度测定的基本原理及应用范围。

2）了解布氏、洛氏硬度试验机的主要结构，初步掌握操作方法。

二、实验设备及材料

1）布氏硬度试验机（HB—3000 型布氏硬度试验机，其简图如附图 2 所示）。

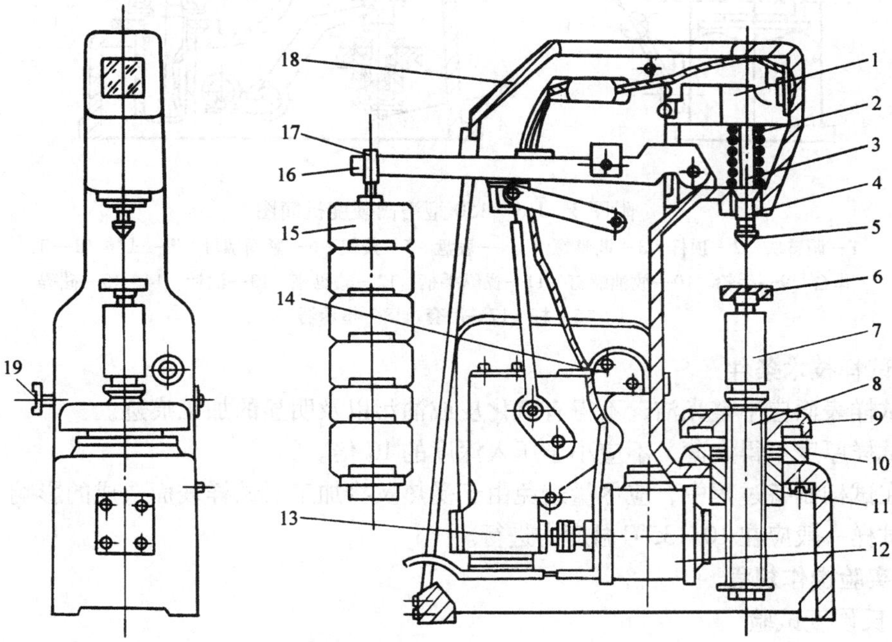

附图 2　HB—3000 型布氏硬度机简图

1—小杠杆　2—弹簧　3—压轴　4—主轴衬套　5—压头　6—可更换工作台　7—工作台立柱　8—螺杆　9—升降手轮　10—螺母　11—套筒　12—电动机　13—减速器　14—换向开关　15—砝码　16—大杠杆　17—吊环　18—机体　19—电源开关

2）洛氏硬度试验机（HR—150 型洛氏硬度试验机，其简图如附图 3 所示）。

3）试样：45 钢及 T12 钢退火、正火及淬火状态；HT200、H62、ZL102。

三、实验内容及步骤

1）分两大组，分别进行布氏和洛氏硬度试验，并相互对换试验。

2）在进行试验操作前必须了解布氏和洛氏硬度试验机的结构及注意事项。

3）按照试验机的操作规程测定试样硬度值（HBW 和 HRC）。

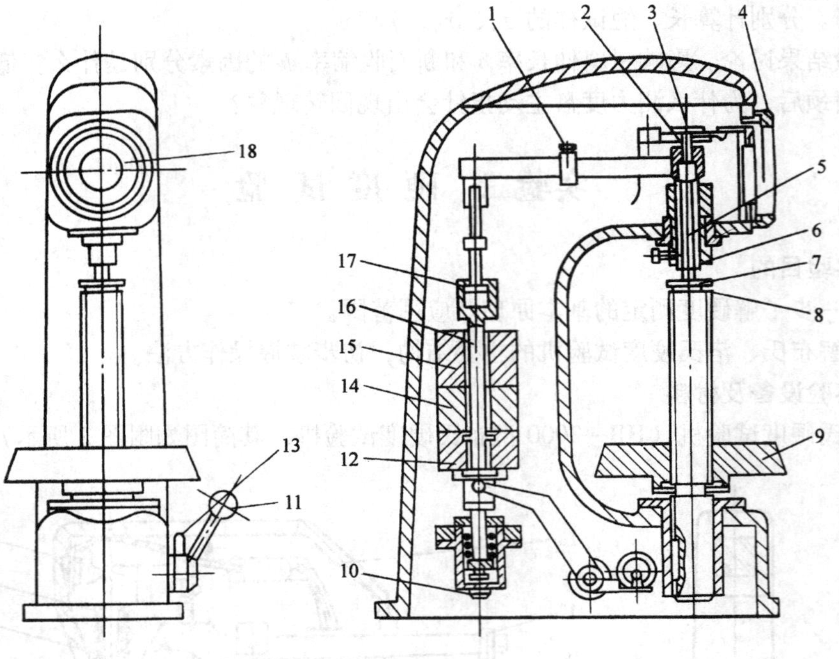

附图 3　HR—150 型洛氏硬度机简图

1—调整块　2—顶杆　3—调整螺钉　4—表盘　5—按钮　6—紧固螺母　7—试样　8—工作台　9—手轮　10—放油螺钉　11—操纵手柄　12—砝码座　13—油针　14、15—砝码　16—杆　17—吊套　18—指示器

四、试样技术条件

1）试样表面应平整光洁，不得有氧化皮或油污以及明显的加工痕迹。

2）试样厚度不得太薄，不应小于压入深度的 10 倍。

3）在试样制备过程中，应尽量避免由于受热及冷加工对试样表面造成的影响。

4）试样一般应在 10～35℃温度内进行。

五、实验操作规程

1. 布氏硬度试验

1）根据材料及布氏硬度范围由表 1-1 确定 F/D^2 值、压头直径和载荷。

2）将试样放在工作台上，使试样表面与压头轴线垂直。选定好测试位置，顺时针转动手轮，上升工作台，使试样与压头接触，并继续平稳转动手轮至升降螺母产生滑动为止。

3）按动加载按钮，起动电动机，即开始加载荷。此时因紧压螺钉已拧松，圆盘并不转动，当红色指示灯闪亮时，迅速拧紧螺钉，使圆盘转动。达到所要求的持续时间后，转动即自行停止。

4）逆时针转动手轮降下工作台，取下试样。用读数显微镜测量压痕直径 d 用所得结果从对照表中（见附表）查找相应的硬度值。

2. 洛氏硬度试验

1）根据试样材料及热处理状态，选用压头及载荷（见表 1-2）。

2）根据试样形状与大小，选择适宜的工作台，将试样平稳地放在工作台上。

3）顺时针转动手轮，使试样与压头缓慢接触，直至表盘的小指针指到“0”为止，此时即施加了98.07N的初载荷；然后将表盘的大指针调整至零点（HRC、HRA零点为“0”，HRB零点为30）。

4）加主载荷，将加载手柄推向加载位置，主载荷将会通过杠杆加于压头上，而使压头压入试样，保持一定时间。

5）卸除主载荷，使手柄转动至原来位置即可。

6）读出硬度值，长指针在卸除主载荷后停留位置所对应的数字即为硬度值。注意，HRB读红色数字，HRC、HRA读黑色数字。

7）逆时针旋转手轮，取出试样。

六、实验报告内容

1）写出实验目的。

2）简述布氏硬度、洛氏硬度的试验原理、优缺点及应用范围。

3）实验结果（填入下表）。

布氏硬度试验结果

编号	试样材料	热处理状态	压头		试验力/N	试验力保持时间/s	压痕直径 d/mm			HBW
			直径 D/mm	材料			d_1	d_2	$d_{平均}$	

洛氏硬度试验结果

编　号	试样材料	热处理状态	标尺名称	压头材料	试验力/N		硬　度　值			
					初试验力	主试验力	一次	二次	三次	平均值

4）问题讨论。

有八块金属材料，用布氏硬度、洛氏硬度试验机分别测的硬度值是120HRB、90HRB、10HRC、62HRC、95HRA、70HRA、65HBS、500HBW，试分析哪几块的测定方法是正确的？哪几块的测定方法是不允许的？为什么？应如何处理？

实验三　碳钢和铸铁平衡组织的观察

一、实验目的

1）认识不同碳的质量分数的铁碳合金在平衡状态下的显微组织形态。

2）通过对不同碳的质量分数的铁碳合金显微组织的观察来判断其性能。

3）了解金相试样的制备过程及金相显微镜的使用。

二、概述

1. 金相显微镜

金相显微镜是一种专门用来观察金属试样表面金相组织的光学仪器。常用的金相显微镜有卧式金相显微镜、立式金相显微镜和台式金相显微镜三种。

显微镜一般由照明系统、光学系统、机械系统、照相系统四部分组成。现以 XJB—1 型台式金相显微镜为例加以说明，附图 4 为金相显微镜结构图。

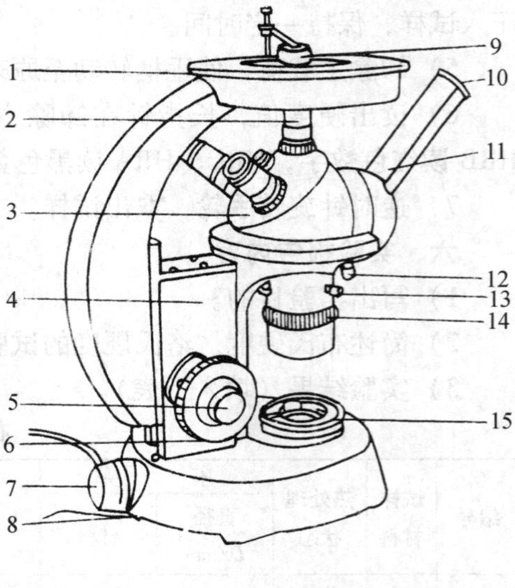

附图 4　XJB—1 型金相显微镜外形结构图
1—载物台　2—物镜　3—转换器　4—传动箱　5—微动调节手轮　6—粗动调节手轮　7—光源　8—偏心圈　9—试样　10—目镜　11—目镜管　12—固定螺钉　13—调节螺钉　14—视场光阑　15—孔径光阑

（1）光学系统　光学系统中最主要的零件是物镜和目镜。物镜是显微镜中最主要的部分，物镜种类较多，最普通的物镜是消色差物镜，它具有小的色差及球面像差。一般台式金相显微镜所使用的物镜均为消色差物镜。目镜的主要作用是将经过物镜放大的实像再给予放大。

（2）照明系统　由光源、聚光镜、半反光镜及孔径光阑及视场光阑组成照明系统，使试样获得均匀照明。

（3）机械系统　机械系统包括底座、载物台、调节螺钉等。载物台供放置试样用，载物台在物镜的上方，调节螺钉是调节焦距用的，一般分为粗调和微调两种。

2. 显微镜的操作

1）根据放大倍数，选择物镜与目镜，分别装在物镜座和目镜筒内。

2）将试样放在载物台上，转动粗调螺钉，使载物台下降并靠近物镜，然后转动粗（或细）调螺钉使载物台上升进行调焦，直至映像清晰为止。

3）调节孔径光阑的大小以改变入射光束的粗细程度，孔径光阑小，入射光束较细，而物镜所造成的光学缺陷（如像差）就可以减少或消除。但孔径光阑过小，会使物镜的鉴别能力降低；孔径光阑过大，会降低映像的衬度，因此孔径光阑的大小以成像清晰为宜。

4）调整视场光阑是用来减少目镜筒内的反射炫光及调节观察视场的大小，以提高映像的衬度。一般观察时，通常将视场光阑调节到刚好大于所选用目镜的视场即可。在观察时，每更换一次物镜或目镜，均要调节孔径光阑或视场光阑。

5）显微镜使用完毕，取下电源插头，并卸下物镜和目镜。

三、实验设备及材料

1）金相显微镜若干台。

2）标准试样若干套，每套试样包括工业纯铁，20、45、T8、T12（T13）钢，白口铸铁试样各一个。

四、实验方法和步骤

1）全班学生分成若干个小组轮换进行，两人一台金相显微镜，观察本实验规定试样的平衡组织。

2）比较其成分、组织和性能的关系，画出所观察的组织示意图。

五、实验报告

1）写出实验目的。

2）绘出所观察的显微组织，显微组织画在直径为30mm的圆内，并注明材料的名称。用箭头指出各组织组成物及名称，同时注明放大倍数及浸蚀剂。

3）根据所观察的组织，说明碳的质量分数对铁碳合金组织、性能影响的大致规律及实验后的心得体会。

实验四　钢的热处理

一、实验目的

1）了解钢的热处理工艺过程。

2）了解并掌握冷却条件对钢的组织和性能的影响。

二、实验设备及材料

1）箱式电炉、测温控温仪器仪表。

2）洛氏硬度计。

3）淬火介质：水、油或盐水（温度25°C左右）。

4）试样：低碳钢（20）、中碳钢（40）、高碳钢（T8）各准备两个。

三、实验原理

把钢加热到临界点以上获得奥氏体组织后，以不同的速度冷却时得到的内部组织和性能是不相同的。这是因为钢在临界点A_1（A_3、A_{cm}）线处要发生奥氏体向珠光体（铁素体、渗碳体）的转变。这种固态下的组织转变主要是靠原子的扩散来完成，而固态下原子的移动速度很慢，温度越低，移动速度就越慢。当钢以很慢的速度冷却时（即相当于退火），碳原子有足够的时间进行扩散，从而使钢获得接近平衡状态的组织。当钢以很快的速度冷却时（即相当于淬火），碳原子还来不及扩散，γ-Fe就已经转变为α-Fe，碳被迫过饱和地溶解在α-Fe中，这种过饱和的α-Fe称为马氏体。马氏体中过饱和的碳，导致金属的晶格发生畸变，使钢的内应力大大增加，所以这种组织硬度高、脆性大。若钢以较快的速度在空气中冷却，碳原子的扩散能力虽然下降，但仍能在短距离内移动。而且由于冷速较大，奥氏体中的结晶核心增加，这时我们就可得到细片状的珠光体组织。

热处理就是利用钢的这一特性对钢施以不同的加热、保温和冷却，来获得不同的性能，以满足各种使用要求。

四、实验内容及步骤

1）取两组试样，每组试样各选低、中、高碳钢一个，试样的截面形状和尺寸最好相近。

2）在加热前用洛氏硬度计测出每个试样的硬度，并做好记录。

3）根据钢的临界温度（钢的临界温度见表3-2）及试样的尺寸大小，选定试样的加热温度和保温时间，对试样进行加热、保温。

4）保温结束后，把一组试样迅速投入冷却液中快速冷却，另一组试样让其在空气中冷却。

5）用砂纸把冷却后试样的表面轻轻磨平抛光。打磨时要防止试样表面温度升高。

6）在金相显微镜下观察正火与淬火钢的组织形态。

合金钢在箱式电炉中加热时间的确定

加热温度/℃	工件形状		
	圆柱形	方形	板形
	保温时间		
	min/mm（直径）	min/mm（厚度）	min/mm（厚度）
700	1.5	2.2	3
800	1.0	1.5	2
900	0.8	1.2	1.6
1000	0.4	0.6	0.8

五、实验报告

1）写出实验的目的。

2）写出实验步骤。

3）做好实验数据记录，并比较实验结果，分析实验中出现的问题。

4）把实验结果填入下表中。

	处理前硬度	处理后硬度	处理前硬度	处理后硬度	处理前硬度	处理后硬度
正火						
淬火						

附表　压痕直径与布氏硬度

球直径 D /mm					$0.102F/D^2$						
					30	15	10	5	2.5	1.25	1
					试验力 F/N						
10					29420	14710	9807	4903	2452	1226	980.72
	5				7355	—	2452	1226	612.9	306.5	45.2
		2.5			1839	—	612.9	306.5	153.2	76.61	61.29
			2		1177	—	392.2	196.1	98.07	49.03	39.23
				1	294.2	—	98.07	49.03	24.52	12.26	9.807
压痕直径 d/mm					布氏硬度(HBW)						
2.40	1.200	0.6000	0.480	0.240	653	327	218	109	54.5	27.2	21.8
2.41	1.205	0.6025	0.482	0.241	648	324	216	108	54.0	27.0	21.6
2.42	1.210	0.6050	0.484	0.242	643	321	214	107	53.5	26.8	21.4
2.43	1.215	0.6075	0.486	0.243	637	319	212	106	53.1	26.5	21.2
2.44	1.220	0.6100	0.488	0.244	632	316	211	105	52.7	26.3	21.1
2.45	1.225	0.6125	0.490	0.245	627	313	209	104	52.2	26.1	20.9
2.46	1.230	0.6150	0.492	0.246	621	311	207	104	51.8	25.9	20.7
2.47	1.235	0.6175	0.494	0.247	616	308	205	103	51.4	25.7	20.5
2.48	1.240	0.6200	0.496	0.248	611	306	204	102	50.9	25.5	20.4
2.49	1.245	0.6225	0.498	0.249	606	303	202	101	50.5	25.3	20.2
2.50	1.250	0.6250	0.500	0.250	601	301	200	100	50.1	25.1	20.0

（续）

球直径 D /mm					0.102F/D^2						
					30	15	10	5	2.5	1.25	1
					试验力 F/N						
10					29420	14710	9807	4903	2452	1226	980.72
	5				7355	—	2452	1226	612.9	306.5	45.2
		2.5			1839	—	612.9	306.5	153.2	76.61	61.29
			2		1177	—	392.2	196.1	98.07	49.03	39.23
				1	294.2	—	98.07	49.03	24.52	12.26	9.807
压痕直径 d/mm					布氏硬度(HBW)						
2.51	1.255	0.6275	0.502	0.251	597	298	199	99.4	49.7	24.9	19.9
2.52	1.260	0.6300	0.504	0.252	592	296	197	98.6	49.3	24.7	19.7
2.53	1.265	0.6325	0.506	0.253	587	294	196	97.8	48.9	24.5	19.6
2.54	1.270	0.6350	0.508	0.254	582	291	194	97.1	48.5	24.3	19.4
2.55	1.275	0.6375	0.510	0.255	578	289	193	96.3	48.1	24.1	19.3
2.56	1.280	0.6400	0.512	0.256	573	287	191	95.5	47.8	23.9	19.1
2.57	1.285	0.6425	0.514	0.257	569	284	190	94.8	47.4	23.7	19.0
2.58	1.290	0.6450	0.516	0.258	564	282	188	94.0	47.0	23.5	18.8
2.59	1.295	0.6475	0.518	0.259	560	280	187	93.3	46.6	23.3	18.7
2.60	1.300	0.6500	0.520	0.260	555	278	185	92.6	46.3	23.1	18.5
2.61	1.305	0.6525	0.522	0.261	551	276	184	91.8	45.9	23.0	18.4
2.62	1.310	0.6550	0.524	0.262	547	273	182	91.1	45.6	22.8	18.2
2.63	1.315	0.6575	0.526	0.263	543	271	181	90.4	45.2	22.6	18.1
2.64	1.320	0.6600	0.528	0.264	538	269	179	89.7	44.9	22.4	17.9
2.65	1.325	0.6625	0.530	0.265	534	267	178	89.0	44.5	22.3	17.8
2.66	1.330	0.6650	0.532	0.266	530	265	177	88.4	44.2	22.1	17.7
2.67	1.335	0.6675	0.534	0.267	526	263	175	87.7	43.8	21.9	17.5
2.68	1.340	0.6700	0.536	0.268	522	261	174	87.0	43.5	21.8	17.4
2.69	1.345	0.6725	0.538	0.269	518	259	173	86.4	43.2	21.6	17.3
2.70	1.350	0.6750	0.540	0.270	514	257	171	85.7	42.9	21.4	17.1
2.71	1.355	0.6775	0.542	0.271	510	255	170	85.1	42.5	21.3	17.0
2.72	1.360	0.6800	0.544	0.272	507	253	169	84.4	42.2	21.1	16.9
2.73	1.365	0.6825	0.546	0.273	503	251	168	83.8	41.9	20.9	16.8
2.74	1.370	0.6850	0.548	0.274	499	250	166	83.2	41.6	20.8	16.6
2.75	1.375	0.6875	0.550	0.275	495	248	165	82.6	41.3	20.6	16.5
2.76	1.380	0.6900	0.552	0.276	492	246	164	81.9	41.0	20.5	16.4
2.77	1.385	0.6925	0.554	0.277	488	244	163	81.3	40.7	20.3	16.3
2.78	1.390	0.6950	0.556	0.278	485	242	162	80.8	40.4	20.2	16.2
2.79	1.395	0.6975	0.558	0.279	481	240	160	80.2	40.1	20.0	16.0
2.80	1.400	0.7000	0.560	0.280	477	239	159	79.6	39.8	19.9	15.9
2.81	1.405	0.7025	0.562	0.281	474	237	158	79.0	39.5	19.8	15.8
2.82	1.410	0.7050	0.564	0.282	471	235	157	78.4	39.2	19.6	15.7
2.83	1.415	0.7075	0.566	0.283	467	234	156	77.9	38.9	19.5	15.6
2.84	1.420	0.7100	0.568	0.284	464	232	155	77.3	38.7	19.3	15.5

压痕直径与布氏硬度值的关系很多，在此只介绍一小部分。如有需要时，请参照有关国家标准。

参考文献

[1]　骆志斌. 金属工艺学(非机类)[M]. 南京: 东南大学出版社, 1994.

[2]　王运炎, 叶尚川. 机械工程材料[M]. 北京: 机械工业出版社, 1998.

[3]　张至丰. 金属工艺学(机械工程材料)[M]. 北京: 机械工业出版社, 1998.

[4]　王英杰, 孙亦蕙, 胡维进. 金属工艺学实验指导及习题集[M]. 太原: 山西科学技术出版社, 1998.

[5]　沈祖雄, 蔡燕农. 商品学分论(金属材料)[M]. 北京: 中国物资出版社, 1994.

[6]　王雅然. 金属工艺学[M]. 北京: 机械工业出版社, 1995.

[7]　姚治国. 工程力学实验指导书[M]. 北京: 机械工业出版社, 1999.

[8]　韩克筠. 金属工艺学[M]. 北京: 机械工业出版社, 1993.

[9]　张启芳. 热加工工艺基础[M]. 南京: 东南大学出版社, 1996.

[10]　夏立芳. 金属热处理[M]. 哈尔滨: 哈尔滨工业大学出版社, 1996.

[11]　夏国华, 杨树蓉. 现代热处理技术[M]. 北京: 兵器工业出版社, 1996.

[12]　董允, 张廷森, 林晓娉. 现代表面工程技术[M]. 北京: 机械工业出版社, 2000.

[13]　朱绍华, 黄燕滨, 李清旭, 等. 机械加工工艺[M]. 北京: 机械工业出版社, 1996.

[14]　丁树模. 机械工学[M]. 北京: 机械工业出版社, 1998.

[15]　虞同书, 文允钢. 机械工程基础[M]. 北京: 航空工业出版社, 1996.

[16]　李绍明, 王蟾芬, 洪肖禄. 机械制造基础[M]. 北京: 北京工业大学出版社, 1985.

[17]　赵世华. 金属切削机床[M]. 北京: 航空工业出版社, 1996.

[18]　傅水根. 机械制造工艺基础[M]. 北京: 清华大学出版社, 1998.

[19]　王先逵. 机械制造工艺学[M]. 北京: 清华大学出版社, 1989.

[20]　刘守勇. 机械制造工艺与机床夹具[M]. 北京: 机械工业出版社, 1994.

[21]　刘晋春, 陆纪培. 特种加工[M]. 北京: 机械工业出版社, 1990.

[22]　王信义, 计志孝, 王润田, 等. 机械制造工艺学[M]. 北京: 北京理工大学出版社, 1990.

[23]　韩克筠, 王辰宝. 钳工实用技术手册[M]. 南京: 江苏科学技术出版社, 2000.

[24]　傅为良. 钳工基础[M]. 北京: 高等教育出版社, 1991.

[25]　施华廷. 机械制造基础[M]. 大连: 大连海事大学出版社, 1994.